“十四五”时期国家重点出版物出版专项规划项目

先进制造理论研究与工程技术系列

安全科学与工程系列

安全检测技术

Security Detection Technology

徐强　李宓　姜林　主编

U0223682

哈尔滨工业大学出版社

HARBIN INSTITUTE OF TECHNOLOGY PRESS

内 容 简 介

本书共 8 章,在介绍安全科学、安全检测技术及安全检测基础知识后,详细地介绍了工程检测的不确定性及误差分析、温度检测技术、压力检测技术、气体成分检测技术、环境参数检测技术,以及常用的工业安全自动报警系统等内容。本书注重理论与实际的结合,不仅让读者了解了相关检测技术背后的理论,而且介绍了多种检测方法的具体操作流程,力求让读者对安全检测技术有更深的理解。

本书可作为高等学校安全科学与工程类的教学用书和环境检测类专业的参考书,也可供相关专业从业人员参考。

图书在版编目(CIP)数据

安全检测技术/徐强,李宓,姜林主编.—哈尔滨:
哈尔滨工业大学出版社,2022.11(2024.8重印)
ISBN 978 - 7 - 5603 - 9839 - 6

Ⅰ.①安…　Ⅱ.①徐… ②李… ③姜…　Ⅲ.①安全监测—技术　Ⅳ.①X924.2

中国版本图书馆 CIP 数据核字(2021)第 226236 号

策划编辑　王桂芝
责任编辑　周一瞳
出版发行　哈尔滨工业大学出版社
社　　址　哈尔滨市南岗区复华四道街 10 号　邮编 150006
传　　真　0451—86414749
网　　址　http://hitpress.hit.edu.cn
印　　刷　辽宁新华印务有限公司
开　　本　787 mm×1 092 mm　1/16　印张 18　字数 439 千字
版　　次　2022 年 11 月第 1 版　2024 年 7 月第 2 次印刷
书　　号　ISBN 978 - 7 - 5603 - 9839 - 6
定　　价　58.00 元

前　　言

安全检测是工程建设的一项基础工作,其内容涉及的专业多、范围大,其结果影响到整个项目建设的质量。科技的迅猛发展对安全检测技术提出了更高、更严格的要求与标准。安全检测是借助仪器、仪表、探测设备等工具准确地了解生产系统与作业环境中危险、有害因素的类型、危害程度、危害范围及动态变化的总称,其目的是发现和消除事故隐患,也就是把可能发生的各种事故消灭在萌芽状态,做到防患于未然。

本书共分8章。第1章为全书绪论,详细阐述了安全科学、安全检测技术及其发展现状与趋势;第2章为安全检测基础知识,对安全检测常用传感器和安全检测系统的基本特性进行了详细描述;第3章为工程检测的不确定性及误差分析,介绍了测量误差和检测系统的可靠性技术等相关概念;第4~7章为全书的主要内容,依次阐述了温度检测技术、压力检测技术、气体成分检测技术及环境参数检测技术四个部分的内容,介绍了许多新的技术和仪器;第8章为工业安全自动报警系统,针对智能化的工业安全监测保障系统等内容进行了阐述。

安全检测技术是将自动化、电子、计算机、控制工程、信息处理、机械等多类学科、多种技术融合为一体并综合运用的技术,广泛应用于交通、电力、冶金、化工、建材等各领域自动化装备及生产自动化过程中。然而,我国各地区及各行业的安全检测技术科学发展都存在不同程度的不平衡,所以安全检测技术有待提升和加强。

针对安全检测技术中亟待研究和解决的关键问题、不足之处及近年来涌现的新技术、新方法,编者结合近年来致力于安全检测技术研究时所取得的一些显著进展,认为很有必要编写一本能够填补现有安全检测技术之不足的新教材,以供高等院校安全科学与工程类专业的广大师生和从事安全研究的科技工作者学习参考。本书以安全检测技术为主要研究对象,借助安全科学新理论和新方法,从安全一体化的视野出发,认识安全检测技术中的一些重要基本问题,并梳理安全检测技术的结构框架。

本书的特色如下。

(1)本书从安全一体化的大视野和全新的视角编写,纳入的安全检测技术大多是通用的技术方法,力求使全书能适应不同层次、不同专业方向教学的需要,具有较广泛的普适性。

(2)本书具有与本学科发展相应的学术水平。近年来,随着安全内涵和外延的不断拓展及大安全体系的建立,技术革新的飞速发展,新技术、新方法的大量出现,安全检测技术已经有了较大的发展。因此,编者结合安全检测新技术编写了本书。

(3)本书内容详实,对包含温度、压力、气体成分及环境参数四大部分的检测技术进行了详细阐述,梳理了各类检测方法,并对相关概念、原理进行了介绍,内容清晰,层次分明,便于读者学习查阅。

在本书的创作过程中,南京理工大学的博士生刘志鹏、高旭、杨新锐、赵树娜、赵家兴、刘松含、刘浩、韩忠烜,硕士生肖杰、朱建杰、田牧野、周赢、刘一然、张志、刘俊旺、李凌志、岳亚军、许国忠等付出了辛勤的劳动,谨向他们表示诚挚的谢意。

相信本书的出版,将会对我国安全检测技术的普及与提高具有一定意义。

限于编者水平,书中难免存在疏漏及不足之处,敬请广大读者批评指正。

徐　强

2022 年 8 月

目　　录

第1章 绪论

安全是人类生存和发展永恒的主题,也是国家稳定、社会发展、人民幸福的基础。安全技术是检测技术领域的一个重要方面,检测技术和装置的原理、结构、性能、特点及适用范围是安全技术的主要研究内容。

检测技术的发展离不开科学技术的发展。科学技术的发展为检测技术提供了更宽广的发展前景,检测技术则促使科学技术不断进步,二者紧密联系,相互促进。在如今高新技术快速发展的前提下,高度现代化的自动加工与生产系统正向柔性加工系统、计算机集成制造系统和无人化工厂的方向快速发展,而自动检测系统需要从大量的物质流、信息流和管理流中识别相关信息,以保证实现状态检测和设备的故障诊断,包括设备是否正常运转和是否将会有故障出现等与安全有关的信息。从安全检测的方向来说,还需要对环境的状况进行检测,如振动、噪声、辐射、空气污染、粉尘质量浓度与颗粒的大小等,这些因素都对人体产生直接或间接的危害,对人身的安全与健康产生威胁。

因此,安全检测技术是一项非常有必要的工作,并且随着人们对安全问题的不断认识与深化,安全检测技术还会有更长远的发展,并为现代化的安全生产提供重要的安全保障。

目前,我国有关安全技术的学科发展得很快,从事安全工程专业的技术人员不断增多,高校安全工程专业学生培养和企事业单位对安全培训工作的日益增多与重视,但专业教材的更新存在一定的滞后。因此,本书结合近年来国内外有关安全检测技术的新理论、新方法、新技术和新仪器等,让广大读者对安全检测技术有更全面和深入的认识。

1.1 安全科学

1.1.1 安全科学简介

安全科学是运用人类已经掌握的科学理论、方法及相关的知识体系和实践经验,研究、分析、预知人类在社会、经济活动、生产、科研过程中及人类其他探索、物化等领域的危险、危害和威胁,限制、控制或消除这种危险、危害和威胁,以过程安全和环境无害为研究方向的理论体系。

安全科学是一门新兴的边缘科学,也是综合科学学科,涉及社会科学与自然科学的多门学科,也涉及人们生产与生活的多个方面。安全科学的建立和发展离不开化学、物理学、生物学、数学、医学、社会学、经济学、法学、管理学、教育学、系统科学及各个工程技术领域的相关知识、理论,其应用也涉及社会文化、公共管理、行政管理、交通运输、建筑、土木、矿业、林业、医药、生物、食品、航空、能源等其他人类生产、生活及生存涉足的领域。因此,经过综合研究与发展,安全科学与一些相关的学科产生交叉,便产生了许多安全科学的分支学科,如灾害物理学、灾害化学、灾害医学、灾害学等基础理论研究相关的学科,以及安全工程学、安全经济学、安全法学、安全心理学、安全系统科学、安全教育学、安全信息学、安全控制技术、安全检测技术、事故分析技术等应用学科。安全科学的学科分类如图1.1所示,本书主要阐述安全检测技术的相关理论与应用。

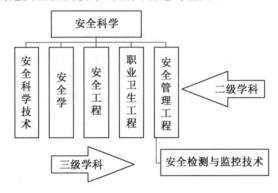

图 1.1　安全科学的学科分类

　　安全科学是人类探索自然、改造自然、谋生存求发展不可或缺的知识体系,正确运用这门科学对人类的生产与生活具有重要的意义。

　　安全科学的"安全"指什么呢?从字面上看,"安"表示不受威胁、没有危险的意思;"全"则表示完满、完整、齐备或没有伤害、无残缺、无损坏、无损失的意思。二者结合,则表示人或物在社会生产与生活中没有受到侵害、损坏和威胁的一种理想情况。根据美国安全工程师学会(American Society of Safety Engineers,ASSE)《安全专业术语词典》的定义,安全是指导致损伤的危险程度在容许的水平,受损害的程度和损害概率较低的通用术语。

　　安全的定义来源于人们的日常生活与生产,有广义与狭义之分。狭义上的安全是指特定的领域或系统中的安全,如生命安全、财产安全、设备安全、系统安全、信息安全、环境安全、食品安全、社会安全、国家安全等,这些词语代表不同领域或不同系统下的安全问题;广义上的安全则表示以某一领域或系统为主的安全,扩展到生活安全与生存安全的领域,最终形成生产、生活、生存领域的大安全。

1.1.2　安全检测技术在安全科学中的地位

　　工业革命给人类带来了数不尽的财富,工业事故与工业灾难也伴随着科技发展和社会进步而不断增多,从泰坦尼克号沉没到切尔诺贝利核泄漏,从美国大停电事故到天津港大爆炸,人类经历了无数次危险和灾难。现代化学工业、高能技术、航空航天技术、核工业技术及探海技术的发展,以及规模装置、大型联合装置的出现,使技术密集性、物质高能性和过程高参数性更为突出,现代生产装置和系统对工程技术的严格性和严密性提出了更高的要求,当代工业生产、科学探索、经济运行中的事故更具突发性、灾难性和社会性。对于现代装置、高能过程和高技术系统,微小的缺陷往往会成为灾难性的隐患,甚至导致毁灭性的灾难,如工业过程的微小温度或压力的变化、高速流体系统的流量流速变化、快速运转机械平衡条件的微小变化、物料配比系统的微小失误、高压装置的细小裂纹、爆炸危险体系的微小触发能量等。

由于事故现象越来越复杂,损失越来越惨重,因此人们必须认真分析事故现象,研究事故规律,建立安全科学,发展安全工程学科。

安全检测是安全管理工作的"眼睛和耳朵",是安全管理工程的重要组成部分,安全管理人员的决策过程和监控系统中控制系统运算比较的过程相当于整个安全管理系统的"大脑"。从一定意义上来说,安全检测是人类感官功能的延伸,涉及物理学、电子学、化学、计算机科学、测量技术等多个学科领域,是一门综合性的技术学科。它是安全科学技术的三级学科,是确定安全生产及系统安全运行的重要技术手段。安全检测技术也是安全工程、测量检验技术、自动控制技术、信息工程、仪器仪表、环境科学、系统工程等的边缘学科。

借助于仪器、仪表、传感器、探测设备等工具迅速而准确地了解生产系统及作业环境中危险因素与有毒有害因素的类型、危害程度、影响范围及动态变化,对职业安全与卫生状态进行评价,对安全技术及设施进行监督,对安全技术措施的效果进行检测,提供可靠而准确的信息,以改善劳动作业条件,改进生产工艺过程,控制系统或设备的事故(故障)发生,所有这些运作过程称为安全检测与控制技术。通过这种检测和控制技术,生产过程或特定系统可以按预定的指标运行,避免和控制系统因受意外的干扰或波动而偏离正常(安全)运行状态并导致故障或事故。安全检测与控制技术是现代化工业安全生产不可或缺的技术手段,化工、石油、石化、矿山、航空、航天、航海、铁路、电业、建筑、冶金、核工业等部门都存在安全检测与控制技术的问题。

1.2　安全检测技术概述

1.2.1　安全检测技术的意义和方法

安全检测对有效减少事故隐患,预防和控制重特大事故的发生,遏制群死群伤、重大经济损失,以及保障国家经济与社会的可持续发展具有重大现实意义。目前,我国经济正处于高速发展的时期,现代工业发展和科学技术不断进步,生产工艺越来越复杂,机器设备数量、种类增多,各个关节的衔接与配合更紧密,这些发展伴随而来的安全生产事故却屡见不鲜,如核泄漏,煤矿透水,坍塌,瓦斯爆炸,天然气井喷,化工厂爆炸和火灾等恶性事故,造成了十分惊人的人员伤亡、经济损失与社会影响。

搞好安全生产工作对于巩固社会的安定、为国家的经济建设提供重要稳定政治环境具有现实的意义;对于保护劳动生产力,均衡发展各部门、各行业的经济劳动力资源具有重要的作用;对于社会财富、减少经济损失具有实在的经济意义;对于生产员工个人的生命安全与健康、家庭的幸福和生活的质量具有密切的关系。实现安全生产是社会文明与进步的重要体现,是国民经济能够稳定运行的重要保障,是坚持以人为本安全理念的必然要求,是坚持人与自然和谐发展的前提条件,也是新时代人民美好生活的重要内容。因此,发展和提高我国的安全检测技术的水平,及时识别各种危险源和确定事故的隐患分布,有效控制事故与灾害的发生,尽快改变我国生产科技相对落后的现实情况,为安全生产提供足够的技术支持和科技保障,对我国经济的可持续、健康发展和全面建设小康社会目标的实现具有十分重要的意义。

安全检测对于安全生产来说至关重要。因此,开展安全检测技术的研究,同时全面提高我国安全检测的科技水平,对有效减少事故隐患,预防和控制重特大事故的发生,保障安全生产,遏制群死群伤、重大经济损失和保障国家经济与社会的可持续发展具有重大的现实意义。

工业危险源通常指"人(劳动者)—机(生产过程和设备)—环境(工作场所)"有限空间的全部或一部分,属于"人造系统",绝大多数都具有可观测性和可控性。状态信息表征工业危险源状态可观测的参数,是一个广义的概念,包括安全生产和劳动者身心健康有直接或间接危害的各种因素,如反映生产过程或设备运行状况正常与否的参数、作业环境中化学和物理危害因素的浓度或强度等。安全状态信息出现异常,说明危险源正在从相对安全的状态向将要发生事故的临界状态转化。这时,人们必须采取一些措施来避免事故的发生或尽量将事故的伤害和损失降到最低。

安全检测包含两方面的含义:一是获取被检测对象某时刻数据的过程;二是对目的物进行长时间连续测试的过程。检测主要包括检验和测量两方面的含义:检验是分辨出被测参数量值所归属的某一范围带,以此来判别被测参数是否合格或现象是否存在;测量是把被测未知量与同性质的标准量进行比较,确定被测量对标准量的倍数,并用数字表示这个倍数的过程。

检测是人类认识世界的重要技术手段。人们通过检测方式和检测技术获得信息、了解周围环境,进而实现对环境参数的测量和控制。现代检测技术随着科学技术的发展,已经成为一门独立的学科。在石油、化工、冶金、煤炭等生产部门,为保证实现安全生产、改善劳动条件、提高劳动生产率,要求对生产过程,特别是处于分散生产状态中的生产环境参数进行实时、准确的检测,并对环境参数实行有效的控制,因此逐步发展和形成了以检测技术为核心的安全检测监控技术。

测量有两种方式,即直接测量和间接测量。直接测量是在对被测量进行测量时,直接对仪表读数且不需要任何运算过程,直接得出被测量的数值,用温度计测量温度,用万用表测量电压、电流等都是直接测量;间接测量是测量几个与被测量有关的物理量,通过函数关系式计算出被测量的数值,如功率 P 与电压 V 和电流 I 有关,便可以通过测量的电压和电流计算出功率。直接测量简单、方便,在实际中有较为广泛的应用,但在很多情况下不能采用直接测量方式,直接测量不方便或直接测量误差大时,便可以选择采用间接测量方式。

在自动化领域,检测的任务不仅是对成品或半成品的检验和测量,而且为检查、监督和控制某个生产过程或运动对象,使之处于人们选定的最佳状况,需要随时检验和测量各种参量的大小和变化等情况。这种对生产过程和运动对象实时定性检验和定量测量的技术又称工程检测技术。

安全检测方法按检测项目不同而异,种类繁多。

根据检测的原理机制不同,安全检测方法大致可分为化学检测和物理检测两大类。

化学检测是利用检测对象的化学性质指标,通过一定的仪器与方法,对检测对象进行定性或定量分析的一种检测方法,主要用于有毒有害物质的检测,如有毒有害气体、水质,以及各种固体、液体毒物的测定;物理检测是利用检测对象的物理量(热、声、光、磁等)进行分析,如噪声、电磁波、放射性、水质物理参数(水温、浊度、电导率等)等的测定。

根据检测性质不同,安全检测又可分为研究性检测、监视性检测和特定目的检测。研究性检测是为研究危险、有害因素的发生、发展规律而进行的检测,通常是研究技术人员为特定研究目的而专门设计的检测;监视性检测是为了解危险、有害因素变化状况而进行安全评价、产品安全卫生性能评定、劳动安全监督的检测,它既是企业安全管理的重要内容,也是国家安全监察的依据,我国建有省、地、县三级国家检测站,负责安全卫生监察机构指派的检测检验任务;特定目的检测是指因意外事件、事故发生毒物泄漏、放射性污染等而进行的检测。

总的来说,安全检测技术的特点有以下五点:

(1)检测系统本身必须有高可靠性和高安全性;

(2)预测异常现象具有高难度;

(3)检测点分布范围大;

(4)检测系统维护难度大;

(5)检测技术涉及多领域多学科。

1.2.2 安全检测技术的技术标准与相关政策规定

安全检测涉及多个领域的知识,所使用的方法也种类繁多。但为得到准确可行、可比性强的检测结果,最理想的方法就是采用标准的检测方法,如果没有标准的检测方法,可以采用权威部门推荐的方法或者被人们广泛认可的检测方法。检测所应用的规范要求是判断检测项目是否合格的准绳,有关从业部门的检测必须严格执行国家标准和有关的法规,检测所使用的检测报告书应该经法定机构(如上级职业安全检察机构或技术检察局)的审批,以保证全国范围内的相对统一。我国颁布了许多关于车间空气粉尘、有毒物质、噪声和辐射的卫生标准,这些标准包括最高容许度和检测方法,可以作为安全检测的依据。

对于各个生产行业,国家或地方出台了相应的安全检测技术规范(标准)。例如,《防雷装置安全检测技术规范》(GB/T 21431—2008)适用于检测防雷装置。该技术规范规定了防雷装置的检测项目、检测要求和方法、检测周期、检测程序和检测数据整理。不过,现在仍有很多新兴的行业、新设备的安全检测需要制定相关的安全检测技术规范(或标准),这还需要很多相关行业工作者不断努力。

在作业场所空气的尘毒检验中,一般需要进行定量分析。事实上,几乎所有的化学分析和现代仪器分析方法都可以用于空气理化检测,但每一种分析方法都有它的优点和缺点,所以到现在都没有适用于各种污染物的万能分析方法。就目前而言,空气尘毒检测常用的分析方法包括紫外可见光光度法、气相色谱法、高效液相色谱法、薄层色谱法、原子吸收光度法、电化学分析法、荧光光度法和滴定分析法等分析方法。当面对一项空气污染物的检测工作时,选择分析方法的原则是尽量采用分析精度高、选择性好、准确可靠、分析时间短、经济实用且适用范围广的分析方法。

除固定场所的常规检测外,安全检测还可以用于对突发事故的应急检测,主要是对泄露气体和挥发性液体蒸汽的检测,如火灾时的燃烧热解产物(一氧化碳、氰化氢和二氧化硫等)的应急检测和临时性受限作业空间(设备内维修)的应急检测等。进行应急检测是为了确定危险区域或判断是否有危险。

根据居住区大气和车间空气中有害物质的最高容许度,全国环境空气质量卫生监测检验方法科研写作组和车间空气监测检验方法科研协作组经过多年的标准化、规范化和实际应用总结出版了《车间空气监测检验方法》(第三版),该书总结并提出了 168 个毒物项目的 203 种分析方法,其中一些已成为国家的标准方法。《环境空气质量监测试验方法》中提出了 47 种有害物质的 95 种分析方法,这些都可以在工作实践的应用中作为参考。

与检测有关的国家标准包括采样标准、检测方法标准、浓度阈值标准、仪器安装设计标准和标准气体配置标准。

1.2.3 安全检测技术的目的

安全检测的工作对象是劳动者作业场所的化学和物理危害因素,安全监控的工作对象是生产工具即设备设施等的安全状态和安全水平。安全检测主要针对以下问题:安全工程中的安全设备与设施是否是安全运行的状态?职业卫生工程的防尘、防毒、防辐射、通风、空调、生产噪声及振动把控等设施是否有效?作业场所的环境质量是否达到了相关标准的指标?安全监控则可以确保生产过程或特定系统按指定的要求运行,避免和控制生产过程或系统受到意外的干扰或波动而偏离正常的运行状态,最终导致故障和事故的发生。正是因为安全检测和安全监控技术,所以安全科学相当于有了先导和"耳目",安全工程也成为一门独立的学科。

安全检测能为职业健康安全状态评价、安全技术及设备监督、安全技术措施的效果评价提供准确且可靠的信息,使之达到改善劳动作业条件、改善生产工艺过程、避免系统或设备发生事故或故障的目的。安全检测的具体目的如下。

(1)及时、准确地对设备的运行参数和运行状况做出全面检测,预防和消除事故隐患。

(2)对设备的运行进行必要的指导,提高设备运行的安全性、可靠性和有效性,以期把运行设备发生事故的概率降低到最低水平,将事故造成的损失减低到最低程度。

(3)通过对运行设备进行检测、隐患分析和性能评估等,为设备的结构修改、设计优化和安全运行提供数据和信息。

总之,安全检测可以保证设备安全运行,及时预防并消除可能的事故隐患,从而避免事故发生。

事实上,如果加强对运行设备的安全检测,也可以将很多事故扼杀在摇篮里。清楚事故增加的原因也是安全检测技术一直需要解决的问题。事故增加的原因如下。

(1)现代生产设备的发展方向为大型化、连续化、快速化和自动化。这种发展趋势虽然对提高劳动率、降低生产成本、节约资源和人力等方面有很多好处,但是这样紧凑、多环节拼接的流程直接导致了设备在生产过程中故障率的增加,因此事故造成的损失成百倍增长。

（2）高新技术的采用对现代设备（尤其是航天、航空、航海和核工业等有关部门）的安全性和可靠性提出了越来越高的要求，这些年来发生在航天、航空、核电站的多起灾难性事故更是表明了进行安全检测的迫切性。

（3）生产设备老化，装置的服役接近寿命期，进入"损耗故障期"后，发生故障的概率大大增高，发生事故的风险也随之增高。

1.2.4　安全检测的任务

在工业生产过程中，有许多因素都会对人体和环境造成一定的危害。例如，烟尘、水、气体、热辐射、噪声、放射线、电流、电磁波等物理化学因素，以及人类的主观行为，如果不正确处理这些因素，便会污染生产环境，危害工作人员的身体健康，甚至产生其他不安全作用，最终导致事故发生。因此，查清、预测、排查和处理各种有害因素是安全工程的重要内容之一。

为获取工业危险源的状态信息，需要将这些信息通过物理方式或化学方式转变为可观测的物理量（模拟信号或数字信号），这些可观测的物理量就是通常所说的不安全因素。不安全因素是作业环境安全与卫生条件、特种设备安全状态、生产过程危险参数、操作人员不规范动作等各种不安全因素检测的总称。常见的不安全因素如下。

（1）粉尘危害因素。其危害程度主要取决于粉尘的质量分数及粒径分布。可按粒径大小分为全尘或呼吸性粉尘，或按种类分为煤尘、石棉尘、纤维尘、岩尘、沥青烟尘等。

（2）化学危害因素。可燃气体、有毒有害气体在空气中的质量分数。

（3）物理危害因素。噪声与振动、辐射（紫外线、红外线、射频、微波、激光、同位素）、静电、电磁场、照度等。

（4）机械伤害因素。人体部位误入机械动作区域或运动机械偏离规定的轨迹。

（5）电气伤害因素。触电、电灼伤。

（6）气候条件因素。气温、气压、湿度、风速等。

（7）生产过程因素。压力、流量、物位等。

安全检测的主要任务包括前三种因素，在这类任务中担任信息转化任务的是传感器（Transducer/Sensor）或检测器。传感器是一种检测装置，它能感受到被测量的信息，并能将感受到的信息按一定规律变换成为电信号或其他所需形式的信息输出，以满足信息的传输、处理、存储、显示、记录和控制等要求。传感器或检测器及信号处理、显示单元组成了安全检测仪器。根据使用场所的不同，安全检测仪器分为两大类：一类是不方便携带的实验型仪器，用于在实验室对系统采集的样品进行检测分析；另一类是便携类仪器，方便携带且操作简单，可以用于现场的实时检测。这两类仪器中，第一类的适用范围广且准确度高，但操作复杂，检测周期长，不适用于应急检测的情况；第二种仪器的适用范围相对较少，但操作简单，并且能够实时反映被测量信息的变化，可适用于应急检测。

一般情况下，检测系统是由传感器、信号处理器和输出环节三部分组成的。传感器在被测系统与检测系统之间的接口，是一个信号变换器，将从被测对象中获得的被测量信息转化为便于测量的电参数。由传感器检测到的信号一般是电信号，电信号不满足直接的输出要求时,需要结合信号调理电路,将数据进一步进行变换、处理和分析后再传递给输出环节。

将传感器或检测器及信号处理、显示单元集于一体,固定安装于现场,实时监控安全系统的安全状态信息的装置称为安全监测仪器。而只将传感器或检测器固定安装在现场,其他信号处理、显示、报警等单元安装在远离现场的监控室内,这类系统称为安全监测系统。将监测系统与控制系统结合起来,并把监测数据转变为控制信号,这类系统称为监控系统。

综上所述,安全检测的任务就是为安全管理决策和安全技术有效实施提供丰富、可靠的安全因素信息。首先检测设备的运行状态,判断设备是否出现故障;然后进行安全预测和诊断;最后指导设备的管理与维修。

1. 运行状态检测

设备运行状态检测是为了解和掌握设备的运行状态,综合采用各种检测、测量、监视、分析和判断方法,并结合系统的历史记录与现状,同时考虑环境因素,对设备运行状态进行评估,判断设备是处于正常还是非正常的运行状态,再对状态进行显示和记录,面对异常状态做出报警,以便运行人员及时加以处理,还要为设备的隐患分析、性能评估、合理使用和安全评估提供信息和基础数据。

通常设备的状态可分为三种情况,即正常状态、异常状态和故障状态。

(1)正常状态。

正常状态是指设备的整体或局部都没有缺陷,或虽然有缺陷但性能仍在允许的范围以内,设备正常可用。

(2)异常状态。

异常状态是指设备的缺陷已有一定程度的扩展,并且缺陷使设备状态信号发生一定程度的变化,设备性能已劣化,但尚未发生故障,仍能维持工作。此时应注意设备性能的发展趋势,即设备应在监护下运行。

(3)故障状态。

故障状态是指设备性能指标已有大幅下降,设备已不能保持正常工作的状态。设备的故障状态可根据故障的严重程度进行划分,包括:已有故障萌生并有进一步发展趋势的早期故障;程度尚不严重、设备尚可勉强"带病"运行的一般功能性故障;已发展到设备不能运行必须停机的严重故障;已导致灾难性事故的破坏性故障;因某种原因而瞬间发生的突发紧急故障等。

2. 安全预测和诊断

安全预测和诊断的任务是根据设备运行状态监测所获得的信息,依据设备已知的结构特性、参数及环境条件,并结合该设备的运行历史(包括运行记录、曾发生过的故障及维修记录等),对设备可能会发生的或已经发生过的故障进行预报、分析和判断,确定故障的性质、类别、程度、原因和部位,指出故障发生和发展的趋势及其后果,提出控制故障继续发展和消除故障的调整、维修和治理的对策措施,并加以实施,最终使设备复原到正常状态。

3. 设备的管理和维修

设备的管理和维修方式的发展经历了三个阶段,分别是早期的事后维修(Run-to-Breakdown Maintenance)、后来的定期预防维修(Time-Based Preventive Maintenance)及现在的视情维修(Condition-Based Maintenance)。事后维修是一种被动的维修方式,只适用于对生产影响小、有备件、修理简单、利用率不高的设备。定期预防维修是一种主动、积极的维修方式,能对设备适时、有针对性地进行维修,使设备经常处于良好状态,能够预防事故的发生,但同时可能出现过剩维修和不足维修的弊病。视情维修是一种更科学、合理的维修方式,能够掌握设备的工作状态,及时发现问题并采取相应对策,使有些故障在发生之前得到有效预防,有些严重的故障可以在有轻微故障苗头时得到控制并被排除,从而遏制严重故障的发生,大大降低故障率,节约维修成本,缩小维修范围,减少维修工作量,提高设备的可用率,使维修工作变被动为主动。视情维修可以解决定期预防维修中"该修不能修,不该修却要修"的问题,但要做到视情维修必须依赖于完善的状态监测和安全诊断技术的发展及实施。

随着我国安全诊断技术的进一步发展和实施,我国的设备管理、维修工作将上升到一个新的水平,我国工业生产的设备完好率将会进一步提高,恶性事故将会逐渐得到控制,使我国的经济建设向更健康的方向发展。

1.2.5　安全监控技术

安全检测与控制常常简称为安全监控,具有检测和控制的能力。在安全检测与控制技术学科中所称的控制包括过程控制和应急控制。

过程控制是指在一体化生产中,一些重要的工艺参数大都由变送器、工业仪表及计算机来测量和调节,以此来保证生产过程及产品质量的稳定。在一些比较完善的过程控制设计中,应该充分考虑工艺参数的超限报警和外界危险因素的检测,甚至停车等连锁系统。通过过程控制,可以提高生产的产量、增加高质量产品的收益、降低能源的消耗、降低污染、降低生产的风险、提高生产的安全性、延长设备寿命、提高操作性、降低劳动量。

应急控制是指经过对危险源的可控制性的分析,选出若干个控制技术能将危险源从事故临界状态拉回到相对安全的状态,以此来避免事故的发生或尽量将事故的伤害及损失降到最小的程度。可见,应急控制是具有安全防范性质的控制技术。监测与控制功能结合起来称为监控,将安全监测与应急控制结合的仪器仪表或系统称为安全监控仪器或安全监控系统。

1. 安全监控系统分类

在实际的生产生活中,安全监控系统的种类众多,可分为生产工艺参数监控系统、危险场所提示监控系统、事故危险报警监控系统、火灾报警监控系统、安全保护监控系统和电视监控系统。主要介绍如下。

(1)生产工艺参数监控系统。

生产工艺参数监控系统主要是为了保证设备的运行要求,并同时起到了安全监控的作用。例如,发电厂锅炉过热蒸汽温度控制系统,每种锅炉与汽轮机组都有一个规定的运行温度控制系统,在该控制系统控制下,每种锅炉与汽轮机组都有一个规定的运行温度,在这个温度下运行机组的效率最高。如果温度过高,过热器会损坏,也会大大缩短汽轮机的寿命;如果温度过低,一方面会使设备的效率降低,同时会使汽轮机后几级的蒸汽湿度增加,引起叶片磨损,所以必须把过热器出口蒸汽的温度控制在规定范围内。因此,控制系统的主要作用是监测蒸汽的温度,并控制蒸汽,使其保持在设定的温度上。

(2)危险场所提示监控系统。

在一些危险场所(如高压变电室、重要设备场所、危险作业场所等)中,在采用了隔离、屏蔽等措施还不能达到本质安全时,为避免人员错误操作造成事故,常在这些场所设置提示监控系统,如果有人靠近或误入,系统就会以语音或声光的形式发出警告。

(3)事故危险报警监控系统。

在存在有毒、可燃气体的作业环境中,如果发生泄露,则有可能造成严重的中毒事故和爆炸事故。因此,设置报警监控系统可以在泄露超过规定值时及时报警,使人们及时采取措施,排除险情。

(4)火灾报警监控系统。

当有火情发生时,系统可以及时发出报警,使人们能够尽早意识到火灾的发生,及时逃离现场并扑灭火灾。火灾报警监控系统不仅起到报警作用,还能够同时启动灭火系统和防排烟系统,打开排气操纵增压系统。在一些重要建筑的监控系统中,可以同时使用多种探测器来监测火灾,提高火灾预防的可靠性。

(5)安全保护监控系统。

安全保护监控系统在各种设备上应用广泛,既可以保护设备,也可以保护作业人员,避免人身伤害事故的发生。例如,机床上使用的限位监控器在运动部件的运行轨迹超过限定位置时,系统就会发出警报,并切断电源或启动制动装置。为防止在冲压过程中发生人身事故,在压力机上使用冲压保险监控系统。冲压保险监控系统一般分为光线式和感应式,当人体的某个部位伸进感应幕时,电磁发生变化,监测到感应幕发生破坏,然后向控制元件输出信号,使压力机的滑块停止运行。此外,还有汽车上的防撞雷达,也是安全保护监控系统的类型。当汽车与前方或两侧的汽车或其他物体的距离较近时,防撞雷达会自动切断油路并启动刹车系统,使汽车自动停止。

(6)电视监控系统。

一些企业使用工业电视对生产现场进行集中监视,该方法利用安装在作业场所的摄像头及时观察车间情况,当发现事故苗头时,便使用对讲机等通信措施通知车间管理人员及时加以控制。一般的安全检查是检查人员现场查证,这样的方式不仅费时费力,还不能动态监测设备的运行状况。但利用电视监控系统,工作人员可以通过屏幕随时检查设备的运行状态和作业环境的变化情况,尤其对于危险作业、安全要求高的设备运行,电视监控系统更是一种很有效的方法。

从安全科学的总体出发,现代生产工艺的过程控制和安全监控功能应该合为一体,综合成一个包括过程控制、安全状态信息监测、实时仿真、应急控制、自诊断及专家决策等多项功能的综合系统。该系统不仅可以对生产工艺进行理想的控制,还可以在出现异常的情况下及时给出预警信息,能在紧急情况下采取恰到好处的措施,将安全技术措施渗透到生产工艺中,避免重大事故的发生或将事故的危害和损失尽量降低到最小。

2. 监控技术的发展

监控技术的发展主要表现在以下两个方面。

(1)监控网络集成化。

监控网络集成化是将监控对象根据功能划分为不同的系统,每个系统由相对应的监控系统进行监控,所有的监控系统都连接中心控制计算机,形成监控网络,实现对生产系统实行全方位的安全监控(监视)。

(2)预测型监控。

预测型监控是计算机依据检测结果,在已有预测模型的指导下对可能发生的事故进行计算与预测,并针对不同的计算结果发出相应的控制指令的监控技术。预测型监控对安全具有十分重要的意义。

1.3 安全检测技术的发展现状与趋势

1.3.1 安全检测技术的发展现状

安全检测问题伴随着生产而出现,也伴随着生产的发展而发展。在古代,由于人们使用的生产工具简单,能够使用的能源也不多,因此相对现代来说,发生的安全问题的缘由都比较简单,可以凭借生活经验甚至直觉弄清事故的发生原因。但是随着工业技术的发展,生产的规模逐渐扩大,事故的后果也随之变得严重,安全问题便更值得重视,各种技术手段也随之发展起来,应用到保障生产安全中。我国煤矿生产的安全问题最先应用了安全检测技术,在石油、化工、冶金等工业部门也进行了应用。如果检测技术和安全问题没有发展完备,那么安全问题会一直困扰工业生产。

目前我国安全检测技术现状如下。

(1)理论应用不够成熟,检测人员不够专业。

安全检测技术是被广泛应用的一门技术,涉及各个行业领域,是现代化设备中不可或缺的一项基础性综合技术,各种检测设备也不断地被研制、开发,各种先进的检测技术也被积极地研究、引进。但是,由于我国的安全检测技术发展时间较短,对相关的技术人员的专业检测水平及培训力度不够,相关的培训机构也较少,因此部分安全检测技术人员技术水平较低,很难迅速使用、研究新设备。

(2)对安全检测工作不够重视。

在具体的安全检测实行过程中,仍存在部分领导及管理人员对安全检测工作认识、重视度不够等相关问题。他们大多数将安全检测看作一项麻烦、影响工作的行为。

(3)个别设备与检测系统及先进技术的迅速发展不对等。

随着计算机软硬件技术与电子技术的迅速发展和企业自身发展的需要,我国早期从其他国家引进了一批安全检测系统,同时也消化、吸收并结合我国的实际情况进行了一系列改进与创新。这些系统使企业在一定程度上大大提高了安全生产水平与安全生产管理效率。但总的来看,目前这些系统仍存在一定的缺点,对安全检测先进方法和技术的应用和普及产生了一定的制约。

1.3.2 安全检测技术的应用

安全检测技术在各行各业都有着广泛且必要的应用。安全检测技术常见的检测内容包括有毒、可燃气体检测，粉尘检测，噪声检测，辐射检测，流动介质参数检测，电气设备检测，设备缺陷检测，火灾检测等。安全检测技术主要的适用领域如下。

（1）有毒、可燃气体检测。

有毒、可燃气体检测主要用于石油化工企业、油轮、油库等可能存在有毒、可燃气体泄露的场所。当可燃或有毒气体达到爆炸极限时，报警器发出警报。可燃气体探测器有催化型和半导体型两种。

（2）粉尘检测。

粉尘检测用于评价工作场合空气中粉尘的危害程度，以加强科学管理防尘措施，保护工作人员的健康与安全，并促进生产。

（3）噪声检测。

常用来检测噪声的仪器有声级计、频谱仪、噪声分析仪等。声级计根据精度分为精密声级计和普通声级计，可根据测量要求选择不同的精度。此外，测量脉冲噪声应该选用脉冲声级计。一般噪声的频率范围较广，当需要知道噪声的频谱来进行噪声控制时，可以选用频谱仪。噪声分析仪由声级计、微机和打印机组成，是一种具有交、直流两组电源的携带式测量仪器，还可以储存、分析和处理数据，并得出所需要的综合评价结果。

（4）辐射检测。

辐射检测包括电磁波和放射性检测，一般的作业场所主要涉及放射性检测。根据被测量对象的不同，可将放射性检测分为个人剂量检测和现场检测：个人剂量检测是指对操作人员所受辐射和辐射剂量的检测；现场检测是指对具有放射性污染作业场所的污染状况的检测。

（5）流动介质参数检测。

因为无论是生产过程还是安全控制，很多生产设备都存在流动介质，所以需要对介质的参数（如温度、压力、流速等）进行检测。检测仪器包括经典的指针式检测仪器及智能的带微机的检测仪，使用者可根据检测参数和要求灵活选用。

（6）电气设备检测。

电气设备检测项目众多，常见的有绝缘性能检测、接地电阻检测、静电检测等。

（7）设备缺陷检测。

设备缺陷检测是指在不损害或基本不损坏材料或构件的情况下，探测被检测对象内部和表面的各种缺陷及某些物理性能。设备缺陷检测对检测材料或构件是否出现危险性缺陷、消灭灾害性事故起到十分重要的作用。常规的无损检测方法有渗透检测、磁粉检测、电位检测、涡流检测、射线检测和超声波检测。

（8）火灾检测。

火灾检测可以在检测到火灾时自动产生火灾报警信号，火灾检测的装置称为火灾报警器，在生活中十分常见。

1.3.3　安全检测技术的发展趋势

安全检测技术是 20 世纪 60 年代以后才开始发展的。如今,在不同的行业,安全检测技术的发展现状和发展要求是不同的,所以不同行业的发展趋势也有所不同。但从安全科学的整体来看,现代生产工艺的过程控制和安全监控功能应结合起来综合发展,形成包括过程控制、安全状态信息检测、实时仿真、应急控制、自诊断及专家决策等各项功能在内的综合系统。其总发展趋势如下:

(1)开发综合性安全检测新系统;

(2)拓展安全检测设备的测量范围,提高检测精度;

(3)提高安全检测的可靠性和安全性;

(4)传感器向集成化、数字化、多功能化方向发展;

(5)发展非接触式、动态安全检测技术。

安全检测在各个领域也有不同的发展方向。锅炉、压力容器、压力管道等特种设备安全检测技术的发展趋势是开发先进的安全控制技术和产品,如检测新技术和电子监控等,以实现检测监控设备的数字化、智能化、小型化;积极推动检测监控仪器国产化的进程,将重点放在发展新材料的研究推广使用上;加强对设计、制造、安装等环节的监察工作,提高特种设备自身的安全性能和安全防范能力。

进入 21 世纪以来,网络与信息安全的重要性与日俱增。网络安全检测技术包括安全扫描技术和实时安全监控技术两个方面。安全扫描技术包括网络远程安全扫描、防火墙系统扫描、Web 网站扫描和系统安全扫描技术,能够对局域网络、Web 站点、主机操作系统及防火墙系统的安全漏洞进行扫描,及时发现漏洞并快速修复,使系统的安全风险降低。实时安全监控技术是通过使用硬件或软件实时筛查网络上的数据流,然后将其与系统中的入侵特征数据库中的数据进行对比,一旦发现有受到攻击的迹象,马上根据用户所定义的动作做出反应,这些动作包括切断网络连接和通知防火墙系统调整访问控制策略,过滤掉入侵的数据包。

网络安全检测技术基于自适应安全管理模式,这种模式认为任何一个网络都不可能安全防范其潜在的安全风险。该管理模式有两个特点:一是动态性和自适应性,表现为该管理模式可以通过网络安全扫描软件的升级及网络安全监控中的入侵特征库的更新而更新;二是应用层次的广泛性,该管理模式可以应用于操作系统、网络层和应用层等各个层次网络安全漏洞的检测。

开发网络安全自动检测系统和网络入侵监控预警系统为网络信息资源的安全提供了预防和防范网络攻击的有效措施,随着对最新攻击方法的不断发现、总结、概括,并将这些最新的攻击方法纳入系统,系统的识别和防范能力也会不断增强。

此外,我国煤矿安全检测技术也取得了很大的进步,主要表现在以下三个方面:一是煤矿安全检测技术理论更加成熟,许多更先进更实用的检测装备得到了应用;二是煤矿安全检测设备的生产逐渐进入正规化,设备操作更简便,数据分析更直观;三是在硬件、软件和检测理论发展的基础上,矿井安全预警系统被开发出来,并能够有效保障矿井的安全生产。

工程安全检测的发展趋势表现为先进的地球物理技术和无损检测技术得到了广泛的应用,如雷达技术、光纤技术、红外技术已成功应用到桥梁、隧道、房屋建筑、地下工程、大坝等工程的安全检测中。

在食品与农产品安全检测方面,整体的发展趋势是向高技术化、智能化、速测化、动态化、便携化发展。

新能源的开发、新工厂的建立、新工程的开工、新工艺的实施、新产品的使用……这一切都促进了经济建设的突飞猛进,在提高了人民生活水平的同时也带来了各种不可预测的危害,这些危害可以导致大气污染、水质污染、噪声污染和生态失去平衡,也是导致腐蚀、静电、泄漏、辐射、冲击、振动、致病变等危及人身健康的主要原因。从安全科学的整体观点来看,现代生产工艺的过程控制和安全检测应随着科学技术的发展,不断地拓宽和扩大可检测的范围,探讨新的检测方法和手段,依靠新的知识,采用现代化技术和管理方法,杜绝和预防生产过程中暴露的或潜伏的不安全因素,保证国民经济的顺利发展,保障人民群众的生命安全。安全检测应该融于一体,综合成一个完整的系统,并运用安全系统工程的相关理论和安全检测技术合理地对生产过程进行控制,防止安全事故的发生。把事故的发生概率和将事故危害降到最低是未来安全检测技术发展的必然趋势。

第2章 安全检测基础知识

安全检测系统是融计算机技术、通信技术、控制技术和电子技术为一体的综合自动化产品。它广泛应用于当今社会现代化工业和日常生活的诸多方面,当将其作为一种安全预防技术设施应用到工业生产和社会生活中时,就称其为安全监测监控系统。例如,常见的楼宇安全监测通信系统、建筑消防监测监控系统、公路交通安全监控系统等,都是以环境系统的安全为目标而设置的一套综合性电子系统。可见,安全监测监控系统是国内外各个行业都能应用到的一种预防安全事故的综合性技术产品,通过对环境状态参数、安全信息的监测和监控,实现安全性分析和预测的自动化、准确化和及时化,并给予必要的预警和控制。

因此,开展安全检测技术研究,全面提高我国安全检测技术的研发水平,对有效减少事故隐患,预防和控制重特大事故的发生,遏制群死群伤、重大经济损失和保障国家经济与社会可持续发展具有重大的现实意义。

2.1 安全检测系统的基本构成及功能

安全检测系统主要由三部分构成,即采集,处理,以及显示、打印、报警、控制等。采集是将生产过程中的被测参数经传感器把非电量参数变成电量参数,且转换成统一的标准信号,传感器是采集部分的核心组成;处理是考虑到传感器的敏感、变换原理或特性的限制及外界影响,一次变换的信号通常满足不了测量与控制的要求,因此经过中间处理环节,实现信号放大、阻抗匹配、干扰抑制、滤波等;最后根据处理后的信号进行分析,以便完成显示、打印、报警、控制等。

2.2 安全检测常用传感器的分类

在安全监测中,为对各种变量进行监测或控制,首先要把这些变量转换成容易比较且便于传送的信息,这就要用到敏感元件、传感器、变送器和信号转换器。

从字面上不难看出,传感器不仅应该对被测变量敏感,而且具有把对被测变量的响应传送出去的功能。也就是说,传感器不只是一般的敏感元件,它的输出响应还必须是易于传送的物理量。例如,弹性膜盒的输出响应参量是形变,是微小的几何量(位移),不便于向远方传送。但如果把膜盒中心的位移转变为电容极板的间隙变化,就成为输出响应是电容量的压力传感器,倘若再通过适当的电路使电容量的大小变为振荡频率的高低,就演变成输出响应是频率值的压力传感器。电容量和频率值都可以用导线传送到别处测量,尤其是频率更适合远距离传送。

某些敏感元件的输出响应本来就能够传送到别处测量,如铂电阻的阻值、应变电阻的阻值和热电偶的电动势等,因此把这类敏感元件称为传感器也未尝不可。由于电信号最便于远传,因此绝大多数传感器的输出是电量的形式,如电压、电流、电阻、电感、电容和频率等。也有利用压缩空气的压力大小传送信息的,这种方法在抗电磁干扰和防爆安全方面比电传送要优越,但气源和管路上的投资较大,而且传送速度较低。近年来,利用光导纤维传送信息的传感器正在发展,其抗干扰、防爆和快速性都有突出优点。总之,传感器的输出物理量不拘一格,其数值范围也没有限制,只要便于传送,而且其他仪表易于接收其所传送的信息,就可以满足安全监测的应用。

按照传感器不同的技术特点,传感器共有七种分类方法。

1. 电传送、气传送和光传送

输出信号为电量的传感器使用方便,很多输出响应为非电量的敏感元件往往借助各种物理效应转变为电量而构成传感器。

气传送方式多用于有压缩空气源且周围环境有易燃易爆气体或粉尘的场所。

光传送常常与电路配合,充分利用光的抗干扰和绝缘隔离能力,以及电信号易于放大和处理的特点。二者结合,可精确快速地达到传感和变送目的。

2. 位式作用和连续作用

位式作用又称开关作用,即传感器在输入变量的整个变化范围内,其输出响应只有两种状态,这两种状态可以是电路的"通"和"断",可以是电压的"高"和"低",也可以是空气压力的"高"和"低"。位式作用的传感器多用于被测变量的越限报警、连锁保护、顺序控制及位式调节领域。电接点压力表是在弹簧管式压力表上附加电接点而构成的位式作用传感器,其指示部分的结构与普通压力表完全相同,但增加两对电接点,分别提供上、下限报警信号。压力超过报警上限时,电接点保持在报警状态,而指针仍能指示压力。下限电接点原理同上限。用光传送位式信号时,只有"亮"和"不亮"(简称"明"和"暗")这两种差别极大的光通量,对发光器件和光敏器件的特性要求不高,容易满足。

需要连续检测或调节某些变量时,就必须使用连续作用的传感器,其各项技术指标往往有较高的要求。

3. 有触点和无触点

位式作用传感器可分为有触点和无触点两类。凡是由敏感元件直接带动电路的触点或是靠继电器上的触点(又称电接点)发出通断信号的传感器,都是有触点的传感器。若是利用晶体管或晶闸管的导通和截止发出通断信号的传感器,则为无触点的传感器。

有触点的传感器不仅工作寿命较短,不适用于操作频繁的场合,而且触点上的电火花容易形成电磁干扰,还可能引爆易燃气体。无触点的传感器避免了这些缺点。

4. 模拟式和数字式

连续作用的传感器又可分为模拟式和数字式。目前绝大多数传感器是模拟式的,用计算机与其配合采集数据时,必须经过模数(A/D)转换器件。也有一些传感器的输出是数字量,如角度传感器中的码盘就有数字化功能,它可以把角度的大小变为对应的循环码,以并行方式输出。光电式转速传感器则可把被测转速变为脉冲频率,以串行方式输出。其他如光栅、磁栅等也是以数字量形式输出的。随着计算机技术的应用日益普及,数字式传感器也将逐渐增多。

5. 常规式和灵巧式

传感器可以由模拟电路或普通数字电路实现,即常规式传感器;也可以由以微处理器为核心的单片机系统实现,即国外所称的灵巧(Smart)式传感器。后者的功能丰富、使用灵活,故有灵巧之称。但其输出仍为模拟量直流电流 4～20 mA,不过内部电路是数字式的。其主要特点是利用编程器,通过输出信号线对测量范围及线性化规律等进行改变,从而使其应用更加灵活方便。

6. 接触式和非接触式

按照敏感元件的工作原理,传感器可分为接触式和非接触式。前者的敏感元件必须与被测介质或物体接触才能感受被测变量。例如,用热电偶测温是接触式,而用红外辐射测温则是非接触式;用浮子测液位是接触式,而用超声波测液位则是非接触式。一般来说,非接触式传感器不会破坏被测量空间的分布状况,有利于密封和防腐蚀,比接触式更受欢迎。

7. 普通型、隔爆型和本安型

根据传感器的安装场所有无易燃易爆气体及危险程度,应选用符合防爆要求的仪表和电器。传感器当然也不例外,其具体要求在国家标准中有明确规定。防爆等级较多,但主要有三种类型,即普通型、隔爆型和本安型。

普通型不考虑防爆措施,只能用在非易燃易爆场所;隔爆型在内部电路和周围易燃气体之间加装隔爆外壳进行防爆,允许在有一定危险性的环境里使用,如有瓦斯和煤尘爆炸危险的矿井中;本安型是本质安全型的简称,在正常工作和故障状态下,产生的电火花和热效应都不能点燃爆炸性气体混合物的电路称为本质安全电路,电气设备内部的所有电路都是本质安全的,则其为本质安全型电气设备,可用于易燃易爆场所。

2.3　安全检测系统的基本特性

2.3.1　安全检测系统的静态特性

检测系统的静态特性是指当被测量 x 不随时间变化或随时间的变化程度远缓慢于检测系统固有的最低阶运动模式的变化程度时,检测系统的输出量 y 与输入量 x 之间的函数关系,通常可以描述为

$$y = f(x) = \sum_{i=0}^{n} a_i x^i \tag{2.1}$$

式中　a_i——检测系统的标定系数,反映了检测系统静态特性曲线的形态。

当式(2.1)写成

$$y = a_0 + a_1 x \tag{2.2}$$

时,检测系统的静态特性为一条直线,称 a_0 为零位输出,a_1 为静态传递系数(或静态增益)。

通常,检测系统的零位是可以补偿的,使检测系统的静态特性变为

$$y = a_1 x \tag{2.3}$$

这时,检测系统是线性的。

2.3.2　安全检测系统的动态特性

实际测试中,被测量 $x(t)$ 处于变化过程中,因此检测系统的输出 $y(t)$ 也是变化的。检测系统的任务就是通过其输出 $y(t)$ 来获取、评估输入被测量 $x(t)$,这就要求输出 $y(t)$ 能够实时、无失真地跟踪被测量 $x(t)$ 的变化过程,因此就必须要研究检测系统的动态特性。

检测系统的动态特性反映了检测系统在动态测量过程中的特性。在动态测量过程中,描述系统的一些特征量随时间而变化,而且随时间的变化程度与系统固有的最低阶运动模式的变化程度相比不是缓慢的变化过程。

检测系统动态特性方程是指在动态测量时,检测系统的输出量与输入被测量之间随时间变化的函数关系。它依赖于检测系统本身的测量原理和结构,取决于系统内部机械、电气、磁性、光学等的各种参数,而且这个特性本身不随输入量、时间和环境条件的不同而变化。

2.3.3　安全检测系统在典型输入下的动态响应

1. 一阶系统对单位脉冲函数的响应

因为

$$x(t) = \delta(t), X(S) = \mathscr{L}[\delta(t)] = 1$$

故一阶系统的输出为

$$Y(S) = H(S) \cdot X(S) = \frac{1}{\tau S + 1} = H(S) \tag{2.4}$$

经拉普拉斯逆变换得一阶系统的脉冲响应函数为

$$y(t) = h(t) = \mathscr{L}^{-1}\left[\frac{1}{\tau S + 1}\right] = \frac{1}{\tau}\mathrm{e}^{-\frac{t}{\tau}} \tag{2.5}$$

其图形如图 2.1 所示。由于一阶系统为惯性系统,因此当输入为 $\delta(t)$ 时,其响应 $y(t)$ 不能马上衰减到零。

在进行拉普拉斯逆变换时,需要用拉普拉斯反演积分,而拉普拉斯反演积分是一个复变函数积分,解起来十分困难。通常对简单情况可利用查表法直接得到,对复杂情况常用部分分式法或直接代入海维赛(Heaviside)展开式求解。

2. 一阶系统对大单位阶跃函数的响应

单位阶跃函数为

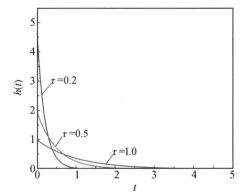

图 2.1　一阶系统脉冲响应图

$$u(t) = \begin{cases} 0, & t < 0 \\ 1, & t \geqslant 0 \end{cases}$$

而

$$X(S) = \mathscr{L}[u(t)] = \frac{1}{S}$$

故

$$Y(S) = H(S) \cdot X(S) = \frac{1}{\tau S + 1} \cdot \frac{1}{S} \quad (2.6)$$

经拉普拉斯逆变换得到其时域响应为

$$y(t) = h(t) = \mathscr{L}^{-1}\left[\frac{1}{S(\tau S + 1)}\right] = 1 - e^{-\frac{t}{\tau}} \quad (2.7)$$

其图形如图 2.2 所示。可以看出，随着时间 t 的增长，系统逐渐达到稳态。从理论上讲，$t \to \infty$ 时，$y(t) = 1$，达到稳态。而实际上，当 $t = 4\tau$ 时，$y(t) = 0.982$，动态误差已小于 2%，可近似认为已达到稳态。

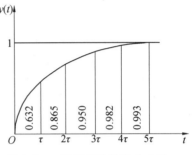

图 2.2 一阶系统的阶跃响应图

3. 一阶系统对单位斜坡函数的响应

单位斜坡函数表达式为

$$r(t) = \begin{cases} 0, & t < 0 \\ t, & t \geqslant 0 \end{cases}$$

而

$$X(S) = \mathscr{L}[r(t)] = \frac{1}{S^2}$$

故一阶系统对单位斜坡函数的响应为

$$Y(S) = H(S) \cdot X(S) = \frac{1}{\tau S + 1} \cdot \frac{1}{S^2} \quad (2.8)$$

经拉普拉斯逆变换得到其时域响应为

$$y(t) = h(t) = \mathscr{L}^{-1}\left[\frac{1}{S^2(\tau S + 1)}\right] = t - \tau + \tau e^{-\frac{t}{\tau}} \quad (2.9)$$

其图形如图 2.3 所示。原始输入为 $r(t)$，经过一阶系统后的响应为 $y(t)$。在进入稳态之后，

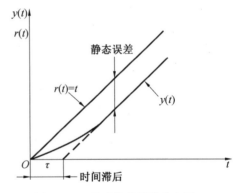

图 2.3 一阶系统的斜坡响应图

二者之间产生一稳态误差 τ。而 $y(t)$ 须经过一段时间滞后才达到稳态，其滞后量亦为 τ。

2.3.4 测量系统静态特性和动态特性的标定

1. 静态特性标定

可通过对测量设备的灵敏度进行标定，建立测试设备输出—输入关系。

若测试装置为线性系统，则当输入 x 有一个变化量 Δx 时，引起输出 y 产生一个相应变化量 Δy。在稳态情况下，定义输出信号与输入信号的变化量之比为灵敏度 S，可写为

$$S = \frac{\Delta y}{\Delta x} \qquad\qquad (2.10)$$

灵敏度的高低应根据实际情况和对被测量的要求合理地选择,不是越高越好。灵敏度越高,对外界的干扰噪声越敏感,产生的漂移也越大,稳定性就越差,还会使测量范围变窄。

具体标定方法是根据测试设备原有的标准计算模型设计输出－输入关系的拟合公式,并通过数据求出拟合表达式,进而完成灵敏度的标定。

2. 动态特性标定

可用阶跃信号作为激励来测定时间常数 t。首先要根据不同时刻所测得的相应幅值,得到阶跃信号的响应曲线图,如图 2.4 所示。规定达到稳态幅值的 63.2% 所对应的时间为时间常数 t。

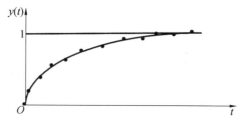

图 2.4　阶跃信号的响应曲线图

通过实验求出的时间常数与测试设备的标准时间常数进行对比,可完成对动态特性的标定。

第3章 工程检测的不确定性及误差分析

3.1 测量误差简介

3.1.1 测量误差的基本概念

测量是变换、放大、比较、显示、读数等环节的综合过程。在测量过程中,由于测量设备或实验手段不完善,再加上周围环境的干扰及检测水平的限制,因此被测对象某个参数的实际测量值与其真实量值间存在差值,该差值称为测量误差。在实际的测量过程中,真实量值是难以测量的,测量误差始终会存在于一切测量之中。

研究测量误差具有非常重要的现实意义:首先,其能正确认识误差的性质,分析误差产生的原因,从而可以寻求减少误差的方法;其次,其有助于正确处理实验数据,然后通过正确的计算可获得更准确的结果;最后,其有助于合理设计或选择检测用的仪器仪表,选择合适的测量条件及方法,从而在更经济的条件下获得预期的结果。

1. 真值

(1)真值。

一个物理量在一定条件下所呈现的客观大小或真实数值称为它的真值。真值需要使用理想的量具或测量仪器进行测量。因此,一个物理量的真值实际上是难以测得的。在实际测量中,常用约定真值或相对真值来代替真值。

①约定真值。约定真值是指根据国际计量委员会通过并发布的各种物理参量单位的定义,利用先进的科学技术复现实物的单位基准,其值被公认为国际或国家基准。

例如,国际计量委员会规定 1 kg 铂铱合金原器就是 1 kg 质量的约定真值。在实际的测量过程中,通常用这些约定真值的国际或国家基准进行量值传递,或对低一等级的标准量值或仪器进行比对、计量和校准。

各地可向上级法定计量部门按规定定期送检,检验过的标准器或标准仪器及其修正值作为当地相应物理参量单位的约定真值。

②相对真值。实际的测量过程中,在能够达到规定准确度的条件下,用来代替真值使用的值称为相对真值,又称实际值。

实际测量中,不可能都直接与国家基准比对,所以国家使用一系列的各级实物计量标准形成量值传递关系,把国家基准所体现的计量单位逐级比较传递到日常工作仪器或量具上,在每一级的比较中,都将上一级标准所呈现的值作为准确无误的值。

如果高一级检测系统的误差仅为低一级检测系统误差的 $1/10 \sim 1/3$,则可认为前者是后者的相对真值。例如,高精度石英钟的计时误差一般比普通机械时钟的计时误差小

1～2 个数量级,因此高精度石英钟可看作普通机械时钟的相对真值。

(2)标称值。

测量器具上标定的数值称为标称值。由于测量和制造精度不够,再加上环境等因素的影响,因此标称值并不一定等于它的真值或实际值。在给出标称值的同时,也要给出误差范围或精度等级,如天平砝码上标注的 5 g、精密电阻器上标注的 50 Ω 等。

(3)示值。

由测量器具显示的被测量量值称为测量器具的示值,它包括数值和单位,又称测量值或读数。

由于传感器不可能绝对精确,因此信号调理及模数转换等都不可避免地存在误差。测量时环境因素和外界干扰的存在,以及测量过程可能会影响被测对象原有状态等原因,都可能使示值与实际值存在偏差。

(4)等精度测量。

在保持测量条件不变的情况下对同一被测量进行多次测量的过程称为等精度测量。其中,测量条件包括所有对测量结果产生影响的主观和客观因素,如使用的仪器、测量的方法、测量环境等。

2. 误差的表示方法

在实际测量过程中,测量误差可以分为绝对误差、相对误差、引用误差和容许误差等。

(1)绝对误差。

绝对误差是指用测量值(即示值)减去被测量的真值得到的差值,即

$$\Delta x = x - x_0 \tag{3.1}$$

式中　Δx——绝对误差;

　　　x——测量值;

　　　x_0——被测量的真值,它可以为约定真值,也可以是由高精度标准器所测得的相对真值。

由于测量值 x 可能大于或小于被测量的真值 x_0,因此绝对误差 Δx 是代数值,即它可能是正值、负值或零,且具有与被测量相同的量纲。

在标定或校准检测系统样机时,常采用比较法,即对于同一被测量,将标准仪器(具有比样机更高的精度)的测量值作为近似真值 x_0 与被校检测系统的测量值 x 进行比较,它们的差值就是被校检测系统测量示值的绝对误差。如果它是一个恒定值,则为检测系统的系统误差。该误差可能是系统在非正常工作条件下使用而产生的,也可能是其他原因所造成的附加误差。此时,对检测仪表的测量示值应加以修正,修正后才可得到被测量的实际值 x_0。

例如,利用外径千分尺测量某个轴的直径,测得的圆柱面的局部尺寸为 24.344 mm,而用高准确度量仪测得的结果为 24.349 mm(可看作真值),则用外径千分尺测得的圆柱面的局部尺寸的绝对误差为

$$\Delta x = x - x_0 = 24.344 - 24.349 = -0.005 (\text{mm})$$

（2）相对误差。

相对误差 ϵ 是指绝对误差 Δx 与被测量的真值 x_0 之比，该值无量纲，常用百分数表示，即

$$\epsilon = \frac{\Delta x}{x_0} \times 100\% = \frac{x - x_0}{x_0} \times 100\% \tag{3.2}$$

这里的真值可以是约定真值，也可以是相对真值。工程上，在无法得到本次测量的约定真值和相对真值时，常在被测参量（已消除系统误差）没有发生变化的条件下重复多次测量，用多次测量的平均值代替相对真值。

上例中的相对误差为

$$\epsilon = \frac{\Delta x}{x_0} \times 100\% = \frac{-0.005}{24.349} \times 100\% = -0.02\%$$

通常，相对误差比绝对误差更能说明不同测量的精确程度，相对误差越小，测量精度越高。

有时利用相对误差作为衡量标准也不是很准确。例如，用任意确定精度等级的检测装置测量一个接近测量范围下限的量，计算得到的相对误差要比测量接近上限的量（如 2/3 量程处）得到的相对误差大很多，因此引入引用误差的概念。

（3）引用误差。

绝对误差 Δx 与仪表的满量程 L 之比称为引用误差 γ，通常用百分数表示，即

$$\gamma = \frac{\Delta x}{L} \times 100\% \tag{3.3}$$

与相对误差的表达式相比可知，在 γ 的表达式中用 L 代替真值 x_0，虽然计算方便，但引用误差的分子仍为绝对误差 Δx。因为仪器仪表测量范围内各示值的绝对误差 Δx 不同，所以为更好地说明测量精度，引入最大引用误差的概念。

在规定的工作条件下，当被测量稳定增加或减少时，在仪表全量程内所测得的各示值的绝对误差最大值的绝对值和满量程 L 之比的百分数称为仪表的最大引用误差 $\gamma_{\max}$，即

$$\gamma_{\max} = \frac{|\Delta x_{\max}|}{L} \times 100\% \tag{3.4}$$

最大引用误差通常称为测量仪表的基本误差，它是测量仪表最主要的质量指标，能很好地表征测量仪表的测量精度。

（4）容许误差。

容许误差又称允许误差，是指测量仪表在规定的使用条件下可能产生的最大误差范围，是衡量测量仪表的重要质量指标之一。测量仪表的准确度、稳定度等指标都可以用容许误差来表征。根据《电子测量仪器误差的一般规定》（GB 6592—1986）可知，容许误差通常用绝对误差表示，也可用固有误差、工作误差、影响误差和稳定性误差等来表示。

3.1.2　误差分类

1. 按性质分类

按性质不同分类，测量误差可以分为随机误差、系统误差和粗大误差三类。

（1）随机误差。

随机误差是指在相同条件下多次重复测量同一被测参数时,测量误差的大小与符号均无规律变化的误差。随机误差的参考量值是对同一被测量无穷多次测量得到的平均值。

由于实际上只能进行有限次测量,因此只能得出这一测量结果中随机误差的估计值。由于测量过程中影响量的随机时空变化,因此会导致重复测量的分散性,但是以足够多的次数进行重复测量,随机误差的总体会服从一定的统计规律。通常用精密度来表征随机误差的大小:随机误差越大,精密度越低;随机误差越小,精密度越高,即测量的重复性越好。

随机误差是由测量过程中未加控制或某些未知的多种随机因素引起的。这些随机因素包括温度的波动、元器件性能不稳定和读数时的视差等。

随机误差是难以消除的,但通常服从某种分布规律,如正态分布、均匀分布和泊松分布等。其中,大多数随机误差服从正态分布,其曲线如图 3.1 所示。

正态分布的随机误差具有下列四个基本特性。

①单峰性。绝对值小的误差比绝对值大的误差出现的概率大。

②对称性。绝对值相等的正负随机误差出现的概率相等。

③有界性。在一定的测量条件下,随机误差的绝对值不会超过一定的界限。

④抵偿性。随着测量次数的增加,随机误差的算数平均值趋近于零。

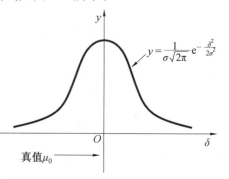

图 3.1　正态分布曲线

正态分布曲线的数学表达式为

$$y=\frac{1}{\sigma\sqrt{2\pi}}e^{-\frac{\delta^2}{2\sigma^2}} \tag{3.5}$$

式中　y——概率密度;

　　　σ——总体标准偏差;

　　　e——自然对数的底;

　　　δ——随机误差。

由图 3.1 可知,当 $\delta=0$ 时,概率密度最大,而且 $y_{max}=\frac{1}{\sigma\sqrt{2\pi}}$。概率密度的最大值 y_{max} 与标准偏差 σ 成反比,即 σ 越小,y_{max} 越大,分布曲线越陡峭,测得值越集中,测量准确度越高;σ 越大,y_{max} 越小,分布曲线越平坦,测得值越分散,测量准确度越低。

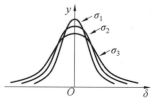

图 3.2　标准偏差对随机误差分布的影响

标准偏差对随机误差分布的影响如图 3.2 所示,$\sigma_1<\sigma_2<\sigma_3$,故标准偏差 σ 表示随机误差的分散程度。

标准偏差 σ 的计算公式为

$$\sigma = \sqrt{\frac{\sum\limits_{i=1}^{n} \delta_i^2}{n}} \tag{3.6}$$

式中　n——测量次数；

　　　δ_i——各测得值的随机误差$(i=1,2,\cdots,n)$。

全部随机误差的概率之和为 1，即

$$P = \int_{-\infty}^{+\infty} y \mathrm{d}\delta = \frac{1}{\sigma\sqrt{2\pi}} \int_{-\infty}^{+\infty} \mathrm{e}^{-\frac{\delta^2}{2\sigma^2}} \mathrm{d}\delta = 1 \tag{3.7}$$

随机误差出现在区间$(-\delta,\delta)$内的概率为

$$P = \frac{1}{\sigma\sqrt{2\pi}} \int_{-\delta}^{\delta} \mathrm{e}^{-\frac{\delta^2}{2\sigma^2}} \mathrm{d}\delta \tag{3.8}$$

若令 $t=\dfrac{\delta}{\sigma}$，则 $\mathrm{d}t=\dfrac{\mathrm{d}\delta}{\sigma}$，因此有

$$P = \frac{1}{\sqrt{2\pi}} \int_{-t}^{t} \mathrm{e}^{-\frac{t^2}{2}} \mathrm{d}t = \frac{2}{\sqrt{2\pi}} \int_{0}^{t} \mathrm{e}^{-\frac{t^2}{2}} \mathrm{d}t = 2\varphi(t) \tag{3.9}$$

$$\varphi(t) = \frac{1}{\sqrt{2\pi}} \int_{0}^{t} \mathrm{e}^{-\frac{t^2}{2}} \mathrm{d}t \tag{3.10}$$

式中　$\varphi(t)$——拉普拉斯函数。

当 t 已知时，根据拉普拉斯函数表可查得函数 $\varphi(t)$ 的值，如下：

① 当 $t=1$，即 $\delta=\pm\sigma$ 时，$2\varphi(t)=68.27\%$；

② 当 $t=2$，即 $\delta=\pm2\sigma$ 时，$2\varphi(t)=95.44\%$；

③ 当 $t=3$，即 $\delta=\pm3\sigma$ 时，$2\varphi(t)=99.73\%$。

由于超过 $\pm3\sigma$ 范围的随机误差的概率仅为 0.27%，因此可以将随机误差的极限值取为 $\pm3\sigma$，即

$$\Delta_{\lim} = \pm3\sigma$$

在式(3.6)中，随机误差 δ_i 是指消除系统误差后的各测量值 x_i 与其参考量值（真值）x_0 之差，即

$$\delta_i = x_i - x_0, \quad i=1,2,\cdots,n \tag{3.11}$$

但在实际测量过程中，被测量的参考量值 x_0 是未知的，所以随机误差 δ_i 也是未知的，因此无法根据式(3.6)求得标准偏差 σ。

在消除系统误差的条件下，对被测量进行等准确度、有限次的测量。若测量列为 x_1，$x_2,\cdots,x_n$，则其算数平均值

$$\bar{x} = \frac{1}{n} \sum_{i=1}^{n} x_i \tag{3.12}$$

是被测量参考量值 x_0 的最佳估计值。

测量值 x_i 与算数平均值 $\bar{x}$ 之差称为残余误差，简称残差，并有

$$v_i = x_i - \bar{x}, \quad i=1,2,\cdots,n \tag{3.13}$$

由于随机误差 δ_i 是未知的，因此实际中采用贝塞尔(Bessel)公式计算标准偏差 σ 的估计值 s，即

$$s = \sqrt{\frac{\sum\limits_{i=1}^{n} v_i}{n-1}} \tag{3.14}$$

若只考虑随机误差的影响，则单次测量结果可表示为

$$x = x_i \pm 3s$$

由上式可知，单次测量结果 x_i 与被测量参考量值 x_0（或算数平均值 $\bar{x}$）之差不超过极限值 $\pm 3s$ 的概率为 99.73%。

在相同的情况下对同一被测量进行 n 次测量，虽然每组 n 次测量的算数平均值会完全不同，但这些算数平均值的分布范围要比单次测量值的分布范围小很多。算数平均值 $\bar{x}$ 的分散程度可以用算数平均值的标准偏差 $\sigma_{\bar{x}}$ 来表示，$\sigma_{\bar{x}}$ 与单次测量的标准偏差 σ 的关系为

$$\sigma_{\bar{x}} = \frac{\sigma}{\sqrt{n}} \tag{3.15}$$

在正态分布情况下，测量列算数平均值的极限偏差取

$$\Delta_{\bar{x}\,\mathrm{lim}} = \pm 3\,\sigma_{\bar{x}}$$

其相应的包含概率为 99.73%。

（2）系统误差。

系统误差是指在重复测量中保持不变或按可预见方式变化的测量误差分量。系统误差的参考量值为真值，或是在测量不确定度可忽略不计的测量条件下的测得值，或是约定量值。系统误差等于测量误差减随机误差。

系统误差产生的原因主要有：测量时所用的工具本身性能不完善或安装、布置、调整不当；在测量过程中温度、湿度、气压等环境条件发生改变；测量方法不完善或理论依据不完善等。

对于新购买的测量系统，尽管在出厂前厂家已对其系统误差进行过精确的校正，但安装到现场后，可能会因测量系统的工况改变而引入新的系统误差，因此要进行现场调试和校正。此外，在使用过程中测量系统的元器件老化、线路板积尘等原因也会造成系统误差的变化，所以应对测量系统进行定期的检验和校准。

系统误差表明测量结果偏离真值或实际值的程度。系统误差越小，测量就越准确，所以经常用准确度来表征系统误差的大小。总之，系统误差的特征是测量误差出现的有规律性和产生原因的可知性。系统误差产生的原因和变化规律一般可通过实验和分析得到。因此，系统误差可被设法确定并消除。但应指出，系统误差是不容易被发现、不容易被确定的，因此在仪表的设计、制造和使用时应认真对待。

系统误差可以分为定值系统误差和变值系统误差。

①定值系统误差。在重复性条件下，对同一被测量进行无限多次测量时，误差的绝对值和符号保持不变的系统误差称为定值系统误差。

当测量结果中可能有定值系统误差时，可采用下面的方法进行判断。

　　a. 校准和对比。由于测量仪器是系统误差的主要来源，首先要保证它的准确度符合要求，因此针对测量仪器定期检定，确定校正后的修正值。有的自动测量系统可利用自校准方法来发现并消除定值系统误差，或通过多台同类或相似的仪器进行对比，观察测量结果的差异，从而提供参考数据。

　　b. 改变测量条件。部分定值系统误差与测量条件和实际工作情况有关，即测量条件不同，对应的定值系统误差也不同。对于此类检测系统，需要逐个改变外界的测量条件，分别测出两组或两组以上的数据，比较其差异，从而确定仪表在其允许的不同工况条件下的系统误差。

　　c. 理论计算和分析。因测量原理或测量方法使用不当而引入系统误差时，可以通过理论计算及分析的方法来加以修正。

　　② 变值系统误差。按一定规律变化的系统误差称为变值系统误差。

　　适当改变测量条件或分析测量数据变化的规律，便可以判断是否存在变值系统误差。通常来说，对于确定含有变值系统误差的测量结果，原则上应舍去。

　　a. 累计性系统误差的检查。该类误差的特点是数值会随着某种因素的变化而变化，所以必须进行多次等精度测量，观察测量数据或相应的残差变化规律。将一系列等精度重复测量的测量值及其残差按测量时的先后顺序列表，观察各测量数据残差值的大小和符号的变化。如果残差序列呈有规律递增或递减，且残差序列减去其中值后的新数列在以中值为原点的数轴上呈正负对称分布，则说明测量存在累积性系统误差。如果累积性系统误差比随机误差大很多，则可以明显看出其上升或下降的趋势。当累积性系统误差不比随机误差大很多时，可以用马利科夫准则进行判断。

　　对某一被测量进行 n 次等精度测量，按先后测量顺序得到测量值 $x_1, x_2, \cdots, x_n$，相应的残差为 $v_1, v_2, \cdots, v_n$。将前面一半和后面一半数据的残差分别求和，然后取其差值。

　　当 n 为偶数时，有

$$M = \sum_{i=1}^{k} v_i - \sum_{k+1}^{n} v_i \tag{3.16}$$

取 $k = \dfrac{n}{2}$。

　　当 n 为奇数时，有

$$M = \sum_{i=1}^{k} v_i - \sum_{k}^{n} v_i \tag{3.17}$$

取 $k = \dfrac{n+1}{2}$。

　　如果 M 近似为零，则说明上述测量列不含累积性系统误差；如果 M 与 v_i 值相当或更大，则说明测量列中存在累积性系统误差；如果 $0 < M < v_i$，则说明不能确定是否存在累积性系统误差。

　　b. 周期性系统误差的检查。该类误差的特点是偏差序列呈有规律的交替重复变化。如果系统误差比随机误差小，则不能通过观察来发现系统误差，只能通过专门的判断准则发现和确定。这些准则的实质就是检验误差的分布是否偏离正态分布，通常采用阿贝－赫梅特准则进行判断。

设 $A=\left|\sum\limits_{i=1}^{n-1}v_iv_{i+1}\right|$，当存在 $A>\sqrt{n-1}\sigma^2$ 时，则认为测量列中存在周期性系统误差。

系统误差表明测量结果偏离真值或实际值的程度。在测量过程中，应尽量减小或消除系统误差，从而提高测量结果的准确性。系统误差的特点是测量误差出现的有规律性和产生原因的可知性。系统误差产生的原因和变化规律一般可以通过实验和分析确定，如修正补偿法、零位式测量法、替换法、交叉读数法和半周期法等。

①修正补偿法。在相同的测量条件下，定值系统误差对连续多次测量的各测得值影响相同，一般不影响误差的分布规律。由于等准确度测量列，因此无法判断是否存在定值系统误差。不过，可以通过改变测量条件，用更准确的测量进行对比试验，发现定值系统误差，并且取其反号作为修正值，对原测量结果进行修正。

对于变值系统误差，利用它对测得值残差的影响来获得变值系统误差，使各测得值的残差依据测量顺序排列。若各残差整体上正负相间，且无明显变化，如图 3.3(a)所示，则可认为不存在变值系统误差；若各残差整体上按线性规律递增或递减，如图 3.3(b)所示，则可认为存在线性系统误差；若各残差的变化基本上呈周期性，如图 3.3(c)所示，则可认为存在周期性系统误差。

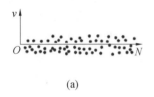
(a)
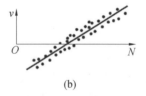
(b)
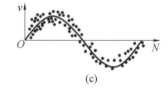
(c)

图 3.3　变值系统误差的判断

修正值自身也具有一定的误差，因此无法将系统误差全部修正掉，对于残留的系统误差应按随机误差处理。此外，修正补偿法还可以应用到环境误差上。

②零位式测量法。在测量过程中，用指零仪表的零位指示测量系统的平衡状态。当测量系统达到平衡时，用已知的基准量决定被测未知量的测量方法称为零位式测量法。测量时，标准器具装在仪表上，标准量直接与被测量比较，调整标准量，直到被测量与标准量相等，即指零仪表归零。

零位式测量法的测量误差主要来自于标准器具的误差。这种方法的优点是可以获得较高的测量精度；缺点是反应速度不高，不适合测量变化速度快的信号。

③替换法。替换法是检测工作中最常用的一种方法，它用可调的标准器具代替被测量接入检测系统，然后调整标准器具，使检测系统的指示和被测量接入时相同，则此时标准器具的数值等于被测量。

与零位式测量法相比，替换法在两次测量过程中，测量电路与指示器的工作状态保持不变。因此，检测系统的精确度对测量结果基本无影响，从而消除了测量结果中的系统误差。测量的精确度主要取决于标准已知量。

④交叉读数法。交叉读数法是减小线性系统误差的有效方法，又称对称测量法。如果测量系统在测量过程中存在线性系统误差，则即使被测量保持不变，重复测量值也会随时间的变化而线性增加或减少。如果选择整个测量时间范围内的某个时刻作为中点，那

么对称于此点的各对测量值的和是相同的。因此,在时间上可将测量顺序等间隔地对称安排,取各对称点两次交叉读入测量值,然后取其算数平均值作为测量值。

⑤半周期法。半周期法是指针对周期性系统误差,相隔半个周期进行一次测量,取两次读数的算数平均值作为测量值。因为相差半周期的两次测量,在理论上其误差大小相等、符号相反,所以这种方法在理论上能有效减小或消除周期性系统误差。

(3) 粗大误差。

粗大误差是指在相同的条件下,多次重复测量同一被测参数时,测量结果显著地偏离其实际值时所对应的误差。粗大误差是某些不正常的原因造成的,如仪器的故障、测量人员的操作不规范等。因为粗大误差会使测量结果产生较大的偏离,所以要从测量数据中排除粗大误差。

判断是否存在粗大误差,可将随机误差的分布范围作为依据,凡超出规定范围的误差,就可视为粗大误差。例如,服从正态分布的随机误差,应按式(3.14)计算标准偏差的估计值 S,然后以 $3S$ 为界限,若测得值的残差绝对值大于 $3S$,则可认为该测得值含有粗大误差,应将其从测量数据中排除。

需要注意的是,在排除粗大误差后,剩余的测量值要重新计算算数平均值和标准偏差的估计值 S,然后再进行筛选,看是否有新的粗大误差出现,直到无新的粗大误差出现为止。此时,所有测量值的残差绝对值都应在 $3S$ 范围内。

$3S$ 准则是判别粗大误差最常用的方法,但它要求重复测量次数趋于无穷大。而当测量次数有限,特别是测量次数较少时,该准则不是很可靠。因此,引入了格拉布斯准则,该准则认为凡剩余误差大于格拉布斯鉴别值的误差均是粗大误差,应予以舍弃。格拉布斯准则是根据数理统计方法推导出的,它的主要特点是考虑了测量次数 n 和标准差自身的误差影响。

对于粗大误差,除要将其从测量数据中排除外,最重要的是要提高检测人员的素质。在测量过程中,要如实地记录数据,并注明相关条件。此外,还要保证测量条件的稳定,避免外界存在较大干扰。

在某些情况下,为发现测得值中的粗大误差,可以采用不等精度测量。

2. 按误差产生原因分类

按误差产生原因分类,测量误差可分为以下几种。

(1) 仪器误差。

在测量过程中,所使用的仪器本身及其元器件的机械、电气等特性不完善所引入的误差称为仪器误差,如元件老化、刻度不准确等。在测量中,仪器误差通常是主要的误差。

(2) 理论误差与方法误差。

所采用的测量原理或测量方法的不完善所引入的误差称为理论误差与方法误差。

(3) 环境误差。

实际测量的工作环境和条件与规定的标准条件不同,导致测量系统的状态变化的误差称为环境误差,如温度、气压、风速等因素引起的误差。

(4) 人员误差。

由进行测量的操作人员的素质条件所引起的误差称为人员误差,如操作经验、反应速度、感官差异等。

3. 按被测量随时间变化的速度分类

按被测量随时间变化的速度分类,测量误差可以分为静态误差和动态误差。

(1)静态误差。

在测量过程中,被测量随时间变化缓慢或基本不变时的测量误差称为静态误差。

(2)动态误差。

被测量随时间变化较快的过程中测量所引入的误差称为动态误差。动态误差通常是测量系统的各种惯性对输入信号变化响应上的滞后,或输入信号中不同频率成分通过测量系统时受到不同程度衰减或延迟所造成的误差。

4. 按使用条件分类

按使用条件分类,测量误差可以分为基本误差和附加误差。

(1)基本误差。

测量系统在规定的标准条件下使用时所产生的误差称为基本误差。标准条件是指测量系统在实验室(或计量部门)标定刻度时所保持的工作条件,如电源电压 220 V±11 V、温度 20 ℃±5 ℃、电源频率 50 Hz±0.5 Hz 等。测量系统的精确度就是由基本误差决定的。

(2)附加误差。

当使用条件偏离规定标准条件时,除基本误差外,还会产生附加误差,如因温度超过标准温度而引起的温度附加误差、因频率变化而引起的频率附加误差等。这些附加误差都应叠加到基本误差上。

5. 按误差与被测量的关系分类

按误差与被测量的关系分类,测量误差又可分为定值误差和累积误差。

(1)定值误差。

定值误差对被测量而言是一个定值,不随被测量而变化。此类误差可以是系统误差,如直流测量回路中存在热电动势等;也可以是随机误差,如检测系统中执行电机的启动引起的电压误差等。

(2)累积误差。

检测系统量程内误差值 Δx 与被测量 x 成比例地变化,即

$$\Delta x = \gamma_s x \tag{3.18}$$

式中　γ_s——比例系数。

由此可见,Δx 会随着 x 的增大而逐步累积。

3.1.3　测量结果的不确定度

1. 基本概念

(1)测量结果。

测量结果是指与其他有用的相关信息一起赋予被测量的一组真值。

测量结果只是被测量的最佳估计值,而不是真值。测量结果通常由单个测得的量值

和测量不确定度组成,如有需要,应给出测量所处的条件或影响量的取值范围。

若是单次测量,则测得值就是测量结果;若是对同一量的多次测量,则测得值的算术平均值是测量结果;若是间接测量或定义测量,则测得值要根据已知的函数关系或量的单位定义求得测量结果。

(2)测量精密度。

在规定的条件下,对同一或类似被测对象重复测量所得示值或测得值的一致程度称为测量精密度,通常用标准偏差、方差或变差系数表示。

(3)测量准确度。

被测量的测得值与其真值间的一致程度称为测量准确度。

准确度是一个定性的概念。不要将"准确度"与"精密度"混淆,精密度反映的是在规定条件下各独立测量结果间的分散性。

(4)测量正确度。

无穷多次重复测量所得量值的平均值与一个参考量值间的一致程度称为测量正确度。测量正确度与系统误差有关,与随机误差无关。

(5)测量重复性。

在一组重复性测量条件下的测量精密度称为测量重复性。

重复性测量条件是指相同测量程序、相同测量人员、相同测量系统、相同环境条件在短时间内对同一或相似被测对象重复测量的一组测量条件。

测量重复性可以用测量结果的分散性来定量表示,由重复性引入的不确定度是诸多不确定度的来源之一。

(6)测量复现性。

在复现性测量条件下的测量精密度称为测量复现性。

复现性测量条件是指不同测量地点、不同测量人员、不同测量系统对同一或类似被测对象重复测量的一组测量条件。其中,不同测量系统可采用不同的测量程序。

在给出复现性时,应说明改变和未改变的条件,以及改变到什么程度。

复现性可以用测量结果的分散性来定量表示,在复现性条件下,用重复观测结果的实验标准差 s_R 定量表示。

(7)实验标准偏差。

实验标准偏差表征测量结果的分散性,简称实验标准差。

n 次测量中某个测得值 q_k 的实验标准差 $s(q_k)$ 的计算公式为

$$s(q_k) = \sqrt{\dfrac{\sum\limits_{k=1}^{n}(q_k - \bar{q})^2}{n-1}} \tag{3.19}$$

式中　　q_k——第 k 次测量的测得值;

　　　　$\bar{q}$——n 次测量所得一组测得值的算数平均值。

式(3.19)称为贝塞尔公式,用于计算单次测量标准差。$s(\bar{q}) = s(q_k)/\sqrt{n}$ 称为 n 次测量算数平均值 $\bar{q}$ 的实验标准差,它与 $s(q_k)$ 都具有 $n-1$ 个自由度。在不确定度评定中,以

平均值 $\bar{q}$ 作为测量结果的最佳估计值,以 $s(q)$ 作为由重复性引入的 A 类标准不确定度。

(8)包含概率。

在规定的包含区间内包含被测量的一组值的概率称为包含概率。

包含区间是基于可获得的信息确定的包含被测量一组值的区间。被测量值以一定概率落在该区间内,但不一定以所选的测得值作为中心。

当测量值服从某种分布时,落于某区间的概率 p 即包含概率。包含概率位于(0,1)区间内,常用百分数表示。

(9)测量不确定度。

测量不确定度简称不确定度,是指根据所用到的信息,表征赋予被测量值分散性的非负参数。从广义角度来说,测量不确定度指对测量结果正确性的可疑程度。在测量结果的完整表述中,应包括测量不确定度。

测量不确定度可能是标准测量不确定度的标准偏差或其倍数,或是包含概率的区间半宽度。以标准偏差表示的不确定度称为标准不确定度,用 u 表示。合成标准不确定度与一个大于 1 的数字因子的乘积称为扩展不确定度,数字因子取决于测量模型中输出量的包含概率和概率分布类型,通常用 U 表示。测量不确定度一般由若干分量组成,其中一些分量可以根据一系列测量值的统计分布,按照测量不确定度的 A 类评定进行选择,并可以用标准偏差表征。对于其他分量,可根据基于经验或其他信息所获得的概率密度函数,按照测量不确定度的 B 类评定进行评定,也可用标准偏差表征。因此,不确定度恒为正值。

(10)修正值。

用代数法将未修正测量结果相加,从而补偿系统误差的值称为修正值。

通常采用高一等级的测量标准来校准测量仪器,从而获得修正值。修正值等于负的系统误差估计值,但该修正值本身有不确定度,所以补偿是不完全的。为补偿系统误差而与未修正测量结果相乘的因子称为修正因子。

(11)相关系数。

相关系数是表征两个变量之间相互依赖性的变量,它等于两个变量间的协方差除以各自方差之积的正平方根,用 $\rho(X,Y)$ 表示,其估计值用 $r(X,Y)$ 表示,即

$$r(X,Y) = \frac{s(X,Y)}{s(X)s(Y)} \tag{3.20}$$

式中,s 表示标准差。

相关系数 $r(X,Y)$ 的取值范围是 $[-1,1]$。当 $r=1$ 时,说明两变量完全正相关;当 $r=0$ 时,说明两变量无关;当 $r=-1$ 时,说明两变量完全负相关。在标准不确定度合成时,应考虑分量间的相关性。

(12)独立。

如果两个随机变量的联合概率分布是其每个概率分布的乘积,则这两个随机变量是统计独立的。如果两个随机变量是独立的,则它们不相关,但反之不一定成立。

2. 测量误差和测量不确定度的区别

测量误差是测量结果减去被测量真值所得的代数差。误差应该是一个确定的值,但

由于通常不知道真值,因此无法准确得到误差。测量不确定度是表示测量分散性的参数,根据测量人员分析和评定得到,因此与人们的认识程度有关。测量误差与测量不确定度是两个不同的概念。测量结果可能非常接近真值,但由于对其的认识不足,因此评定得到的不确定度可能较大。也可能测量误差实际上较大,但由于分析估计不足,因此给出的不确定度却偏小。在进行不确定度分析时,应充分考虑各种影响因素,并对不确定度的评定加以验证。

测量标准装置的不确定度是指测量标准所提供的或复现的标准量值的不确定度。用测量标准进行检定或校准时,标准装置引入的不确定度仅是测量结果的不确定度分量之一。当测量标准装置由多台仪器及其配套设备组成时,其不确定度由测量方法及所用仪器等对给出的标准量值有影响的各不确定度分量合成得到。测量标准装置的不确定度可以采用向高一等级测量标准溯源的方法进行检定,或采用与多台同类标准装置比对的方法进行验证。

测量误差和测量不确定度的主要区别见表 3.1。

表 3.1　测量误差和测量不确定度的主要区别

序号	测量误差	测量不确定度
1	指测量结果与被测量真值之差,有正负号之分	用标准差或其倍数、包含区间的半宽度表示,无正负号之分
2	表明测量结果偏离真值的程度	表明被测量值的分散程度
3	客观存在,不以人的认识而改变	与人对被测量、影响量及测量过程的认识有关
4	因为真值未知,所以难以准确测得,若用约定真值代替真值,则可以得到其估计值	可根据实验、资料等信息进行评定,从而可以定量确定,评定方法包括 A、B 两类
5	按性质可分为随机误差和系统误差两类,按其定义,随机误差和系统误差都是无穷多次测量情况下的理想概念	不确定度分量评定时,一般不必区分其性质,若需要区分,应表述为"由随机效应引入的不确定度分量"和"由系统效应引入的不确定度分量"
6	已知系统误差的估计值时,可以对测量结果进行修正,得到已修正的测量结果	不能用不确定度对测量结果进行修正,在已修正测量结果的不确定度中,应考虑修正不完善而引入的不确定度

3. 产生测量不确定度的原因

测量过程中有许多产生不确定度的来源,它们可能来自以下十个方面:

(1)对被测量的定义不完整或不完善;

(2)复现被测量的测量方法不理想;

(3)被测量的试样不能完全代表所定义的被测量;

(4)对环境条件的控制和测量不完善;

(5)仪器的读数存在人为偏差;

(6)测量仪器计量性能的局限性;

(7)测量标准或标准物质的不确定度；

(8)引入的数据或其他参量的不确定度；

(9)在相同的测量条件下,被测量在重复观测中的变化；

(10)与测量方法和测量程序的近似性和假定性。

测量不确定度一般来源于随机性或模糊性。随机性是因为条件不充分,而模糊性是因为事物本身概念不明确,所以测量不确定度一般由许多分量组成,其中一部分分量具有统计性,另一部分分量具有非统计性。所有的不确定来源若影响到测量结果,都会引起测量结果的分散性。可以用概率分布的标准差或具有一定包含概率的区间来表示测量不确定度。

4. 测量不确定度评定及其数学模型的建立

在测量不确定度评定中,所有的测量值都应是测量结果的最佳估计值,即对所有测量结果中系统效应的影响都应进行修正。对各影响量产生的不确定度分量不应有遗漏,也不能有重复。在所有的测量结果中,均不应存在因读取、记录、数据分析失误或仪器不正确使用等因素而引入的明显异常数据。若在测量结果中存在异常值,应对异常值进行相关检验,而不能仅凭经验或主观感觉做判断。

当系统效应引起的不确定度分量本身很小,对测量结果的合成不确定度影响也很小时,这样的分量在评定不确定度时可以忽略。当修正值本身与合成标准不确定度相比也是很小的值时,修正值本身也可以忽略不计。例如,用高等级的校准器校准低等级的计量器具时,标准器的修正值和标准器修正值引入的不确定度分量都可忽略不计。

例如,在法制计量领域内,通常要求计量标准及测量方法和程序引入的测量不确定度应小到可忽略的程度,即要求标准装置的扩展不确定度为被测件允许误差限的 $1/10 \sim 1/3$。此时,测量方法、过程及测量标准本身引起的不确定度通常可以忽略不计。

如果测量结果提供的被测量值的估计值是依据与物理常量相比较而获得的,则此时以常数和常量作为单位来报告测量结果可能比用测量单位本身来报告测量结果有更小的不确定度。

在实际测量过程中,被测量 Y(输出量)无法直接测得,而是由 N 个其他量 X_1, X_2, $\cdots$, X_N(输入量)通过函数关系 f 来确定的,即

$$Y = f(X_1, X_2, \cdots, X_N) \tag{3.21}$$

式(3.21)表示的函数关系称为测量模型或数学模型。

测量不确定度通常由测量过程的数学模型和不确定度的传播律来评定。由于数学模型可能不完善,因此所有有关的量应充分反映其实际情况的变化,以便根据尽可能多的观测数据来评定不确定度。在可能情况下,应采用长期积累的数据建立起来的经验模型。核查标准和控制图可以表明测量过程是否处于统计控制状态之中,有助于数学模型的建立和测量不确定度的评定。

测量模型不是唯一的,当采用不同的测量方法和测量程序时,会得到不同的测量模型。

输入量 $X_1, X_2, \cdots, X_N$ 本身可能为被测量,也可能取决于其他量或包含具有系统效应的修正值,从而推导出较复杂的函数关系式,以至于函数 f 不能明确地表示出来。

有时,输出量的测量模型也可能简单到 $Y=X$,如用卡尺测量工件的尺寸时,工件的尺寸就等于卡尺的示值。

测量模型可用已知的物理公式求得,也可用实验的方法或数值方程确定。如果数据表明 f 没有能将测量过程模型化至测量所要求的准确度,则需要在 f 中增加输入量,即增加影响量,直至测量结果满足测量要求为止。

设式(3.21)中被测量 Y 的估计值为 y,输入量 X_i 的估计值为 x_i,则有

$$y=f(x_1,x_2\cdots,x_N) \tag{3.22}$$

在式(3.22)中,大写字母表示的量的符号既代表可测的量,也代表随机变量。当叙述为 X_i 具有某概率分布时,这个符号的含义就是随机变量。

在一列观测值中,第 k 个 X_i 的观测值用 $X_{i,k}$ 表示。

在式(3.22)中,当被测量 Y 的最佳估计值 y 是通过 $X_1,X_2,\cdots,X_N$ 的估计值 $x_1,x_2,\cdots,x_N$ 得出时,有以下两种方法。

$$\text{(1)}\qquad y=\bar y=\frac{1}{n}\sum_{k=1}^{n}y_k=\frac{1}{n}\sum_{k=1}^{n}f(x_{1,k},x_{2,k},\cdots,x_{N,k}) \tag{3.23}$$

式(3.23)中,y 是取 Y 的 n 次独立观测值 y_k 的算术平均值,其每个观测值 y_k 的不确定度相同,且每个 y_k 都是根据同时获得的 N 个输入量 X_i 的一组完整的观测值求得的。

$$\text{(2)}\qquad y=f(\bar x_1,\bar x_2,\cdots,\bar x_N) \tag{3.24}$$

式(3.24)中,$\bar x_i=\frac{1}{n}\sum_{k=1}^{n}X_{i,k}$,它是独立观测值 $X_{i,k}$ 的算术平均值。该方法的实质是先求 X_i 的最佳估计值 $\bar x_i$,再通过函数关系式求得 y。

以上两种方法中,当 f 是输入量 X_i 的线性函数时,它们的结果相同。但当 f 是 X_i 的非线性函数时,用式(3.23)和式(3.24)计算出的 Y 的最佳估计值可能不同,此时应采用式(3.23)的计算方法。

在测量模型中,输入量 $X_1,X_2,\cdots,X_N$ 可以选择如下。

(1)由当前直接测定的量。

由当前直接测定的量与不确定度可得自单一观测、重复观测、依据经验对信息的估计,并可包含测量仪器读数修正值,以及对周围温度、大气压、湿度等影响的修正值。

(2)由外部来源引入的量。

由外部来源引入的量有已校准的测量标准、有证标准物质、由手册所得的参考数据等。

x_i 的不确定度是 y 的不确定度的来源。寻找不确定度来源时,可从测量仪器、测量环境、测量人员、测量方法、被测量等方面全面考虑,应做到不遗漏、不重复,尤其要考虑对结果影响大的不确定度来源。遗漏会使 y 的不确定度过小,重复会使 y 的不确定度过大。

评定 y 的不确定度之前,为确定 Y 的最佳值,应将所有的修正值加入测得值,并将所有测量异常值剔除。

因为 y 的不确定度取决于 x_i 的不确定度,所以应首先评定 x_i 的标准不确定度 $u(x_i)$。评定方法有 A、B 两类。

由 $y=f(x_1,x_2,\cdots,x_N)$ 可得到输出量(被测量)Y 的估计值 y(测量结果)的不确定度为

$$u^2(y)=\left(\frac{\partial f}{\partial x_1}\right)^2 u^2(x_1)+\left(\frac{\partial f}{\partial x_2}\right)^2 u^2(x_2)+\cdots+$$

$$\left(\frac{\partial f}{\partial x_N}\right)^2 u^2(x_N)+2\sum_{i=1}^{N-1}\sum_{j=i}^{N}\frac{\partial y}{\partial x_i}\frac{\partial y}{\partial x_j}u(x_i,x_j) \qquad (3.25)$$

式中 $\dfrac{\partial f}{\partial x_i}$——灵敏系数，$i=1,2,\cdots,N$；

$\quad\quad u(x_i)$——输入量 X_i 的估计值 x_i 的标准不确定度；

$\quad\quad u(x_i,x_j)$——任意两输入量估计值的协方差函数。

式(3.25)称为不确定度传播律。

各输入估计值 x_i 及其标准不确定度 $u(x_i)$ 得自输入量 X_i 可能值的概率分布。此概率分布可能是基于 X_i 的观测列的概率分布，也可能是基于经验和有用信息的先验分布。标准不确定度分量的 A 类评定基于概率分布，B 类评定基于先验分布。A、B 两类评定只是评定方法的不同，其本质是相同的。

5. 测量不确定度的评定方法

测量不确定度依据其评定方法可分为 A、B 两类。

测量不确定度 A 类评定是指在规定测量条件下对测得的量值用统计分析的方法进行的测量不确定度分量的评定。规定测量条件是指重复性测量条件、期间精密度测量条件或复现性测量条件。

测量不确定度 B 类评定是指用不同于测量不确定度 A 类评定的方法对测量不确定度分量进行的评定。

A、B 两类评定与随机测量误差和系统测量误差的分类之间不是简单的对应关系。随机与系统表示的是两种不同的性质，A 类与 B 类表示的是两种不同的评定方法。因此，不能简单地把 A 类不确定度对应于随机误差导致的不确定度，也不能把 B 类不确定度对应于系统误差导致的不确定度。例如，由系统效应引起的不确定度既可以用 A 类评定方法得到，也可以用 B 类评定方法得到。不确定度的性质与评定方法之间没有对应关系。

实际中，一台设备的出厂指标往往既包含随机影响，又包含系统影响，难以将其区分为随机不确定度和系统不确定度。特别是在不同的情况或不同的角度下，随机不确定度也可能转化为系统不确定度。也可以说，从一个角度看是随机因素，从另一个角度看又是系统因素。例如，量块出厂时只给出量块的标称值和允许偏差，并没有给出量块的实际值。对于制造厂生产的一批量块而言，其值有的偏正，有的偏负，带有一定的随机性；但对于用户买到的量块而言，其值是确定的，不是偏正就是偏负。

目前，国际上不再使用"随机不确定度"和"系统不确定度"这两个术语，从而避免了误解与混淆。若需要区分不确定度的性质，可用"由随机效应导致的不确定度分量"与"由系统效应导致的不确定度分量"这两种表示方法，它们并不表明不确定度是用什么方法评定的。

　　A、B 的分类目的是表明不确定度评定的两种方法,仅为讨论方便,并不意味着两类评定之间存在本质的区别。它们都基于概率分布,并都用方差或标准差表征。

　　A 类评定所得不确定度分量的方差估计值根据重复观测列算得并记为 u^2。u^2 就是统计方差 σ^2 的估计值 s^2,u^2 的正平方根即估计标准差 s,记为 u,即 $u=s$,称为 A 类标准不确定度。

　　B 类评定所得的不确定度分量的估计方差 u^2 根据相关条件评定,估计标准差为 u,称为 B 类标准不确定度。

　　A 类标准不确定度由以观测列频率分布导出的概率密度函数得到;B 类标准不确定度由认定或假定的概率密度函数得到。

　　在测量过程中,由于仪器使用不当,因此操作人员的失误等都会产生异常的测量值。对于异常值,在不确定度的评定中应排除。

　　在实际工作中,被测量常通过与测量标准相比来获得其估计值。对于测量所要求的准确度而言,测量标准的不确定度及比较过程导致的不确定度通常可以忽略不计。例如,用一组校准过的高准确度标准砝码来检定商业天平时,砝码的不确定度通常可以忽略不计。

3.1.4　测量数据的表示与处理方法

　　通过实验和测量得到的数据通常使用数字进行表示。根据数字占有位数是否有效,可把数分为两类:一类是有效位数为无限的数,该类数多为纯数学计算的结果,如 π、$\sqrt{5}$;另一类是有效位数为有限的数,这类数不能仅凭数学上的计算而随意确定其有效位数,而要结合实际表示出所要表示的量或所具有的精度。该类的有效位数会受到原始数据所能达到的精度、获取数据的技术水平等因素的限制,如产品检验的合格率和人口普查得到的总人口数等。

1. 有效数字

　　由多位数字组成的一个数,除最末一位数字是不确切值或可疑值外,其他数字皆为可靠值或确切值,则组成该数的所有数字包括末值数字均称为有效数字,除有效数字外的其余数字皆为多余数字。

2. 有效数字的判定方法

　　在测量中取几位有效数字,要根据测量准确度确定,即有效数字的位数应与测量准确度等级是同一量级。可根据下面的方法进行判定。

　　(1)对不需要标明误差的数据,其有效位数应取到最末一位数字为可疑数字(又称不确切数字或参考数字)。

　　(2)对需要注明误差的数据,其有效位数应取到与误差同一数量级。

　　(3)测量误差的有效位数应根据下面四种方法进行选择,一般情况下,只取一位有效数字。

　　①对于精密的测量且处于中间计算过程的误差,为避免化整误差过大,表示误差的第一个数字为 1 或 2 时,应取三位有效数字。

②误差计算过程中,最多取三位有效数字以保证最后的计算结果可靠。

③根据需要,有时会计算误差的误差,此时误差的误差取一位有效数字,而误差的有效位数应取到与误差的误差相同的数量级。

(4)算数平均值的有效位取到与所标注的误差同一数量级;用算数平均值计算出的剩余误差大部分具有两位有效数字,特别精密的测量可有三位有效数字;因计算和化整所引起的误差不应超过最后一位有效数字的一个单位。

(5)在各种运算中,数据的有效位数选取方法有以下五种。

①当对多项数值进行加减运算时,各运算数据以小数位数最少的数据位数为准,其余各数均向后多取一位。运算数据的项数过多时,可向后多取两位有效数字,但最后结果应与小数位数最少的数据的位数相同。

②当对多项数值进行乘除运算时,各运算数据应以有效位数最少的数据为准,其余各数据要比有效位数最少的数据位数多取一位数字,最后结果应与有效位数最少的数据位数相同。

③当进行开方或乘方运算时,所得结果可比原数多取一位有效数字。

④当进行对数运算时,所取对数的位数应与真数的有效数字的位数相同。

⑤当进行三角运算时,所取函数值的位数应随角度误差的增大而减少。

3. 有效数字的化整规则

当取完有效位数后,应将数中的多余数字舍弃并进行化整处理。为减小误差,可以采用以下三种方法进行化整处理。

(1)若舍去部分的数值小于保留部分末位的半个单位,则末位不变。例如,将下列数据保留到小数点后第二位:1.434 8→1.43(因为 0.004 8<0.005)。

(2)若舍去部分的数值大于保留部分末位的半个单位,则末位加 1。例如,将下列数据保留到小数点后第二位:1.435 21→1.44(因为 0.005 21>0.005)。

(3)若舍去部分的数值等于保留部分末位的半个单位,则末位凑成偶数,即末位为偶数时不变,为奇数时加 1。例如,将下列数据保留到小数点后第二位:1.235 0→1.24(因为 0.005 0=0.005)。

因数字的舍入而引起的误差称为舍入误差,按照上面三种方法所产生的舍入误差不超过保留数字最末位的半个单位。

带有舍入误差的有效数字进行各种运算后,得到的计算结果的误差可以根据代数关系推导出各种运算结果的误差计算公式。

4. 数据处理方法

通过测量获得一系列数据,对这些数据进行分析,从而得到各参数之间的关系,这种通过数学解析方法推导出各参数之间关系的过程称为数据处理。

数据处理的方法主要有表格法、图示法和经验公式法。

(1)表格法。

利用表格来表示函数的方法称为表格法。在实验中,通常将测量数据记录到需要的表格中,然后再进行处理。表格法使用简单方便,但如果进行深入的分析,则表格法无法给出所有的函数关系,而且不易看出函数随自变量的变化而变化的趋势。

(2)图示法。

利用图形来表示函数的方法称为图示法。图示法的优点是一目了然,即从图示中可以直观地看出函数的变化规律,如递增性或递减性、最大值或最小值、是否具有周期性变化规律等。图示法的缺点是无法进行数学分析。

(3)经验公式法。

测量数据不仅可以用图形表示出函数之间的关系,而且还可以用与图形对应的公式来表示所有的测量数据。由于这个公式不能完全准确地表示所有数据,因此常把与曲线对应的公式称为经验公式。利用经验公式可以研究函数与自变量之间的关系。

5. 一元线性与非线性回归

若两个变量 x 和 y 之间存在一定的关系,通过实验测量得到 x 和 y 的一系列数据,并利用数学处理的方法得出这两个变量之间的关系式,则为工程上的拟合问题,这也是回归分析的内容之一。拟合所得的关系式称为经验公式,又称拟合方程。

如果两个变量之间的关系是线性关系,则称为直线拟合,又称一元线性回归;如果两个变量之间的关系是非线性关系,则称为曲线拟合,又称一元非线性回归。

对于典型的曲线方程,可以通过曲线化直线的方法转换为直线方程,即直线拟合问题,拟合方法主要有平均法、最小二乘法和端值法。

在实际测量过程中,两个变量之间的关系除一般常见的线性关系外,有时也呈现非线性关系,即两变量之间是某种曲线关系。对于非线性回归曲线的拟合问题,可根据以下方法处理:

(1) 根据测量数据 (x_i, y_i) 绘制图形;

(2) 根据绘制的图形确定其属于何种函数类型;

(3) 根据函数类型确定坐标,将曲线方程转换为直线方程,即曲线化直线;

(4) 根据直线方程,使用适当的拟合方法确定直线方程中的未知量;

(5) 将直线方程反变换为与曲线图形相对应的曲线方程。

3.2　检测系统的可靠性技术

随着科学技术的不断进步,对检测系统的可靠性要求也越来越高。可靠性是指在规定的工作条件和工作时间内检测系统保持原有产品技术性能的能力。检测系统不仅提供实时测量数据,而且常作为整个自动化系统中必不可少的重要组成环节直接参与并影响生产过程。尤其是对可靠性要求非常高的航空、航天及核工业等领域,都要求极其可靠的检测与控制。若检测系统出现问题,会影响整个监控系统,甚至造成事故。因此,要重视检测系统的可靠性。

衡量检测系统可靠性的主要指标有以下四种。

(1)平均无故障时间。

平均无故障时间(Mean Time Between Failure,MTBF)是指检测系统在正常工作条件下开始连续不间断工作,直至因系统本身发生故障丧失正常工作能力时为止的时间,其单位通常为小时或天。

(2)可信任概率 P。

可信任概率 P 是指在给定时间内检测系统在正常工作条件下保持规定技术指标的概率。

(3)故障率。

故障率又称失效率,是 MTBF 的倒数。

(4)有效度 A。

对于排除故障并修复后,可重新正常工作的检测系统,其有效度 A 指平均无故障时间与平均无故障时间和平均故障修复时间(Mean Time to Repair,MTTR)之和的比值,即 $A=\mathrm{MTBF}/(\mathrm{MTBF}+\mathrm{MTTR})$。有效度越接近 1,检测系统可靠性越高。衡量检测系统可靠性的综合指标是有效度。

以上是检测系统的主要技术指标。此外,检测系统还包括经济方面的指标(如价格、使用寿命、功耗等)和使用方面的指标(如操作维修是否方便、抗干扰与防护能力的强弱等)。

在工业生产现场通常伴随有易燃、易爆、高温、高压和有毒等情况,仪表在这些条件下工作,尤其是现场仪表、连接管线等直接与被测介质接触,受到各种化学介质的侵蚀,因此可能影响仪表的正常工作。在应用检测仪表时,必须要采取相应的防护措施,确保检测仪表正常工作。

1. 防爆问题

(1)爆炸的原理。

爆炸是氧化或其他放热反应引起的温度和压力突然升高的一种化学现象。产生爆炸的条件有氧气、易爆气体和引爆源。

(2)爆炸性物质和危险场所的划分。

在化工、炼油生产工艺装置中,爆炸性物质分为爆炸性粉尘和纤维、爆炸性气体和蒸汽、矿井甲烷三类。根据可能引爆的最小火花能量大小、引燃温度的高低再进行分级分组,爆炸危险场所可分为气体爆炸危险场所和粉尘爆炸危险场所。

(3)防爆措施。

仪表防爆就是尽可能地减少产生爆炸的三个条件同时出现的概率。根据爆炸的原理可知,仪表防爆主要从控制易爆气体和引爆源两方面入手。此外,在仪表行业中还有一种防爆措施,就是控制爆炸范围。常见的防爆措施如下。

①控制易爆气体。一般是在危险场所(通常把同时具备爆炸三个要素的工业现场称为危险场所)建立一个没有易爆气体的空间,将检测仪表放置其中。例如,正压型防爆方法 Exp,其工作原理是在密封的箱体内充满惰性气体或不含易爆气体的洁净气体,并保持箱内气压略高于箱外气压,将检测仪表安装在箱内。该方法常用于在线分析仪表的防爆和将计算机、PLC、操作站或其他仪表置于现场的正压型防爆仪表柜。

②控制引爆源。不仅要消除足以引爆的火花,还要消除足以引爆的表面温升。典型方法是本质安全型防爆方法 Exi,其工作原理是利用安全栅技术,将提供到现场检测仪表的电能量控制在安全范围内(指既不能产生足以引爆的火花,又不能产生足以引爆的表面

温升）。根据国家标准，当安全栅安全区一侧所接设备发生故障（不超过 250 V）时，这种方法能保证现场的安全。Exi 级本质安全设备在正常工作、发生一个故障、发生两个故障时均不会使爆炸性气体混合物发生爆炸。因此，该方法是最安全可靠的防爆方法。

③控制爆炸范围。

将爆炸限制在一个有限的范围内，使该范围内的爆炸不致引起更大范围的爆炸。典型方法是隔爆型防爆方法 Exd，其工作原理是为检测仪表设计足够坚固耐冲击的壳体，按照严格的标准来设计、制造和安装，确保壳体内的爆炸不会引起壳体外的易爆气体的爆炸。由于此种方法的安装、接线及维修的规程非常严格且复杂，因此检测仪表通常较笨重。

2. 防腐蚀问题

（1）防腐蚀的概念。

由于化工介质大多有腐蚀性，因此通常将金属材料与外部介质接触而产生的化学作用所引起的破坏称为腐蚀。例如，仪表的调节阀等直接与被测介质接触，受到被测介质的腐蚀。此外，现场仪表零件及连接管线也会受到腐蚀性气体的腐蚀。因此，为保证检测仪表的正常工作，要采取一定的措施来满足仪表精度和使用寿命的要求。

（2）防腐蚀的措施。

①合理选择材料。有针对性地选择耐腐蚀金属或非金属材料来制造检测仪表是工业仪表防腐蚀的根本方法。

②加保护层。在仪表零件或部件上加保护层，阻断与外部腐蚀性介质的直接接触。

③采用隔离液。此方法同样是阻断与外部腐蚀性介质的直接接触。

④膜片隔离。采用耐腐蚀的膜片将隔离液或填充液与被测介质相隔离。

⑤吹气法。利用氮气等惰性气体来阻断被测介质对检测仪表的腐蚀。

3. 防热及防冻问题

（1）保温对象。

①防热。当被测介质通过测量管线传送到变送器时，测量管线内的被测介质在较高温度下可能会气化，影响测量的准确性，所以要采取合适的防热措施。

②防冻。测量管线内的被测介质在较低温度时可能会冻结、凝固、析出晶体，同样会影响测量的准确性，所以针对低温情况要采取适当的防冻处理。

（2）保温方式。

通常仪表管线内介质的温度应在 20～80 ℃，保温箱内温度应在 15～20 ℃。为补偿伴热仪表管线和容器保温箱散发的热量，一般采用蒸汽伴热或热水伴热。

4. 防尘及防震问题

对于防尘，通常是给检测仪表带上防护罩或放在密封箱里；对于防震，通常是增设缓冲器、安装橡皮垫、加入阻尼装置等。

3. 2. 1　检测系统的抗干扰

测量中来自检测系统内部和外部影响测量装置或传输环节正常工作和测试结果的各

种因素总和称为干扰,消除或削弱各种干扰影响的全部技术措施称为抗干扰技术。

检测装置或传感器的工作环境常常伴随着各种干扰,这些干扰可能通过不同的耦合方式进入检测系统,影响测量结果的准确性甚至使检测系统无法正常工作。为此,需要研究检测系统的抗干扰技术。

抗干扰技术是检测技术中的一项重要内容,它直接影响测量工作的质量和测量结果的可靠性。因此,在测量中要把干扰对检测系统的影响降到最低。

1. 干扰种类

根据产生干扰的原因,通常将干扰分为以下几类。

(1)机械干扰。

机械干扰是指机械振动或冲击使检测系统中的元件发生振动、变形,如连接线发生位移、指针产生抖动等,从而对检测系统造成影响。对机械干扰主要是用减振弹簧和减振橡胶来防护。

(2)化学干扰。

化学物品如酸、碱、盐及其他腐蚀性气体侵入检测系统内部,腐蚀元件或与金属导体产生化学电动势,从而影响检测系统正常工作。因此,要对检测系统采用相应的防腐措施,保证关键元件密封及检测系统的清洁。

(3)湿度干扰。

环境湿度增大,会使绝缘体的绝缘电阻下降、电介质的介电常数增大、金属材料生锈等。通常采用的措施有电子器件和印刷电路浸漆或用环氧树脂封灌、避免将仪器设备放在潮湿处等。

(4)热干扰。

温度波动和不均匀温度场对检测系统的干扰主要体现在两个方面:一是各种电子元件均有一定的温度系数,温度升高,电路参数会随之改变,引起误差;二是接触热电动势造成的。由于电子元件多是由不同金属构成的,因此当它们相互连接组成电路时,若各点温度不均匀,就会产生热电动势,从而叠加在有用信号上,引起测量误差。

工程上通常采用以下四种方法来避免热干扰。

①热屏蔽。利用导热性能良好的金属材料做成的屏蔽罩将电路中的元件(尤其是对温度敏感的元件)包起来,使屏蔽罩内温度场温度均匀分布。

②温度补偿。利用温度补偿元件补偿因环境温度变化而对电子元件的影响。

③恒温法。将精度要求高的元件放置在恒温设备中,如石英振荡晶体和基准稳压管等。

④对称平衡结构。采用差分放大电路、电桥电路等,使两个和温度相关的元件处于对称平衡的电路结构两侧,让温度对二者的影响在输出端相互抵消。

(5)固有噪声干扰。

在检测系统中,电子元件本身产生的、具有随机性的、宽频带的噪声称为固有噪声。最重要的固有噪声源是电阻热噪声、半导体散粒噪声和接触噪声。

(6)光干扰。

检测系统中的各种半导体元件对于光具有很强的敏感性。制造半导体的材料在光纤作用下会形成电子空穴对,致使半导体元件产生电动势或使其电阻值发生变化,从而影响测量结果。因此,半导体元件应封装在不透光的壳体内。对于具有光敏作用的元件,则应注意对光干扰的屏蔽。

(7)电磁干扰。

电和磁可以通过电路和磁路对检测系统产生干扰作用,电场和磁场的变化在检测系统的相关电路或导线中感应出干扰电压,从而影响检测系统的正常工作。电磁干扰的产生原因主要有放电干扰、电气设备干扰和固有干扰等。电磁干扰是传感器和各类检测设备中最为普遍且影响最严重的干扰。

2. 干扰的产生

干扰产生的原因主要有放电干扰、固有干扰和电气设备干扰等。

(1)放电干扰。

①火花放电干扰。火花放电干扰有电焊、电火花、加工机床、电气设备开关通断时的放电,电动机的电刷和整流子间的周期性瞬间放电等。

②天体和天电干扰。天体干扰是太阳或其他恒星辐射电磁波所产生的干扰;天电干扰是雷电和大气的电离作用、火山爆发及地震等自然现象所产生的电磁波和空间电位变化所引起的干扰。

③电晕放电干扰。此类干扰主要发生在超高压大功率输电线路和变压器、大功率互感器等设备上。电晕放电具有间歇性,会产生脉冲电流。随着电晕放电过程将产生高频振荡,并向周围辐射电磁波,其衰减特性一般与距离的平方成反比,所以通常对检测系统影响不大。

④辉光、弧光放电干扰。一般放电管具有负阻抗特性,当与外电路连接时易引起高频振荡,如大量使用霓虹灯、荧光灯等。

(2)固有干扰。

固有干扰主要是指电子设备内部的固有噪声,主要如下。

①热噪声(电阻噪声)。热噪声是电阻中电子的热运动所形成的噪声。当输入信号的数量级为微伏级时,将会被热噪声淹没。减少该环节的阻抗和信号带宽可以减少热噪声。

②散粒噪声。在电子管内,散粒噪声来自阴极电子的随机发射;在半导体内,散粒噪声是通过晶体管某区的载流子的随机扩散及电子－空穴对随机发生及其复合形成的。

③接触噪声。接触噪声是两种材料之间的不完全接触形成电导率的起伏而产生的噪声,发生在两个导体连接的地方。接触噪声正比于直流电流的大小,其功率密度正比于频率的倒数。因此,低频时接触噪声是很大的。

(3)电气设备干扰。

①感应干扰。当使用电子开关、脉冲发生器时,由于其工作时会使电流发生急剧变化,形成非常陡峭的电流、电压前沿,具有一定的能量和丰富的高次谐波分量,因此会在其周围产生交变电磁场,从而引起感应干扰。

②射频干扰。广播、电视、雷达及无线电收发机等对邻近电子设备造成的干扰称为射频干扰。

③工频干扰。大功率配电线和邻近检测系统的传输线通过耦合产生的干扰称为工频

干扰。

3. 干扰的输入方式

干扰通过各种耦合通道进入检测系统。根据干扰进入测量电路的方式不同，将干扰分为差模干扰和共模干扰。

(1)差模干扰。

差模干扰信号是与有用信号叠加在一起的，它使信号接收器的一个输入端子电位相对于另一个输入端子点位发生变化。常见的差模干扰有外交变磁场对传感器的一端进行电磁耦合、外高压交变电场对传感器的一端进行漏电流耦合等。通常可以采用传感器耦合端加滤波器、金属隔离线和双绞信号传输线等方法来消除差模干扰。

(2)共模干扰。

共模干扰是相对于公共的电位基准点，在信号接收器的两个输入端上同时出现的干扰。虽然它不直接影响测量结果，但当信号接收器的输入电路参数不对称时，将产生测量误差。

常见的共模干扰耦合有以下三种。

①在仪表或检测系统附有大功率电气设备因绝缘不良漏电，或三相动力电网负载不平衡，零线有较大的电流时，都会存在较大的地电流和地电位差。如果检测系统此时有两个以上的接地点，地电位差就会产生共模干扰。

②当电气设备的绝缘性能不良时，动力电源会通过漏电阻耦合到检测系统的信号回路，形成干扰。

③在交流供电的电子测量设备中，动力电源会通过电源变压器的原边、副边绕组间的杂散电容、整流滤波电路、信号电路与地之间的杂散电容到地构成回路，形成共模干扰。

4. 常用抗干扰技术

为保证检测系统的正常工作，必须要减小或消除干扰的影响。干扰的形成必须同时具备三项因素，即干扰源、干扰途径和对噪声敏感性较高的接收电路。对于干扰的抑制，要分析干扰的来源、性质、传播途径、耦合方式，以及进入检测系统的形式、干扰接收电路等。通过采取各种抗干扰技术措施，仪器设备能稳定可靠地工作，从而提高测量的精确度。抗干扰的方法主要是从干扰源、干扰途径(耦合通道)和干扰接收电路三方面入手。

(1)屏蔽技术。

利用铜或铝等低电阻材料或导磁性良好的铁磁材料制成的装置将需要防护的部分包起来，此类防止静电或电磁的相互感应所采用的方法就是屏蔽技术。屏蔽的目的是隔断场的耦合通道。

①静电屏蔽。静电屏蔽是指在静电场作用下，导体内部各点等电位，无电力线。此种屏蔽利用了与大地相连接的导电性良好的金属容器，使其内部无电力线外传，同时外部的电力线也不影响其内部。

使用静电屏蔽技术时，要注意屏蔽体必须接地，否则虽然导体内无电力线，但导体外仍有电力线，导体仍会受影响，无法起到静电屏蔽的作用。

静电屏蔽能防止静电场的影响，用它可消除或削弱两电路间因寄生分布电容耦合而产生的干扰。

在电源变压器的原边和副边绕组之间插入一个梳齿形导体并将它接地,以此来防止两绕组间静电耦合,这就是一个典型的静电屏蔽。

②电磁屏蔽。电磁屏蔽是指采用导电良好的金属材料制成屏蔽层,利用高频干扰电磁场在屏蔽金属内产生的涡流磁场抵消高频干扰磁场的影响,从而避免高频电磁场的影响。

因为电磁屏蔽利用涡流产生作用,所以需要用铜、铝等导电良好的材料制成屏蔽层。因为高频趋肤效应的影响,高频涡流仅在屏蔽层表面一层,所以屏蔽层的厚度只需考虑机械强度的影响。如果将电磁屏蔽接地,则同时兼有静电屏蔽的作用。因此,用导电良好的金属材料制作的接地电磁屏蔽层可以起到静电屏蔽和电磁屏蔽两种作用。

③低频磁屏蔽。电磁屏蔽对低频磁场干扰的屏蔽效果很差,所以在低频磁场干扰时要采用高导磁材料做屏蔽层,以便将干扰限制在磁阻很小的磁屏蔽体的内部,达到抗干扰的作用。屏蔽材料要选择坡莫合金等对低频磁通有高导磁系数的材料。

④驱动屏蔽。驱动屏蔽是指利用被屏蔽导体的点位通过 1 : 1 电压跟随器来驱动屏蔽层导体的电位,其原理图如图 3.4 所示。

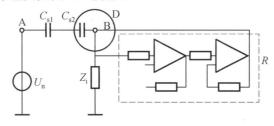

图 3.4　驱动屏蔽原理图

具有较高交变电位 U_n 干扰源的导体 A 和屏蔽层 D 之间有寄生电容 C_{s1},而 D 与被防护导体 B 之间有寄生电容 C_{s2},Z_i 为导体 B 的对地阻抗。为消除 C_{s1} 和 C_{s2} 的影响,采用由运算放大器构成的 1 : 1 电压跟随器 R。假设电压跟随器 R 在理想情况下工作,导体 B 与屏蔽层 D 之间的绝缘电阻无穷大,而且等电位。在导体 B 外,屏蔽层 D 内空间无电场,各点电位相等,寄生电容 C_{s2} 不起作用,所以交变电位 U_n 的干扰源 A 不会对 B 产生干扰。

驱动屏蔽中所使用的 1 : 1 电压跟随器在一定程度上不仅要求其输出电压与输入电压幅值相同,而且要求二者相位相同。

(2)接地技术。

接地技术也是一种有效的抗干扰技术。接地技术不仅可以保护设备和人身安全,而且还成为抑制干扰、保证系统稳定可靠的关键技术。接地是为满足安全的需要、对信号电压有一个基准电压的需要、静电屏蔽的需要和抑制干扰噪声的需要。

接地通常有两种含义:一是连接到系统基准地,此种技术是指各个电路部分通过低电阻导体与电气设备的金属底板或金属外壳连接,而电气设备的金属底板或金属外壳并不连接大地;二是连接到大地,此种技术是指将电气设备的金属底板或金属外壳通过低电阻导体与大地连接。

根据不同的情况,可将接地分为公共基准电位接地、抑制干扰接地和安全保护接地等方式。

①公共基准电位接地。测量与控制电路中的基准电位是各回路工作的参考电位,该参考电位一般选用电路中直流电源(当电路系统中有两个以上电源时,其中一个为直流电源)的零电压端。此种参考电位与大地的连接方式可以分为以下四种。

a.直接接地。直接接地适用于大规模或高速高频的电路系统。由于大规模的电路系统对地分布电容较大,因此合理地选择接地位置,可以消除分布电容组成的公共阻抗耦合,良好地抑制噪声,并可以起到安全接地的作用。

b.悬浮接地。悬浮接地是指悬浮于共模电压上,只测量输入的常模电压数值。此种接地方式的优点是不受大地电流的影响,内部器件不会因高电压感应而击穿。

c.一点接地。一点接地可分为串联和并联两种接地方式,分别如图 3.5 和图 3.6 所示。接地布线的原则是确定一个点作为系统的模拟参考点,所有的接地点均应只用印刷板铝箔或只用导线接到这一点。

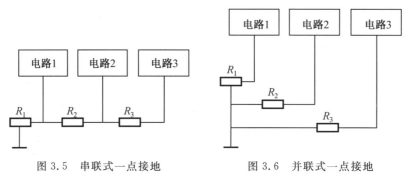

图 3.5　串联式一点接地　　　　　图 3.6　并联式一点接地

d.多点接地。在大型的数字系统中,要使所有的模拟信号都接到单一的公共点上,接地线就会太长。为减小接地线长度并减少高频时的接地电阻,可采用多点接地方式,如图 3.7 所示。

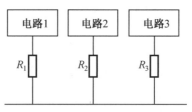

图 3.7　多点接地方式

②抑制干扰和安全保护接地。因机械损伤、过电压等而造成电气设备的绝缘被损坏,或无损坏但处于强电磁环境时,电气设备的操作手柄、金属外壳会出现很高的对地电压,造成人员伤亡。将电气设备的金属底板或金属外壳与大地连接,可避免触电危险。在进行安全接地连接时,除保证较小的接地电阻和可靠的连接方式外,还要将地线通过专门的低阻导线与近处的大地进行连接。此外,将电气设备的某些部分与大地连接,可起到抑制干扰和噪声的作用。

抑制干扰接地根据连接方式的不同,可以分为部分接地和全部接地、直接接地和悬浮接地、一点接地和多点接地等类型。选择何种接地方式,要根据实际情况进行选择。

③其他抗干扰技术。

a. 浮置。浮置又称浮空、浮接,是指测量仪表的输入信号放大器公共线不接机壳也不接大地的一种抑制干扰的方式。浮置后,检测电路的公共线与大地或机壳间的阻抗很大,可以阻断干扰电流的通路。因此,浮置与接地相比对共模干扰的抑制能力更强。使用浮置方式的检测系统如图 3.8 所示。

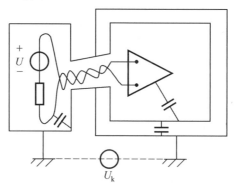

图 3.8　使用浮置方式的检测系统

信号放大器有两个相互绝缘的屏蔽层,外屏蔽层接地,内屏蔽层延伸到信号源处接地。但整个检测系统与屏蔽层及大地之间没有直接联系,放大器的两个输入端既不接地,也不接屏蔽层。这样,就可以阻断地电位差 U_k 对系统的影响,抑制干扰。

浮置是阻断干扰电流的通路,与屏蔽接地相反。检测系统被浮置后,可以加大系统信号放大器公共线和大地或外壳间的阻抗,所以浮置能减小共模干扰电流。但浮置不能做到完全浮空,因为信号放大器公共线与地或外壳之间虽然电阻值很大,可以减小电阻性漏电流干扰,但仍有电容性漏电流干扰存在。

b. 滤波。滤波是指只允许某一频带范围内的信号通过或只阻止某一频带范围内信号通过的一种抑制干扰的方法。通常采用滤波器进行滤波,特别是对抑制经导线耦合到电路中的干扰,滤波器可以根据信号及噪声的频率分布范围将相应频带的滤波器接入信号传输通道,滤掉或减小噪声,从而提高信噪比,抑制干扰。

滤波可分为模拟滤波和数字滤波。模拟滤波用于信号滤波和电源滤波;数字滤波主要用于信号滤波,依靠相应的程序软件来实现。在电测装置中广泛使用的几个滤波器有交流电源进线的对称滤波器、直流电源输出的滤波器和去耦滤波器等。

c. 平衡电路。平衡电路又称对称电路,是指双线电路中的两根导线与连接到导线的所有电路,对地或对电桥平衡电路其他导线,电路结构对称,对应阻抗相等,因此平衡电路检测到的噪声大小相等,方向相反,在负载上相互抵消。

3.2.2　检测传感器的寿命分析

传感器和转换装置结构的微型化和复杂化影响了传感器的可靠性。通常采用统计实验的方法确定各元器件和个别零件的寿命。根据这种方法,可以估计出各类传感器和检测系统的概率寿命,该寿命为达到第一次损坏时的工作等待时间。

统计实验显示,传感器的损坏率随着其元器件数量的增加而呈指数规律上升,其总体寿命与内部元器件的寿命有关。表 3.2~3.4 列举了一些统计参数作为参考。

表 3.2　部分传感器寿命

传感器类型	寿命/h
小尺寸电位器式压力传感器	1 000
电容式压力传感器	3 000
压电式传感器	3 500

表 3.3　传感器损坏原因分析

损坏原因	所占比例/%
不正确的设计	35
错误的操作	30
产品的缺陷	25
材料老化及其他	10

表 3.4　元器件等损坏情况分析

损坏的元器件	所占比例/%
电阻	43.5
电容	18.0
变压器	7.0
线圈	4.0
开关	6.0
半导体器件	0.5
插件	3.0
测量表头	1.5
电动机	4.0
滤波器	1.4
导线	1.0
其他零部件	10.1

元器件或零件的寿命会在温度及湿度增加或处于震动和加速状态时降低。半导体器件和无线电零件在核辐射下寿命要大大减少。例如,受能量足够强的中子辐射后的硅晶体管将会损坏,即便在轻微辐射下,其寿命也降低很多。此外,像云母、陶瓷等绝缘材料受辐射后寿命也会降低,寿命降低速度与辐射源强度及距离有关。

元器件或零件的寿命通常是指保持产品原有特性所允许的极限工作小时数。对于不正常生产的零件,在开始工作的最初 100 h 内有大幅度损坏的数据出现。对于检测系统,其损坏零件的百分数通常是在 1 000 h 的工作条件下确定的。在 1 000 h 的工作中损坏装置的百分数 λ_k 为

$$\lambda_k = \frac{1}{m} \times 100\% = \varepsilon \lambda_a n_a \tag{3.26}$$

式中　m——1 000 h 计的装置概率寿命；

　　　λ_a——1 000 h 损坏零件百分数；

　　　n_a——每种类型的元器件或零件数。

根据统计实验可知,元器件装置 1 000 h 损坏零件百分数 λ_a 的平均值见表 3.5。

表 3.5　元器件装置 1 000 h 损坏零件百分数 λ_a 的平均值

元器件装置	1 000 h 损坏零件百分数 λ_a 的平均值/%
继电器	0.27～1.5
开关	0.092～0.5
电动机	0.17
接插件	0.085
电阻	0.02～0.2
电容	0.016
印刷电路	0.1
晶体管及二极管	0.1
粘贴后的半导体应变片	5～10

表 3.5 中的数值是在实验条件下统计的,对于工作环境恶劣的情况,这些数值可能会增加 10 倍。当检测系统在没有振动且恒湿的条件下时,元器件装置 1 000 h 损坏零件百分数 λ_a 可减少 90%。

第4章 温度检测技术

4.1 温度检测技术简介

自从人类出现起,温度这个无处不在的参量就伴随着人类的成长,并在人类社会的生活中扮演着日益重要的角色。随着人类社会的不断发展,人类不再满足于仅使用"冷"和"热"这样抽象的字眼去描述温度,而是想要从具象的角度具体地描绘温度。在这种社会背景下,温度检测技术诞生,而且不断继续发展着。

4.1.1 温度检测技术的历史发展

一般来说,温度是衡量物体冷热程度的物理参量,与人类的日常生活有着十分密切的关系,自从有文字记载的人类历史以来,温度的感受与测量就一直伴随着人类文明的进步。以西方为中心的历史观认为,人类历史上第一支温度计是伽利略发明的,其原理是液体在温度升高时体积会发生膨胀。最早的温度计就是在试管中装入适量的水,排出空气,并在试管口加以密封,在试管外壁均匀地标示刻度,用以测温。显然,这样的温度计测量范围是有限的,其在普通大气压下的温度测量范围仅限于水的冰点和沸点之间。

然而,学术界还存在另一种观点。温度的测量是伴随着人类文明的发展而发展的,在伽利略发明温度计之前的人类社会的漫长岁月中,人类是如何测温的呢?作为世界四大文明古国之一且唯一文明没有中断的国家,中国古代科学技术曾经长期领先于西方。正如20世纪50年代的著名历史学家李约瑟所说:"中国在3世纪到13世纪之间保持一个西方望尘莫及的科学知识水平。中国的这些发明和发现往往远远超过同时代的欧洲,特别是在15世纪以前更是如此。"而我国现存的历史文献也证明了我国古代也有与伽利略的温度计同原理的发明,而且其发明的时代早于伽利略的时代。同时,我国的劳动人民还掌握了较低温度、常温和高温三种温度范围的测量。

值得一提的是我国古代劳动人民发明的简易温度计——冰瓶。冰瓶的原理与伽利略温度计的原理相同,都是根据液体体积和状态的变化判断温度。但是,冰瓶的精确度不高。冰瓶实现功能的主要途径是将冰块放置在瓶子里,通过长时间冰块物理状态的变化来大致确定环境温度和季节变化,即"睹瓶中之冰而知天下寒暑"。此外,出于生产生活的需要,中国古代劳动人民还分别运用人体体温和火焰焰色来分别判断常温和高温环境下的大致温度。这一时期的温度测量都是很不精确的。

1593年,伽利略发明的温度计是一端装有鸡蛋大小的玻璃泡,另一端开口的细长玻璃管。当温度计使用时,需先用手焐热玻璃泡,再将开口端插入水中。这样,随着环境温度的变化,水的体积会发生变化,表现为玻璃管中的水位的上升或下降。至于伽利略如何标记玻璃管上的刻度,已无稽可查,但在其著作中确切地提到了他曾用这支温度计的刻度测温。受到伽利略思想的启发,他的一位医生朋友,意大利帕多瓦大学的桑克斯托斯教授在此基础上进行了改进,发明了蛇形温度计,其上端的玻璃泡可以放入病人口中,测量体温。

伽利略原理的温度计测量精度相对较低,其原因主要是受气压影响较大。为克服这一缺点,法国的一名医生让·莱伊创造性地将伽利略温度计倒过来使用,即玻璃泡放在温度计下端,并在玻璃泡中充水,通过观察玻璃管中的水位读取当前温度。受到当时技术条件的限制,这种温度计的上端仍是开口的,因此在使用过程中难免受到水蒸发的影响,其测量精度仍然不高。然而,这种形制的温度计却成为后世普遍使用的温度计的雏形。

1654 年,意大利托斯卡纳大公斐迪南二世使用酒精代替了水,并将玻璃管的上端融化封闭,这样的温度计成功地避开了气压的影响。

这样,温度计的测温原理基本确定下来,后来的科技工作者在这一基础上不断改进,测温介质从液体发展到气体,又发展到金属汞,后来随着电力学领域的发展,以西门子为代表的欧洲学者建立了温度与电阻值之间的定量关系,发明了电阻温度计。这样,接触式测温的代表性仪器温度计得到了不断的发展完善。在这一过程中,科技工作者还建立起一系列的温度标志,包括华氏度、摄氏度,以及开尔文根据卡诺定理确立的热力学温标,即绝对温度。人类逐渐通过基础物理现象确立了越来越精确的温度检测系统。

随着工业革命的发生和大工业时代的到来,人类社会的部门分工越来越细致,工业门类越来越多,对温度计的各方面性能提出了更高的要求。鉴于一些行业的特殊需要,接触式测温方式已经不能满足要求。工业部门对于非接触式测温的需求日益增加,加上 20 世纪初理论物理学的迅速发展,促进了非接触式测温技术的发展。

非接触式测温方法与传统温度计的测温方法不同,是利用不同温度在其他物理量上的差异,借助敏感元件,不接触待测物体而测得物体温度的方法。其起源是借助于热传导的不同方式(主要是热辐射),以及不同温度下物体光谱和声波的不同来间接地检测物体温度。根据不同的测量原理,非接触测温法一般可分为比色法、辐射法和亮度法,这些方法测温的物质基础是各种非接触式温度传感器的发明与出现。

温度检测技术发展到今天,已经形成了接触式和非接触式两个大类,多种原理的不同检测方法的测试精度逐步提高,各种温度测试技术及相关仪器设备已经广泛地应用于人类社会的生产生活中,为工业发展和生活质量的提高做出了积极的贡献。科技工作者也在不断地探索新原理和新技术,以适应社会生产生活需要。温度检测本身也对工业安全有着很重要的作用,对这一方面的重视可以有效地避免重大事故的发生,保障安全生产。因此,有必要将温度检测的相关内容逐一做详细的介绍与探讨。

4.1.2　传热与温度测量

热量的传递一共有三种方式:热传导、热对流和热辐射。其中,热传导和热辐射是温度测量的主要原理。因此,需要对热量传递方式做简要的介绍。

1. 热传导

物体或系统内的温度差是热传导的必要条件。换言之,只要一种介质的内部或两种及以上的介质之间存在温度差,热传导就必然会发生。热传导的速率取决于物体内部温度场的分布情况。

一般来说,传热(又称"热传递")的定义是热量从系统的一部分传递到另一部分或由一个系统传递到另一个系统的现象。热传导是传热的三种方式之一,主要体现在固体之间的传热过程中,或在不流动的液体或气体中层层传递。如果液体或气体具备流动特性,那么热传导一定会与热对流一起发生。

热传导的实质是由物质中大量的分子热运动互相撞击,而使能量从物体的高温部分传递到低温部分或由高温物体传递给低温物体的一系列过程。在固体中,热传导具体的微观过程是:在温度高的部分,晶体中结点上的微粒振动动能较大;在低温部分,微粒振动动能较小。由于微粒的互相作用,因此在晶体内部热能由动能大的部分向动能小的部分传导。固体中热量的传导本质上是能量的迁移。

在导体中,存在大量的自由电子,在不停地做无规则的热运动。一般晶格振动的能量较小,自由电子在金属晶体中对热的传导起主要的作用。因此,一般的电导体也是热的良导体。在液体介质中,热传导则表现为液体分子在温度高的区域热运动较强,由于液体分子之间存在着相互作用,热运动的能量将向周围层层传递,因此就引发了热传导现象。而与液体不同,气体介质的分子间的间距较大,气体依靠分子的无规则运动及分子间的碰撞,在气体内部发生能量迁移,从而在宏观上形成热量传递现象。

以上为热传导现象的物理描述,如果用数学语言来表达,就形成了傅里叶定律。在物体内的温度分布只依赖于一个空间坐标,而且温度分布不随时间发生变化的条件下,热量将只沿着温度降低的一个方向传递,这种现象称为一维定态热传导。此时,热传导可以描述为

$$q''_x = -k\frac{\mathrm{d}T}{\mathrm{d}x} \tag{4.1}$$

式中　q''_x——热流密度,即在与传输方向相垂直的单位面积上,在 x 方向上的传热速率;

　　　k——热导率;

　　　T——温度;

　　　x——热传递方向的坐标。

式(4.1)表明 q''_x 正比于 $\mathrm{d}T/\mathrm{d}x$,但是热流方向与温度梯度的方向相反。式(4.1)是法国著名物理学家、数学家傅里叶于 1822 年首次提出的,因此称为傅里叶定律。

显然,这是一个理想化的公式。在最一般的情况下,热传导过程中温度一定是随着三个空间坐标和时间发生变化的,而且这一过程伴随着热量的产生或消耗。这时,热传导称为三维非定态热传导,这一过程可以用热扩散方程描述,即

$$\frac{\partial}{\partial x}\left(k\frac{\partial T}{\partial x}\right) + \frac{\partial}{\partial y}\left(k\frac{\partial T}{\partial y}\right) + \frac{\partial}{\partial z}\left(k\frac{\partial T}{\partial z}\right) + q = \rho c_p\frac{\partial T}{\partial t} \tag{4.2}$$

式中　T——时间;

　　　x、y、z——空间坐标系中的三个坐标轴;

　　　ρ——介质的密度;

　　　c_p——比定压热容。

　　热扩散方程表明,在介质中的任意一点处,由传导进入单位体积的净导热速率加上单位体积的热能产生速率必然等于单位体积内所储存的能量变化速率。

　　如果遇到一种特殊情况,当热导率 k 恒为某一个常数时,热扩散方程可以做如下的变形,即

$$\frac{\partial^2 T}{\partial x^2}+\frac{\partial^2 T}{\partial y^2}+\frac{\partial^2 T}{\partial z^2}+\frac{q}{k}=\frac{1}{\alpha}\times\frac{\partial T}{\partial t} \tag{4.3}$$

式中　α——热扩散系数,表示非定态热传导过程中物体内部温度趋于均匀的能力,即导温系数越大,温度趋于均匀的速度也就越快,其可以表达为

$$\alpha=\frac{k}{\rho c_p} \tag{4.4}$$

　　在工业上有许多以热传导为主的传热过程,如橡胶制品的加热硫化和钢锻件的热处理等。在窑炉、传热设备和热绝缘额设计计算及催化剂颗粒的温度分布分析中,热传导均占有重要的地位。在高温高压设备的设计过程中,也需要用到热传导的规律来计算设备各传热间壁内的温度分布,从而方便地进行热应力分析。

2. 热对流

　　热对流是传热三种方式之一,又称对流传热,是通过流动介质热微粒由空间的一处向另一处传播热能的现象,其主要特点是只能发生在气体和液体(统称为流体)之中,而且必然会伴随着流体本身分子运动所产生的导热作用。如果热对流过程中单位时间通过单位面积的质量为 m 的流体由温度 t_1 的地方流到 t_2 处,则这个热对流过程中传递的热量 Q 可以表示为

$$Q=mc_p(t_2-t_1) \tag{4.5}$$

　　除热对流外,热传导和热辐射也是两种重要的传热方式。在实际的传热过程中,这三种方式往往是互相伴随进行的,而不是孤立存在的。其中,热对流是影响火灾发展的一个重要因素,主要表现在以下几个方面:

　　(1)高温热气流能加热它流经途中的任何可燃物,从而引发新的燃烧现象;

　　(2)热气流能够往任意方向传递能量,特别是向上传播,因此有相当大的可能性会引发上层楼板和天花板等物体的燃烧;

　　(3)热气流通过通风口,可使新鲜空气不断流进燃烧区,供应持续燃烧;

　　(4)含有水分的重质油品燃烧时,由于热对流的作用,因此容易发生沸溢和喷溅等现象。

　　燃烧区的温度越高,热对流的速度也就随之越快。通风孔的孔洞越多,其位置越高,通风面积越大,热对流的速度也就越快。控制通风洞口、冷却热气流(包括重质油品、热微粒)或把热气流导向没有可燃物和火灾危险较小的方向是防止火势通过热对流发展蔓延的主要措施。

　　热对流有三种基本形式,即自然对流、强迫对流和湍流。在这三种对流方式中,湍流的热传递速率最高。

　　(1)自然对流。

　　自然对流又称自然对流换热,是一种不依靠风机或泵等外力推动,由流体自身温度场

的不均匀引起的流动。由于参与换热的流体各部分之间温度不均匀,因此形成密度差,在重力场或者其他力场中产生浮升力所引起的对流换热现象。自然对流换热又可以分为大空间对流换热和有限空间对流换热两类。大空间实际上是指边界层不受干扰的空间,并非特指几何空间体积上很大或无限大的空间领域。流体在大空间做自然对流时,流体的冷却过程与加热过程是互不影响的。虽然这一类问题相对比较简单,但是从中总结出的关联式有很重要的实用意义,其应用范围远超过形式上的大空间。由于在众多的实际工程问题中,其空间并不能算作标准意义上的大空间,但是热边界并没有发生相互干扰的现象,因此这种情况可以作为大空间范畴的问题,采用大空间自然对流换热的规律来计算,这是需要引起读者注意的。

流体内部温度差引起密度不同会形成浮升力,在此浮升力引发的运动下所产生的换热过程称为自由运动换热。比较典型的案例有热力设备、热力管道等与其周围空气之间的换热,其强度决定于流体沿固体换热表面的流动状态及其发展情况,而这些又与流体流动的空间和换热表面的尺寸、形状、表面,以及流体之间的温差、流体的种类和物性参数等众多因素相关,因此这是一个受多方面因素影响的复杂过程。在理论计算领域,为求解这一过程,已经有很多学者提出了各不相同的数值计算方法,常用的有有限元法、有限差分法、边界元法及有限分析法等。

(2)强迫对流。

与自然对流相比,强迫对流的概念就更容易理解了,其主要过程是空气受机械作用所引起的强迫性流动,在日常生活中应用也较广泛。例如,电风扇、电冰箱、发电机及各种发动机的液泵冷却装置等都是采用气体或者液体的强迫对流来实现其特定功能的。控制气体和液体的对流是增加或减少热传递的重要方式。这一点早已为人类认识到并利用,最直观的例子是:夏季打开门窗,增强对流,从而达到散热的目的;而到冬天,关闭门窗,避免室内外的空气对流,从而可以达到防寒保暖的目的。

(3)湍流。

湍流是流体的一种流动状态。当流速很小时,流体分层流动,互不混合,这种流体称为层流,又称稳流或片流;随着流动速度的增加,流体的流线开始出现波浪状的摆动,摆动的频率及振幅随着流速的增加而增加,这种情况称为过渡流;当流速增加到较大值时,流线失去了清晰可辨的特性,在流场中出现较多的小漩涡,这时层流被破坏,相邻流层之间不仅有滑动,还有混合,形成了湍流,又称乱流、紊流或扰流。

3. 热辐射

辐射是电磁波传递能量的现象。按照产生电磁波的不同原因,可以得到不同频率的电磁波。高频振荡电路产生的无线电波就是一种电磁波。此外,还有红外线、可见光、紫外线、X 射线及 γ 射线等各种电磁波。因热而产生的电磁波辐射称为热辐射(这一名词有时也指热辐射能的传递过程)。热辐射的电磁波是物体内部微观粒子的热运动状态改变时激发出来的。只要物体高于绝对零度,物体就总是不断地择使热能变为辐射能,并又将辐射能重新转变为热能。热辐射传热就是指物体之间相互辐射和吸收的总效果。当物体与环境处于热平衡时,其表面上的热辐射仍在不停地进行,但其净的辐射传热量等于零。

与热传导、热对流相比,热辐射传递能量的方式有两个特点:一是热辐射的能量传递不需要其他介质存在,而且在真空中传递的效率最高;二是在物体发射与吸收辐射能量的过程中发生了电磁能与热能两种能量形式的转换。这两个特点都由辐射是电磁波的传递这个基本事实决定的。

4.1.3　常用的温度测试技术

温度是工业生产和科学研究中常用的重要参数之一。在当今社会,工农业生产及国防科研等重要部门中几乎一刻都离不开温度的测量。在实际的社会生产和科研工作中仍然存在一些温度测试的技术问题,其中有一些是共性的问题,也有一些是针对不同的测温对象所产生的个别问题。本节将针对测温技术一些典型的应用方面介绍几种常用的温度测试技术,并对一些共性的问题展开分析。

要使实践生活中的温度测量问题得到有效的解决,一般应从以下几个方面进行考虑。

进行相关有目的性的实验,对被测对象的自身特点和测量要求有较深入的了解,明确测温过程要解决的问题类型。

在了解问题性质的基础上,要据此选择正确的测量手段和方法,其中主要的方面是正确地选择温度传感器、温度传感器适配器及数据采集系统的类型,这几种仪器设备的主要参数要配合得当。要认真并客观地分析温度测试过程中实验误差产生的原因,并且有针对性地提出避免或者减小实验误差地具体措施,然后将其应用到测温实验中进行验证。

本节将根据被测对象的不同形态,分别阐述其温度测量过程中的特点、实验方法、传感器的选用及实验误差与处理等。

1. 固体表面温度的测量

固体物质的表面温度取决于其内部的传热机理和边界换热条件。固体物质内部的传热机理取决于材料本身的导热系数,而其边界换热条件则取决于物质本身的发射率及对流换热系数。从固体物质内部向其边界发生的传热过程取决于物质本身所具备的物理性质。固体物质大致上可分为金属物质和非金属物质两类,这两类物质从结构上来看,传热机理不尽相同。

对于金属材料而言,微观上其导热机理是因为金属中的自由电子不受束缚,电子间会产生一定的相互作用甚至碰撞。从另一个方面来讲,还可以给出金属导热机理的第二种解释,即由于金属材料中存在着大量规则分布的晶体,热量是可以通过晶体的晶格点阵的振动进行传递,而晶格振动的能量是量子化的,因此这种晶格振动的“量子”又称“声子”。

与非金属材料不同,其内部的电子是受到束缚的类型,所以这一系列材料不能称为热传导的载体。而已知热能的传递主要还是以声子为载体。但是在非金属材料中,除依靠绳子传递热能外,还有一部分是较高频率的电磁波辐射能。电磁波辐射之所以具备传热的功能,是因为在无机非金属材料的分子间存在一定的间隙,辐射能可以在这些间隙中完成辐射传热的过程。辐射传热的能量与温度呈现正相关的关系,这种传热称为“光子”导热。在无机非金属材料中,当其处于高温环境时,“光子”导热的效应会有相应的提高。

因此,可以总结出固体表面温度测量具备以下特点:

(1)传感器的安装会导致被测物体表面热状态的改变;

(2)被测物体的热物理特性、尺寸、形状及周围的换热工况会对测量结果的准确性产生一定的影响；

（3）固体物质的内部会存在一定的温度梯度，固体的表面与周围的物体及所在环境必然存在一定程度的热交换，因此被测物体本身很难处于热平衡状态。

被测对象供热与测温元件散热所引起的被测物体的温度场变化是温度测量过程中影响结果准确性的主要误差来源之一。从理论上来说，最理想的状况是被测物体不会因传感器或其他测温元器件的安装而改变其原有的温度。而实际操作中存在的热交换并不能保证这一理想状态的实现，因此实际测量与理论假设还有相当大的差距。当测量热容量较大的气体或液体物质的温度时，这种情况会有所缓解。然而，在测量热容量相对较小的固体物质的表面温度时，这种误差影响就会比较明显了。

在一般的温度测量过程中，如果需要测量装在容器中的液体或气体的温度，通常要求测温的元器件伸入被测物质中，保证测温元器件本身长度的2/3以上要与被测物质相接触。这样做的目的是保证测温元器件外露在待测物体之外的的部分不会对其测量端处的温度场产生影响。在这种操作下测得的物体温度为物体的真实温度，又称比较接近物体的真实温度。在测温元器件的大部分露在待测物质之外的情况下，得到的测量结果与物体的真实温度就会有较大的误差。而用测温元器件测量固体物质的表面温度时，并不存在元器件插入到待测物体之中的情况。如果此时测温元器件的表面与固体表面保持较为良好的接触，并且二者之间的导热系数相互接近或完全一致，则测量结果相对会比较准确，不会产生较大的测量误差。如果二者之间有一方或双方均为较粗糙的表面，不能保证较良好的接触，则在这种情况下，被测表面向测温元器件的表面传热的方式就会由热传导变为热辐射，甚至是周围空气对流，那么最终传递到测温元器件测量端的热量就只是被测物体表面热量的一小部分，自然就会引起较大的误差。

在接触式测温法中，测温元器件与被测物体发生了接触，这种接触实际上破坏了固体物质表面的温度场。但是，二者之间的接触并不是这种破坏产生的唯一因素，测温元件本身的尺寸和传热特性，被测对象的材料、尺寸、形状及传热特性都会在一定程度上破坏被测物体表面温度场的热平衡。此外，当测量变化迅速的温度时，由于被测物体总是不同程度地存在一定的热惯性，因此想要使其重新达到新的热平衡，需要相当长的时间，在测温过程中就引入了动态误差。除上述诸多因素外，被测物体本身的热物性、周围环境换热系数的变化及表面接触情况的不确定性都会各自在不同的程度上影响测温结果的准确程度。

目前，在工业部门和科学研究中使用较多的测温元器件是热电偶，而热电偶的安装也是测温过程中较主要的误差来源之一。除便携式热电偶表面温度计外，大多数热电偶在测量固体表面温度时是采用敷设的方式与被测物体接触的，而敷设方法又可分为表面敷设和开槽敷设。表面敷设是当被测物体为金属材料时，被敷设的热电偶的测量端一般需要焊接在金属表面上，然后沿着金属表面的延伸段引出。开槽敷设则是在被测金属物体的表面开一个细槽，用瓷管或其他材料制成的绝缘管包裹热电偶，然后再将其测量端焊接在槽内。

2. 气体温度的测量

气体温度的测量一般是在管道内，对气流速度较快但温度却不高的气体温度进行测量。然而,在工业上的一些锅炉或者窑炉中,气体的流速并不高,温度却很高,而且对实时温度的测量和控制也有相应的要求。此外,在燃气轮机或者内燃机等高速喷射燃烧气流中,对温度测量也有需要。在上述的前两种情况中,涉及工程测量的诸多方面,在具体的测温方式上,仍然以接触式测温法为主,也就是以热电偶作为主要的测温元器件,并对其进行一些技术上的处理,可以获得较为理想的测量结果。后一种涉及气体喷射的情况,由于其喷射速度较快,而且气流中含有一些等离子体,一方面不便使用接触法测量,另一方面接触法测量会使测温元件本身遭到损坏,因此常使用非接触法测温。在气体测温的过程中,会遇到一些和固体测温过程不一样的独特的问题,现总结如下。

(1)在测量的过程中,当热电偶测量端的温度较高时,会以热辐射的方式向周围温度较低的物体传递热量,同时以热传导的方式沿着自身热电偶丝的路径从热端向冷端传递热量,这是热电偶测量气体温度时主要的两种热量损失方式,它们会导致热电偶所测的温度比气体的实际温度偏低,引入测量误差。

(2)与液体相比,气体的热容和对流换热系数均偏小,而且在很多的应用场景中,气体内部的温度分布是不均匀的。因此,在用热电偶测量高速气流的温度时,气体和热电偶测量端之间的换热能力相对较差,以至于二者之间发生的热交换过程迟迟不能达到热平衡的状态。在这种客观因素的影响下,热电偶所测得的气流的温度绝非气流的真实温度,而且气体在流动过程中很容易产生波动,当气流的波动程度增加时,测量误差也就随之增加了。

(3)热电偶在气体流场中测温时,需要直接同气流相接触,这就对气流产生了制动作用,被制动的气流因运动而受到阻碍,便会将运动的动能转化为热能,使与热电偶接触的部分温度有所升高,直接导致热电偶的测量数据高于气流的真实温度。根据能量守恒定律可知,气流的速度越大,其制动时产生的热能就越多,引入的测量误差也就越大。因此,这一部分误差是不可忽视的。

(4)从化学反应的角度看,作为热电偶丝常用原材料的铂、钯、铱等贵金属在遇到含有氢气、一氧化碳和甲烷等具有可燃性的气体时,会不自觉地充当催化剂的角色,加速其在气体射流中的燃烧反应,致使热电偶所在的局部温度升高,这同样会使热电偶的测量结果高于实际温度,这是不可忽视的导致测量误差的因素。

3. 液体温度的测量

液体温度的测量在测温领域内也是一种很重要的测量内容。液体温度的测量被广泛地应用于工业生产和日常生活的诸多领域,如轻工业纺织、石油化工、冶金、制药、电力等生产部门。液体温度测量在方法论上与气体相似,可大致分为接触式与非接触式两种测量方法。

(1)接触式测量。

与固体和气体物质不同,液体物质的比热容与热导率都相对较大,并且在测温过程中与测温元器件有较充分的接触。因此,一般测量液体的温度都会选用接触式测温法。只要在测量前选择了合适的测量元器件,就可以得到与液体的真实温度相接近的温度值。但是,为保证测量的精确程度,还应注意以下几点。

①如果测量目标不是某一点而是整个液体中的温度分布情况,则选择比热容较小的

测温元器件更为恰当。

②如果被测量的液体中附加有搅拌装置,则只要选择几个具有代表性的点进行测量,然后计算其算术平均值,即可得到液体的平均温度。

③在测量管道内液体温度的情况下,应当注意测温元器件要安装在管道的内壁上,并保证测温元器件与管道内的液体之间有充分且良好的接触,测量点选择在管道中液体流速最高的位置则为最佳,同时测温元件至少应该与被测液体的流向成90°。此外,对于不同的测温元器件,应选择的最佳测量点也不尽相同。例如,对于电阻式温度计,应当将其1/2处放置在液体流速最高的位置;而对于热电偶,则其测量端应该放置在管道内液体流速最高的位置。

(2)非接触式测量。

非接触式测量与接触式测量在原理上有本质的区别,也体现在测温仪器的差异上。接触式测量一般使用热电阻或者热电偶,而非接触式测量一般使用光电高温计、辐射感温计、光学高温计、光电比色高温计及红外测温仪器等进行温度的测量。在非接触式测量中,也有以下几类需要注意的事项。

①要根据被测物体的温度范围适当地选择测温仪器。一般来说,被测液体的最高温度大致在测量仪器最大测量温度的2/3处比较合适,数据的可信度也较高。

②对于一些对使用环境温度有较高要求的测温仪器,必须注意在规定的温度范围内使用该仪器。在必要的情况下,可以对测温仪器采用水冷、气冷或其他任何合适的冷却方式进行降温,从而确保测量过程中仪器的精确程度。

③对于前文提到的辐射式测温仪器,要注意其发射率的影响。辐射式温度计的标定都是在近似于绝对黑体的条件下进行的。但是,在实际的应用场景中,被测物质的发射率差别很大,其与绝对黑体相比发射率也有很大差别,因此在应用这些仪器时要修正发射率,才能保证仪器测得的温度更加接近物体的真实温度,从而减小实验误差。

④对于测量过程中有可能对测量精度产生危害的一些烟尘、水蒸气及有害气体等物质,一定要尽量规避,选择最佳的测温点。

⑤要注意测量距离的正确选择。绝大多数辐射温度计的最佳测量距离与被测目标的尺寸成正相关的关系,所以当选择测量距离时,必须注意被测目标的尺寸是否符合测温仪器的相关使用要求,否则将会引入较大的实验误差。关于辐射式测量仪器的测温距离将在后面章节中详细阐述。

4. 消除或减少测量误差的几种方法

在明确固体表面测温的主要误差来源的前提下,需要借助一些相对应的手段来尽量避免或减小测试的误差。一般来说,提高测量准确度的方法有以下几种。

(1)等温线敷设法。

在测量固体物质表面温度的过程中,被测表面会发生沿着热电偶引线散热的现象,因此在这种情况下使用等温线敷设法可以有效避免这种散热所导致的测量误差。

等温线敷设法的具体操作步骤是将热电偶的测量端焊接在金属物质的表面上,如果待测物质为非金属材料,则可以选择胶接的方式,然后将其引出线沿等温线敷设相对较长的一段距离后引出。如此操作的结果就是使热电偶的引出点远离测量点,从而减小从引出点导出的热量对测量点的影响。

一般来说,金属材料的导热性能相对较优良,而一些非金属固体材料的导热性能较差。对于这种物质,可以事先在被测点处固定一枚导热性能较好的集热片,然后将热电偶的测量端与集热片相固连,再采取加长引出线的做法。

(2)平衡加热法。

在很多情况下,进行温度测试时,被测点的温度要高于环境温度。由于被测物体表面与环境温度之间存在热交换,因此测量仪器测到的温度往往低于物体的真实温度。这种因热交换而产生的测量误差可以通过平衡加热法消除或降低。在这一方法中,采用的是由铜—康铜材料制成的热电偶,两根铜丝分别与同一根康铜丝连接成为热电偶,并使两只热电偶的工作端之间保持一定的距离。在热电偶之外,则可以缠绕一个小加热器。当测量端接触到被测表面时,自然会在第一个热电偶中产生一个温差电动势,这一电动势经过放大器的放大作用,可以指示出二者之间温差热电势的具体数值。再经过 PID 调节推动可控硅触发器及执行器,该执行器可以改变加到小加热器的功率,一直到加热器产生的热量补偿热电偶丝散发的热量为止,这就使得原本产生的温差热电势归零。这就意味着热电偶丝中不存在导热现象,因此热电偶所测得的物体的表面温度就接近于表面的真实温度。这种方法适用于表面散热较小的情况,如果原表面的散热较大,则这种补偿方法又会引入一定的误差。

(3)热流补偿法。

在一些特殊的测温的情况下,容器内有可能存在一些高压、有毒或具有强烈腐蚀性的物质。如果依旧直接将测温元器件伸入其中测温,很有可能不仅得不到准确的测量结果,反而会使测温工具受到不可修复的损坏。要在这种条件下完成测温的任务,需要借助于热流补偿法,即通过测量容器的外部表面温度推算出容器内部表面的温度或容器内物质的温度。

一般来说,容器的内壁和外壁的温度并不相同,二者之间的温差与流过壁的热流的大小和方向都有一定的关系。当容器外壁的温度高于内壁时,其热流的方向就是由外向内;反之,就是由内向外。只有当两侧为温度相等时,热交换达到平衡状态,热流消失。在热流消失的情况下,测得外壁的温度即可得知内壁的温度。

热流补偿法正是基于这样的理论基础发展而来的。该装置由热电偶、检零热流片、加热箔片及外保护层四个部分组成。其中,检零热流片实际上是一个由铜—康铜合金材料制成的热电堆,与绝缘基片串联起来。加热箔片的制作材料为康铜箔片。当测温元件安装在容器或类似于容器原理的管道外部时,如果其内壁温度高于外壁,检零热流片将会输出一个温差电动势 E,这时需要人工调节加热片两端的电压,直到检零热流片输出的电压值为 0,这就表示容器的内外壁之间的热交换处于平衡的状态,二者之间并无热流存在,内外壁温度相等。因此,测得的外壁温度即内壁的温度。

(4)周期加热法。

周期加热法的实质是将平衡加热法中的连续加热补偿变成脉冲加热的方法。此时,加热器所提供的功率呈现出周期变化的规律,体现在热电偶的测量结果上就是一个呈现出周期性波动的温度信号,而且波动的幅值明显大于被测温度的变化范围。当加热器的功率增加时,平衡加热法中的两个测点 A 和 B 之间产生温差,使得 B 点的温度高于 A 点;而当加热器的功率减小或并不工作时,B 点的温度就会低于 A 点。同时,工作的两个热电偶会记录下 A 和 B 两个测点的温度变化规律,只有当两个测点之间的温度相等时,才表明热电偶丝中没有传导被测物体的热量,这一判定依据与平衡加热法相似。当 A 和 B 两个测点处于等温的工作状态时,两条记录温度的曲线会相交于一点,该点所对应的温度就是被测物体真实的表面温度。这种方法具有明显的优点,其测量精度几乎不会受到热电偶丝的材料及被测物体本身导热系数的影响。

4.2　接触式温度检测

接触式温度检测是人类最早接触的温度检测方法,是依赖于物体之间的热交换感知温度的方式,在温度检测的历史发展中有着重要的作用。接触式温度检测最典型的成就是温度计的诞生。随后,科技工作者根据技术发展和实际需求又发明了不同原理的温度传感器,将温度信号转化为电信号,使连续实时检测温度成为可能。在这一发展过程中,为统一温度的表达方式,人们总结经验,确立了温标的概念。从此,温度的表达有了统一的标准,为温度检测和热力学发展创造了统一的符号语言。当温标确定之后,在这一基础上,温度传感器的精确度成为科学家和使用者共同关心的问题,如何校准温度传感器成为温度检测过程和热力学发展的崭新课题。因此,关于温标和温度传感器的发展及温度传感器的校准成为探讨温度检测领域绕不过的话题。

4.2.1　温标及温度计

要讨论温标和温度计,首先要讨论温度计的发展,因为温标是在温度计发展过程中逐步形成的。前文已经介绍了中国古代的"冰瓶"和近代伽利略发明的温度计及其改进版本。目前普遍使用的温度计的雏形是斐迪南二世设计的封闭式玻璃管式温度计,其历史意义在于这支温度计终于摆脱了气压对温度计测量精度的影响,并将温度计内的标志液体从水换成了对温度变化更为敏感的酒精。

1. 华氏温标

1714 年,一位名叫华伦海特的德国气象仪器制造者利用同样的原理制成了水银温度计。水银温度计和酒精温度计各有千秋,堪称当时温度检测仪器的"双璧"。水银的沸点为 357 ℃,而酒精的沸点仅为 78 ℃,这意味着水银温度计可以用于较高温度的测量;水银的凝固点为 −39 ℃,而酒精的凝固点为 −117 ℃,所以酒精温度计更适用于较低温度的测量。后来在日常生活中家喻户晓的体温计就是水银温度计的一种。

在温度计发展史上,或许华伦海特的成就并不大,但是他此后致力于温标的创建却是热力学历史上浓墨重彩的一笔。

温标即温度的数值化标尺。确立温标的关键是要找出几个基准点,然后在基准点之间划分刻度,并将这一系统作为标准,衡量其他任意物体或环境的温度。为避免温度出现负值,华伦海特选择了以下几个基准点:

(1)氯化铵和冰水混合物的温度,记作 0 ℉;

(2)冰水混合物的温度,记作 32 ℉;

(3)将水银温度计置于人体腋下或者口中,得到人的体温,记作 96 ℉。

在各基准点之间,认为水银体积的膨胀或收缩与温度变化成线性关系,因此在各基准点之间均匀地划分刻度,从而形成了世界上第一个温度标准。为纪念华伦海特做出的贡献,这一套标准称为华氏温标,其单位用 ℉ 表示,F 是华伦海特姓氏的首字母。后来,人们对华氏温标做了进一步的修订,将水的沸点确定为 212 ℉,将水的沸点与冰点之间的温差确定为 180 ℉,从而完善了华氏温标的体系。摄氏温标出现以后,到目前为止,世界上仍在使用华氏温标的只有美国。

2. 摄氏温标

目前世界上使用最为广泛的温标系统是摄氏温标,其创立者是瑞典天文学家安德斯·摄尔修斯。摄尔修斯在创立摄氏温标体系时,与华伦海特一样考虑到温度测量应当尽量避免负值,因此他采取了一种截然不同的标志方式:将冰水混合物的温度标志为 100 ℃,而将水的沸点标志为 0 ℃。这主要是受制于当时人们对温度的认识,认为日常生活中几乎没有可以超过水的沸点的温度。这一标准首次出现于摄尔修斯于 1742 年发表的《对温度计上两个固定点的观察》一文中。然而,摄尔修斯提出的温度标志方法与人们日常生活中的习惯恰好相反,所以并未引起重视。

1745 年,即摄尔修斯去世的第二年,瑞典著名植物学家林奈(一说是其继任者马丁·斯特劳莫尔)将摄氏温标中的两个基准点颠倒过来,形成了现行的摄氏温标。由于摄氏温标中水的冰点与沸点之间的温差为 100 ℃,因此它也被认为是"百分温标"的一种。为纪念摄尔修斯,他所创立的温标被命名为"摄氏温标",其单位记作 ℃,C 是摄尔修斯姓氏的首字母。显然,从绝对值的角度来看,1 ℃≠1 ℉。因为华氏温标中水的沸点与冰点的温差是 180 ℉,而不是 100,所以二者之间的换算关系为

$$1 ℉ = (9 ℃/5) + 32$$

目前世界上绝大多数国家和地区使用摄氏温标作为温度标准。

3. 开氏温标

摄氏温标一经修正,迅速取代华氏温标而成为世界各国的温度标准,这是因为同一温差划分成 100 份比划分成 180 份更方便一些。这两种温标的出现为温标的制定提供了参考,即划定一系列基准点之后,就可以制定温度标准了。

1848 年,英国物理学家开尔文定义了"绝对零度"的概念。开尔文在麦克斯韦-玻尔兹曼分布的基础上,提出当物体的温度达到绝对零度时,其分子便没有动能和势能,因此其内能也就为零,一旦到达绝对零度,一切事物都将保持运动的最低形式。任何空间种都必然存在能量和热量,并处于不断转化和交换的过程中,根据能量守恒定律,空间中的能量和热量都是不会消失的。而当一切物体的分子都不具备动势能和内能时,就意味着空间中不存在能量和热量,这只是一个理想状态,而自然界的温度是不可能达到的。根据理论计算,绝对零度的数值为－273.15 ℃,开尔文将这一温度定义为开尔文温度 0 度。

到 1854 年,在绝对零度的基础上,开尔文提出只要选定一个温度固定,温度值就可以完全地确定下来,因为绝对零度已经是一个确定的值了。因此,开尔文选择了"水的三相

点"作为选定温度,奠定了开氏温标的基础。水的三相点是指水、水蒸气和冰三种状态共存的温度,用摄氏温标表示为 0.01 ℃。因此,开尔文将 1 开氏度定义为水的三相点和绝对零度间温差的 1/273.16,并用符号"K"表示,这标志着开氏温标的确立。

开氏温标的意义在于确实地做到了在温度测量中没有负值这一目标,由于它以摄氏温标作为理论基础,因此二者之间的简单线性计算关系为

$$1 ℃ = 1 K + 273.15$$

就在开尔文提出开氏温标的 100 年以后,1954 年第十届国际计量大会通过决议,将开氏温度作为热力学温度的国际标准纳入实用计量单位制的 6 个标准量。同时,由于人们的使用习惯及开氏温标和摄氏温标之间简单的计算关系,因此摄氏温度在日常生活中的地位也更加稳定。

4. 国际实用温标

国际实用温标是一个国际协议性温标,它与前述的开氏温标(即热力学温标)较接近,具有复现精度高的优点,应用比较方便。国际计量委员会在第十八届国际计量大会上通过了国际温标 ITS-90。

在将开氏温标定为通用温标之后,为更加精准地表达温度物理量,1927 年第七届国际计量大会通过决议,采用 1927 年温标。这一温标采用了较多的固定参考点,共有 6 个,并且以铂电阻温度计、光学高温计和铂铑-铂热电偶作为该温标的内插仪器。1948 年,国际计量大会又对这一温标做出了一些较为重要的修改,随即更名为 1948 年温标,这一次修订实际上没有改变复现温标所做试验的程序,而是改变了水银凝固点的温度指定值和光学高温计使用的第二辐射常数的数值(用 c_2 表示),这一改变使高温部分的温度数值与 1927 年温标相比发生了一些变化,具体体现在当温度上升到 800 ℃ 时,新旧两个温标的差值为 0.4 ℃ 左右。

1960 年,第十一届国际计量大会决定对 1948 年温标再一次做出修订,并将这一修改版作为新的国际实用温标采用,一般将这一温标称为 1948 年国际实用温标(1960 年修订版)。这一次修改对温度测量的数值上没有产生影响,只是做了部分文字表述和试验方法细节上的修改,使 1948 年温标的表达更清楚,起到了进一步缩小试验误差的作用。

1968 年,专家对 1960 年版国际实用温标进一步做出了一系列重要的修改,主要包括以下几个方面:

(1)温标的下限由氧沸点(90 K 左右)延伸到氢三相点(13.81 K),这一点实际上是参考了开氏温标的标准;

(2)对于光学高温计使用的第二辐射常数 c_2,采用了更加准确的数值(0.014 388 m·K);

(3)修改了定义固定参考点的温度指定值和内插公式,从而使得国际实用温标中的温度值更加接近其相对应的热力学温度。

这一修改后的温标在 1969 年正式被启用,1975 年虽然对这一温标又做了一次修订,但在温标所表达的温度数值上没有发生变化。目前,国际计量学界仍在酝酿着对国际实用温标的再一次修订。随着科学技术的不断发展,国际实用温标体系将会不断被完善,但是作为国际通用的标准,不宜做过于频繁的修订。

目前,国际实用温标是全球温度数值的统一标准。一切温度计的示值和温度测量的结果(除极少数理论研究和热力学温度测量外)都应当表示成国际实用温标温度。国际实用温标可以用摄氏温度或开氏温度的数值来表示,二者在对 1 度的变化标准上是一致的。

国际实用温标是以一些具有可复现性的平衡态(即定义固定参考点)的温度指定值及在这些参考点上分度的标准内插仪器作为基础的。固定点之间的温度通过固定的温度内插算法决定,而不是简单地均分。定义固定参考点都是一些纯物质的相平衡态。在目前通行的国际实用温标中,除氢三相点是在压强为 33 360.6 Pa 的平衡氢沸点条件下测得的外,其他参考点均是在标准大气压(即 101 325 Pa)测得的物质的平衡态。目前国际上采用的 ITS−90 温标的主要内容如下。

(1)重申国际实用温标的单位为 K,1 K 等于水的三相点时温度值的 1/273.16。

(2)将水的三相点温度确定为 0.01 ℃,相应地,将绝对零度的温度值修订为 −273.15 ℃,这样开氏温度与人们习惯使用的摄氏温度就成功对接进入了国际实用温标。

(3)规定把整个温标划分为四个温区,其相应的标准如下:

①0.65～5.0 K,用 3He 和 4He 蒸汽温度计;

②3.0～24.556 1 K,用 3He 和 4He 定容气体温度计;

③13.803 K～1 234.93 K,用铂电阻温度计;

④1 234.93 K 以上,用光学或者光电高温计。

(4)新确认和规定了 17 个固定点温度值及根据这些固定点和规定的内插计算公式分度的标准仪器,使整个实用温标系统得到了实现。

在 ITS−90 国际实用温标系统中,对温度计的标定也是很重要的内容,这一方面主要包括标准表法和标准值法两种方法。标准值法就是用适当的方法建立起一系列国际温标定义的固定温度点作为标准值,把被标定的温度计(此处采取广义上的温度计的概念,也应包括各种温度传感器,下同)依次放置于这些标准温度值之下,记录下温度计的相应示值(或传感器的输出响应),并根据国际温标规定的内插计算公式对温度计的分度进行对比记录,从而完成温度计的标定,完成标定的温度计就可以作为标准温度计用于温度检测工作。

然而,受到环境和试验条件的限制,上述标定方法不易实现,而且成本较高,因此就发展出了另一种较常用的标定方法,即把待标定的温度计与已标定的更高一级精度的温度计紧靠在一起,同时放置在可调节的恒温槽中,分别将恒温槽的温度调节到标定试验所选定的若干温度节点,记录并比较二者的读数,从而得到二者之间的对应差值。经过多次温度的变化和重复的测试,若差值稳定,则将这些差值作为被标定温度计的修正量,对温度计的标定就完成了。这一方法目前得到了广泛的应用。在我国,国家温度标准保存在中国计量科学院,各地方的温度标准要定期与国家温度标准进行对比修正,这样就保证了温度标准的准确传递。

5. 传统温度计的发展

温标的出现与确定为温度计的发展提供了理论基础,温度计的测量单位被确定下来,刻度的划分也有了根本遵循。前文所述的温度传感器的发展实际上也伴随着温标系统的不断发展,而这些温度计的设计原理即热膨胀原理都是共通的。根据热膨胀原理制成的温度计不仅是液体膨胀温度计,气体和固体也有相当的应用范围。

热膨胀温度计中的代表性仪器就是玻璃液体温度计。玻璃液体温度计主要由标尺、感温液和玻璃管(或毛细管,毛细管目前应用较广泛)组成。为保证安全性,有时还向感温液中加入安全气泡。玻璃液体温度计的原理就是液体在玻璃容器中发生热胀冷缩现象。当被测物体的温度发生变化时,温度计玻璃管中的液体体积会随之发生膨胀或收缩,具体表现为液面的升高或降低,这一过程基于检测过程中发生的热交换。当热交换过程稳定之后,液体的体积随之趋于稳定,液面不再发生变化,此时就可以根据标尺读出温度数据,达到检测温度的目的。经过多年的发展,玻璃液体温度计发展出了很多不同的类型。按温度计的浸没方式区分,可分为全浸和局部浸没两种;按温度计的结构模式(主要是标尺的位置)区分,可分为内标式、外标式和棒式三种;按感温液的不同区分,可分为水银温度计和有机液体温度计,目前以水为感温液的温度计已经退出实践应用领域了。值得一提的是,对于不同制式的温度计,其检测的灵敏度也有所不同。一般来说,实验室使用的温度计灵敏度要高于工业使用的种类,而其中的主要影响因素则是毛细管在制造过程中的均匀性,均匀性越好,温度计的灵敏度自然越高。随着科学技术的发展,玻璃液体温度计逐渐被检测效率更高的其他温度计取代,但是由于其制造成本低廉,因此目前还没有被完全淘汰。

除玻璃液体温度计外,还有定容和定压的气体温度计。在气体温度不太低、压强不太大的前提下,这一部分气体可以近似认为是理想气体。根据这一假设,由阿伏伽德罗定律可知,当气体体积或压力为常数时,温度的变化会引发另一个变量的变化。因此,气体温度计实际是根据气体体积或压力的变化来检测温度的变化。根据这一点,气体温度计被分为两类,即定容气体温度计和定压气体温度计。一般来说,气体温度计选用的气体为氢气或氦气,这是因为这两种气体的液化温度相对较低,接近绝对零度,这就意味着温度计的量程可以相对扩大。相对于液体温度计和其他原理的温度计而言,气体温度计的精度较高,其测量值与热力学温度吻合度很高,尤其是在气体常数取理想气体常数(即 $R=8.314 \text{ J} \cdot \text{mol}^{-1} \cdot \text{K}^{-1}$)时,所以气体温度计通常用于精密测量。

除气体和液体外,固体的热胀冷缩原理也可用于测温。应用在工业领域内的固体温度计原材料通常是金属,不同金属受热膨胀程度不同,其弯曲程度也不尽相同。根据这一原理,固体温度计使用两根不同材料的金属条,根据其在一定温度下的弯曲程度差异来计算被测温度。这种固体膨胀温度计的测量精度相对偏低,误差在 1 ℃左右。在使用过程中,固体温度计摆脱了电源的限制,可以独立使用,一般用作温度控制的指示计。

6. 金属电阻温度计

19 世纪末,电力学的发展进入了一个新的阶段。在欧姆定律被发现以后,焦耳发现了焦耳定律,将电力学与热力学规律结合起来。金属电阻温度计是根据金属电阻值随温度成线性变化的规律制成的,其电阻值在几十欧姆到 100 Ω 之间。常用的金属丝有铂丝、铜丝和铁丝三种,其中以铂丝发展历史最为悠久,性能最佳。金属电阻温度计适合用于遥测的环境,相对于传统膨胀式温度计而言,其应用领域更为宽广。用于电阻温度计的金属,其电阻值在 0~100 ℃范围内必须有较好的线性变化规律,这一规律由温度系数表

示,即

$$\alpha = \frac{R_{100} - R_0}{100 \cdot R_0} \tag{4.6}$$

式中　R_{100}——金属在 100 ℃时的电阻值;

　　　R_0——金属在 0 ℃时的电阻值。

通过掺杂,金属的温度系数可以人为改变。

在这些科学理论的基础上,1871 年,西门子将铂丝缠绕在黏土上,在外面套上铁管构成电阻感温元件,将其作为测温工具。这是传统温度计向热电偶过渡的重要标志。直到今天,铂电阻依然是国际实用温标中一种重要的内插仪器。目前,铂电阻温度计的量程下限已经可以达到平衡氢三相点温度,即 13.81 K,其上限几乎可以达到银的凝固点(1 234.08 K),因此其量程范围是比较可观的。根据结构的不同,铂电阻温度计可以分为两种:杆式和囊式。相对而言,杆式铂电阻温度计的上限温度较高,其中量程在 −183～630 ℃的称为中温铂电阻,量程在 0～1 100 ℃的称为高温铂电阻;囊式铂电阻的下限温度较低,量程在 −263～200 ℃,归类为中温铂电阻。铂电阻温度计的测温方法是通用的,一般有电桥式和恒流源式两种。

自铂电阻温度计问世以来,各种金属电阻温度计纷纷出现。金属电阻温度计被要求有较高的灵敏度、稳定性和复现性。在目前各种金属电阻温度计中,仍以铂电阻温度计的测量精度最高,可达 1/10 000 ℃,被认为是目前最精确的温度计。正因如此,铂电阻温度计不仅广泛应用于各工业部门,还可以作为基准温度计用于温标的标定。铂电阻温度计具有以下优点:

(1)电阻−温度系数较高;

(2)电阻率大;

(3)容易提纯,复现性和互换性俱佳;

(4)低温环境测温时仍有可用的电阻温度系数;

(5)灵敏度高,线性度好(尤其是在高温环境下),响应时间短,成本低,物理化学性质稳定(退火处理之后性能更优,可用作基准温度计的制备),满足对温度传感器的基本要求。

4.2.2　热电偶

热电偶是在电阻温度计的基础上发展而来的新型温度检测仪器,由于其主要功能已经不仅局限于检测瞬时温度,而是倾向于将热力学信号转化为电信号读取一个连续变化的温度过程,因此习惯上不再称之为温度计。通常来说,热电偶的主要感温元件是两种不同材质的金属丝,在一定的温度条件下发生热电效应,在闭合回路中产生感应电动势,再经过二次转化换算成温度值。在温度检测领域中,热电偶因其结构简单、制造方便、测量范围广及精度高等优点而受到广泛的应用,在其工作过程中不需要外加电源更成为其使用过程中的一大优势,因此常用来测量炉子、管道内气体或液体的温度及固体表面的温度。

1. 工作原理

热电偶的工作原理是赛贝克效应,又称第一热电效应,该原理在 19 世纪 20 年代初由德国物理学家赛贝克提出,因此以之命名。赛贝克效应的主要内容是因两种不同电导体或半导体的温度差异而引起两种物质间的电动势差的热电现象,其实质是两种金属接触时会产生接触电势差(即电压),该电势差取决于两种金属中的电子逸出功不同及两种金属中电子浓度不同。电流通过两种不同金属构成的结点时会吸放热的原因是在结点处集结了一个佩尔捷电动势,佩尔捷热正是这一电动势对电流做正功或负功时所吸放的热量。塞贝克效应的成因可以简单解释为在温度梯度下导体内的载流子从热端向冷端运动,并在冷端堆积,从而在材料内部形成电势差,同时在该电势差作用下产生一个反向电荷流,当热运动的电荷流与内部电场达到动态平衡时,半导体两端形成稳定的温差电动势。半导体的温差电动势较大,可用作温差发电器,这也正是热电偶在使用时不需外接电源的原因。

在热电效应的基础上,如果在热电偶回路中接入第三种金属材料,则只要该材料两个接点的温度相同,热电偶所产生的热电势将保持不变。换言之,热电效应产生的热电动势不受回路中第三种金属材料的影响。因此,在热电偶测温过程中,允许在回路中接入测量仪器,可接入测量仪表,在测得热电动势之后可换算得到被测物体或介质的实时温度。在热电偶测温过程中,约定测量端为热端,通过引线与测量电路连接的一端为冷端,这时必须要求冷端的温度保持不变,其热电动势大小才与测量温度呈一定的线性关系。若测量时,冷端的环境温度发生变化,将严重影响测量的准确性。这种在冷端采取一定措施,用于补偿因冷端温度变化而造成的影响称为热电偶的冷端补偿。与测量仪表连接需要使用专用补偿导线。

1885 年,法国化学家勒夏特列根据赛贝克效应制成了人类历史上第一支热电偶,并成功用其完成了测温试验。

2. 热电偶的分类

(1)按热电偶测温端金属的种类分类。

按热电偶测温端金属的种类划分,热电偶可以分为贵金属热电偶、廉金属热电偶、难熔金属热电偶和非金属热电偶。

①贵金属热电偶。一般来说,贵金属以惰性金属为主,其物理化学性质稳定,热电动势较高,如广泛应用于金属电阻温度计的铂也大量被应用在热电偶上,其氧化温度在600 ℃以上,完全满足多数条件下的使用要求。

②廉金属热电偶。一些常用的过渡金属,如铜、铁、镍和铝等及其合金,是制造廉金属热电偶的优良材料,其中镍铬合金在中低温时有较好的热电特性,应用较为广泛。

③难熔金属热电偶。难熔金属又称高温金属,其共同特点是原子序数较大,熔点较高,其中较有代表性的有钨、铼、铑、钼等。由难熔金属制备成的热电偶通常用于较高温度的测温场合,最常用的是钨铼热电偶,这两种金属的熔点都很高,金属铼的熔点是3 280 ℃,金属钨的熔点是 3 410 ℃,它们既可以制成合金热电偶,又可以单独使用,可以根据不同的检测环境选择。但是,这些难熔金属的缺点是容易氧化,不能长期暴露在氧化

环境或高温环境中,在这些环境中会导致其测量准确度下降,而且其氧化过程是不可逆的。

④非金属热电偶。虽然目前制作热电偶的材料以金属材料为主,但是非金属材料在热电偶领域也有着不可替代的作用。常使用的非金属材料有硼、碳、硼化物、碳化物以及它们之间形成的化合物。相对于金属材料制成的热电偶,非金属材料的抗拉强度较低,而且脆性大,易折断,因此非金属热电偶在实际应用中直径相对较大,不能应用于一些测试空间较小的应用场合,应用局限性比金属热电偶大。

(2)按热电偶是否标准分类。

热电偶还可以划分为标准热电偶和非标准热电偶两大类。其中,标准热电偶是指国家标准规定了其热电动势与温度的关系和允许误差范围,并且有统一的标准分度表的热电偶,这一类热电偶有与其配套的显示仪表供检测时选用。而非标准热电偶是指在使用范围或数量级上均不及标准化热电偶,一般也没有统一的分度表,常用于某些特殊场合的温度测量的热电偶,可以理解为某些领域专用的热电偶。从 1988 年 1 月 1 日起,我国的热电偶和热电阻全部按照 IEC 国际标准生产,在标准化热电偶中指定了 S、B、E、K、R、J、T 七种标准化热电偶作为我国统一设计型热电偶。

①S 型热电偶。S 型热电偶是一种贵金属热电偶,其正极的名义化学成分为铂铑合金,其中金属铂质量分数为 90%,金属铑质量分数为 10%,其负极为纯金属铂,因此俗称单铂铑热电偶。该型号热电偶长期使用的最高测试温度为 1 300 ℃,短期使用的最高测试温度可以达到 1 600 ℃。这是热电偶系列中量程较大、稳定性较好、精确度较高的标准化热电偶。与一些难熔金属制成的金属热电偶相比,其抗高温和抗氧化性能较好,在氧化性和惰性气体中均有较好的表现。也正是其出色的综合性能,使其曾经长期作为国际温标的内插仪器使用。但是,S 型热电偶热电势率较小,灵敏度较低,对污染非常敏感,而且成本高昂,所以选用时应当考虑到这些因素。

②B 型热电偶。具体地说,B 型热电偶是铂铑 30-铂铑 6 型热电偶,其正极名义化学成分为铂铑合金,其中金属铑质量分数为 30%,金属铂质量分数为 70%,其负极也为铂铑合金,但其中金属铑的质量分数仅有 6%。由于其正负极均为铂铑合金,因此一般又称双铂铑热电偶。该型号热电偶长期使用的最高测试温度为 1 600 ℃,短期使用最高测试温度可以达到 1 800 ℃。B 型热电偶在标准化热电偶系列中准确度最高,稳定性也最好,而且使用寿命也较长,其量程相对 S 型热电偶也较大。但其更大的优势在于不需要用补偿导线进行补偿,简化了测试过程。由于材料相近,因此 B 型热电偶的应用环境与 S 型热电偶相近,但其不适用于还原性气氛或含有金属、非金属蒸汽气氛中。B 型热电偶的缺点也与 S 型相同,选用时应当注意。

③E 型热电偶。E 型热电偶与上述两种型号热电偶的不同之处是使用了廉金属作为原材料,其正极为镍铬 10 合金,其负极为铜镍合金,名义化学成分是质量分数为 55% 的金属铜、近 45% 的金属镍及少量的钴、铁、锰等金属元素。E 型热电偶的量程较小,一般为 -200 ~ 900 ℃,其最高测试温度也相对较低。但是相对于 S 和 B 两种贵金属热电偶而言,廉金属合金作为电极的 E 型热电偶热电动势率较大,灵敏度也更高,适合制备成热电堆,用于测量微小的温度变化。E 型热电偶对高湿度气氛的腐蚀并不敏感,因此可以应

用于湿度较高的环境中。E 型热电偶的稳定性也较好,抗氧化性优于其他以铜合金作为电极的热电偶,而且其成本低廉,也可应用于氧化性和惰性气氛中,应用范围较广泛。

④K 型热电偶。与 E 型热电偶相同,K 型热电偶也是一种廉金属热电偶,而且 K 型热电偶是目前用量最大的廉金属热电偶,其总使用量几乎是其他类型热电偶的总和。K 型热电偶的正极材料为镍铬合金,名义化学成分是质量分数为 90% 的金属镍与 10% 的金属铬,其负极为镍硅合金,其主要成分是金属镍,占比为 97%,硅占比为 3%。其量程为 −200~1 300 ℃,最大测试温度几乎可以达到 S 型热电偶的水平,但是其线性度更好,热电动势较大,灵敏度高,稳定性和电极材料的均匀性都较好,抗氧化性更强,成本大为降低,也可用于氧化性和惰性气氛中,因此 K 型热电偶受到使用者的青睐。然而,K 型热电偶也有其短板,它不能直接在高温环境下用于硫、还原性或还原与氧化交替的气氛及真空之中,也不适用于弱氧化气氛中。

⑤R 型热电偶。R 型热电偶一般又称铂铑 13−铂热电偶,从这个名称可以看出,这也是一种贵金属热电偶。R 型热电偶的正极名义化学成分为铂铑合金,其中含有质量分数为 13% 的金属铑及 87% 金属铂,其负极材料为纯金属铂,长期使用最高测试温度为 1 300 ℃,短期使用最高测试温度为 1 600 ℃,这一指标与 S 型热电偶几乎相同。不仅如此,其在各方面的应用性能也与 S 型热电偶相当,缺点也几乎相同,但是在我国一直难以推广,除在进口设备上的测温有所应用外,国内大多数测温环境下均很少采用。20 世纪 60 年代末 70 年代初,英国 NPL、美国 NBS 和加拿大 NRC 三大机构联合进行了一项研究。结果表明,在稳定性和复现性方面,R 型热电偶的表现比 S 型更胜一筹。

⑥J 型热电偶。J 型热电偶又称铁−康铜热电偶,是一种价格比较低廉的廉金属热电偶,其正极的名义化学成分为纯铁,负极材料为铜镍合金,这种铜镍合金往往称为康铜,其名义化学成分是质量分数为 55% 的金属铜、近 45% 的金属镍及少量但必不可少的铁、钴、锰等金属元素。虽然这种材料称为康铜,但是与铜−康铜热电偶(即 T 型热电偶)中康铜的成分并不相同,康铜只是一系列铜镍合金的统称,名称相同并不意味着化学成分比例相同。J 型热电偶的测量区域一般在 −200 ~ 1 200 ℃,但大多数情况下的应用温度范围为 0 ~ 750 ℃。J 型热电偶的各项指标与 K 型热电偶相似,但 J 型热电偶可以用于真空环境和各种氧化还原气氛中,这是 K 型热电偶所做不到的。

⑦T 型热电偶。T 型热电偶又称铜−康铜热电偶,它是一种很好的用于测量低温的廉金属热电偶,其正极材料为纯金属铜,负极材料为铜镍合金,又称康铜,但成分与 J 型热电偶中的康铜成分不同,因此并不通用,但可以与 E 型热电偶中的铜镍合金材料互换通用。与其他类型金属热电偶不同的是,T 型热电偶主要用于测量低温,其量程在所有标准化热电偶中最小,仅为 −200 ~ 350 ℃,在 −200 ~ 0 ℃温度区间内性能尤其突出。该型号热电偶线性度好、热电动势较大、灵敏度较高、温度近似线性、复制性较好、传热快、稳定性和均匀性较好、成本低廉,其稳定性可小于 ±3 μV,经低温检定可作为二等标准进行低温量值传递。T 型热电偶的正极铜在高温下抗氧化性差,这也正是其温度上限受到限制的主要原因。

3. 热电偶的测量误差产生原因及处理方式

热电偶是目前业界广泛使用的测温装置,精度高、量程大及响应时间短是其在测温过程中的显著优势,但热电偶在使用过程中也会产生一些误差,有一些是固有原理上的误差,更多的则是使用操作不当造成的误差,消除或减小这些误差对提高测试精度有很重要的意义。

在所有造成热电偶测量误差的原因中,安装和传热原因引起的计量误差是最明显的,也是最容易造成和消除的。根据热电偶测温的原理可知,热电偶在实际使用时必须与被测介质接触,从而使感温元件的温度升高,通过热传导和热辐射的形式向电极的低温区传播热量,当这一过程达到平衡时,电路中就会产生一个相对稳定的电动势,从而检测出介质的温度。当利用这一原理检测气体温度时,精度会有所降低,所得到的温度值并不是气流实际的温度,这是因为气流与热电偶的测量端在接触时始终处于一种不平衡的状态,而这一误差的绝对值会伴随着测量端与介质之间热传导的加强而升高。

为解决这一问题,可以从两方面入手:一是削弱介质和热电偶之间的辐射传热,加强二者的对流传热,具体方法是在热电偶的管壁上铺设绝热层,用以降低热电偶和管壁之间的温差,或提高流体的流动速度,从而使其放热系数增加,减小热电偶丝的直径也可达到减弱热辐射的效果;二是减小导热误差,从而降低测量误差,从这个角度出发,可以适当增加热电偶丝的长径比,将热电偶的安装角度从垂直安装改为倾斜安装,仍保证测量端的方向与气流方向相对,这样可以充分保证导热效率,从而减小导热造成的测量误差。

此外,热电偶的热电效应不稳定也会导致热电偶的测量误差。热电偶的热电效应不稳定的主要原因有两个:一是热电偶丝的加工环境中有污秽或加工过程中热电偶丝中的应力没有完全消除;二是热电偶丝在加工过程中产生了不均匀性,这一特点在合金材料的热电偶丝中尤为明显。对应于热电偶丝中产生污秽和应力的问题,首先应该保证加工环境的整洁,其次在金属丝进行退火处理时要保证退火处理的部分深度大于使用要求的深度,并且退火处理的温度高于热电偶的量程上限,这样既可以去除金属丝中的应力,还可以有效去除杂质。对于贵金属热电偶,除上述步骤外,还要用四硼酸钠溶液清洗金属丝表面,保证金属丝加工合格。针对加工过程中热电偶丝组分的不均匀性,应当选用均质导体对热电偶进行制作,并在使用前进行检验,确保误差在允许范围内方可使用。

热电偶的电极是其进行温度检测的关键部件,制作热电偶时对正负极金属丝的选择直接影响到热电偶产生的热电动势的数值,从而影响到测量准确度。在实际应用中人们发现,热电偶参考端的电极温度不会稳定地始终保持在 0 ℃左右,而是会产生变化,这一变化就会导致试验误差的产生。解决这一问题的途径通常有以下三种:

(1)对热电动势进行补正;

(2)调整温度测量起始点;

(3)使用专用补偿器补偿。

除上述因素外,热电偶的检测精度还会受到以下其他因素的影响:

(1)中间连接器和延长补偿线不匹配;

(2)测试过程中正负极接反;

(3)安装点不正确(热电偶的安装原则是无论何种结构或者外形的热电偶,安装时其测温点和待测点必须保持一致);

(4)绝缘阻值达不到测量要求;

(5)测试环境中存在着一定程度的电磁干扰。

这些误差来源在加工和使用过程中是可以有效避免的。

4.2.3　温度传感器校准

温度传感器的应用目的是准确地测温,因此在投入使用之前需要对传感器的准确度进行校准,从而获得精确的测温起始点和灵敏度。我国对温度传感器校准的研究在近十年来取得了长足的进步。

与静态测量相比,动态测量对温度传感器的要求较高,不仅要求传感器和二次仪器的响应时间足够短,而且要将原始测量结果进行复杂的结算,得到最终测量结果,即信号恢复。为达到信号恢复的目的,传感器的动态响应特性必须是事先已知的量。动态校准就是在这样的客观条件的要求下诞生并发展起来的。

静态校准是以量值(或标量)表示的,而动态校准则是确定一个函数(或以矢量表示),温度计的校准因此也可以理解为在某一特定条件下测定其动态响应特性的过程,其主要内容就是根据试验所得到的外来激励和传感器响应数据建立起二者之间关系的数学模型,在该数学模型的基础上获得传感器的频率特性和动态响应指标。

1. 热电偶的校准原理和一般方法

对热电偶进行校准的一般原理是在稳定的温度场和热交换状态下,对待校准的温度传感器时间突变的温度场,即瞬时的温度阶跃信号,在温度传感器中就会产生相应的电信号响应。在这一变化过程中,将温度传感器的响应电信号记录下来,根据这一响应信号可以求出时间常数及热响应的时间。因此,在校准试验过程中,首先需要提供符合条件的速度场及较为稳定的温度场环境;其次应当具备产生阶跃变化温度场信号的条件,以保证对传感器进行可控的温度激励;最后应用数据采集系统采集传感器的电信号响应,并通过其与激励信号的关系计算出系统的动态响应特性及时间常数。目前,热电偶的动态标准有以下几种通用的方法。

(1)热风洞法。

热风洞法是将待校准的传感器迅速地放置到热风洞的流场中,利用热风洞试验环境下所产生的稳定均匀的气体流场,在传感器中产生阶跃温度激励。在校准之前,要保证热风洞中形成均匀且稳定的气体温度场,然后使用压力传感器和温度传感器对风洞内的总压和总温进行测定,同时待校准的温度传感器需要放置在冷气流装置中达到热平衡状态。上述准备工作完成后,借助弹射装置将冷气流装置弹开,使温度传感器几乎在一瞬间暴露在热风洞的气流场中,此时产生温度阶跃,即可对温度传感器进行校准。

在我国,长城计量测试技术研究所和上海交通大学的学者对热风洞法的校准技术进行了进一步的发展和改进,同时在《温度传感器动态响应校准》(JJF 1049—1995)中也给出了热风洞法的校准装置,并详细地提供了与之相应的测试方法和测试规范。但是热风洞法中产生的温度阶跃信号并不标准,当传感器的时间常数值较小时,产生的试验误差较大,且热风洞法校准传感器的过程成本较高昂。

(2)标准试验法。

相对于热风洞法而言,标准试验法的操作相对简单,成本也低廉很多,即在特定的初始温度下,先将待测热电偶放入介质中,待热交换过程稳定之后,迅速将热电偶从环境介质中抽出,并立即投入另一个不同温度的环境介质,通过近似于瞬间的温度变化,给予热电偶一个阶跃温度激励,从而计算出热电偶的动态响应特性。虽然标准试验法的校准过程可以如此简化,但是由于两个环境之间产生的温度阶跃是有限的,且对操作的速度要求较高,一般无法满足时间常数较小的温度传感器的校准,因此这种校准方法目前濒临淘汰。

(3)激波管法。

与热风洞不同,激波管是一种产生阶跃压力信号的试验装置,因此通常用于对压力传感器的校准,其组成部分有低压气室、高压气室和膜片。当高压气室中的气压突破特定的阈值时,膜片会被冲破,气体压缩到低压气室的过程中会产生激波,激波在产生阶跃压力的同时伴随着产生了阶跃温度,这一阶跃温度激励可用于对温度传感器的校准。但是,激波管法所产生的阶跃温度信号保持时间较短,其瞬时性不足以使传感器的输出响应达到稳定状态,因此并不适合对时间常数较大的温度传感器进行校准。

近期,我国的一些学者对激波管校准法进行了改造,激波管内的高压气体被改进为使用轴流风机和电加热器产生的温度均匀的气体,且具有较高热熔值,而被校准的传感器安装在低压气室的管壁上。这种改进措施保证了高压气室产生的激波气体可以持续地对温度传感器产生激励,从而弥补了激波管法激励时间短的缺陷。

(4)恒温水/油槽法。

恒温水/油槽法以槽作为容器,将其中的水或油作为介质加热到指定的温度,并保持其恒定且均匀,将温度传感器迅速地放入液体中(可以借鉴热风洞法中的弹射方式),在接近瞬态温度激励的环境下,测得传感器的动态响应。这种方法产生的温度动态量程相对较小,受传感器进入液体速度的影响较大,因此其阶跃温度激励的上升时间也受到很大限制。为解决这一问题,目前通常采用的方法是对液体进行搅拌,一方面使其温度均匀,另一方面使其产生恒定流速,借助弹射或者位移装置将待校准的传感器放入液体中,二者之间的相对速度因此而增加,使校准误差有所下降。

(5)电加热法。

电加热法利用热电偶偶结的热阻效应,通过对热电偶两个电极施加电流,致使热电偶偶结产生温升现象,当热电偶达到热平衡时,切断电流,使热电偶受到负阶跃温度激励,以此来得到热电偶的动态特性。

(6)激光加热法。

激光具有高亮度、高方向性的特点,可以实现被辐照物体的温度快速上升。因此,激光器可以用来实现热电偶的温度激励。第一种实现方法是先利用激光器加热热电偶偶结,当其温度达到平衡状态时,切断激光光源,在这一瞬间使热电偶受到负的温度阶跃激励,这种方法通常用于现场校准;第二种实现方法是用激光光源对热电偶偶结直接进行辐照加热,在激光照射的瞬间使热电偶偶结受到正的温度阶跃激励;第三种实现方法是利用激光脉冲对热电偶施加脉冲温度激励,也可以达到与前两种方法相同的效果。

在激光加热法原理的基础上,借助激光的光学特性和光学仪器,可以得到更好的校准结果。有学者利用椭球镜的共轭焦点,应用二氧化碳激光器构建了一套瞬态表面传感器可溯源动态校准系统。在这一系统中,辐射温度计和待校准的传感器被放置在椭球反射镜的共轭焦点处,反射镜的表面有电镀形成的金属膜层,这一操作是为了提高热辐射的反射率。使用激光器对传感器进行加热,传感器表面温度表现出上升趋势。一方面热电偶表面的温度向其内部传导产生响应;另一方面表面热辐射通过反射镜反射到辐射温度计处,并以辐射温度计测量的表面温度作为传感器接收到的激励温度。该系统在使用之前需要事先应用待校准热电偶对辐射温度计进行静态标定。具体而言,就是在某一特定的激光功率下对被校准的热电偶进行加热,当热电偶具备稳定的输出信号时,记录下此时热电偶输出温度及辐射温度计输出电压,得到在这一激光功率下辐射温度计电压与温度之间的对应关系,然后再改变激光器的输出功率,重复上述操作,使得待校准热电偶得到多组不同的电压和温度关系,从而可以描绘出辐射温度计电压和温度的关系曲线,用于热电偶表面动态激励温度的测量。

但是,激光校准方法仍有其需要解决的技术问题,主要的技术瓶颈是照射在热电偶偶结上的激光光束不均匀,导致校准的结果准确性不佳。为解决这一问题,中国的学者进行了激光光束均匀化的研究。目前主要的解决途径是使用微透镜阵列法对激光光束做均匀化处理,并从几何光学的角度分析均匀光斑的尺寸和系统参数的关系,提出光斑的大小与微透镜阵列中中子透镜的尺寸与傅里叶透镜的焦距成正比,在成像型微透镜阵列中光板尺寸在一定范围内与两个微透镜之间的距离成反比,从光的波动学角度分析广场的分布情况,从理论上说明主透镜焦平面上的光场分布与入射光束和微透镜阵列数学函数的傅里叶变换成比例。这一系列激光校准理论的发展与丰富为激光校准的工程学实践打下了坚实的基础,使得激光校准的应用范围更加广泛。

(7)其他校准方法。

综上所述,任何能对热电偶施加突变阶跃激励的环境经过适当的改进都可以用来进行热电偶的动态校准,如炸药爆炸时瞬间产生的温度和火箭发动机点燃时的燃气射流。目前,利用火箭发动机的高温羽焰,对钨铼和镍铬—镍硅两种类型的细丝热电偶施加高温阶跃激励,可以得到该热电偶的动态特性和工作频带。此外,也有将待校准热电偶安装在充满气体压力的管体中,通过施加振荡温度研究热电偶动态响应特性的研究。这些方法实际上都脱胎于以上几种经典校准方法的原理,使用不同的突变温度阶跃激励往往能取得较好的校准结果。

总之,根据热电偶的校准原理已经衍生出多种不同的校准方法,这些方法在工业实践中已经得到了相当范围内的应用,没有一种方法是可以达到各种指标要求的,但是在不同的应用环境下可以选择合适的校准方法。因此,科学地选择热电偶校准方法也是很重要的一项工作,而这项工作的基础就是要明确在校准过程中试验误差的来源及如何消除或减小误差,增加校准结果的可信程度。

2. 热电偶校准的误差来源与分析

前面对热电偶校准的原理与技术已经进行了充分的阐述。一般来说,热电偶校准系统由三部分构成:一是标准传感器,用于检测激励温度的值;二是保持恒定的温度系统,用于提供对传感器产生的阶跃温度激励信号;三是测试及数据采集处理系统,用于对激励和响应信号进行函数计算。校准过程产生的误差无疑也来自这三部分中的一部分或几部分。因此,热电偶校准的误差来源基本可以划分为标准传感器误差来源、恒温系统误差来源、测试与数据采集分析系统误差来源及测试环境误差来源四个方面。事实上,来源于这四个方面的误差都是不可能完全避免的,因此本书只讨论减小试验误差的问题。

(1)标准传感器误差来源。

在传感器校准过程中,标准传感器的作用是检测温度介质和产生温度激励的温度值。应当意识到,标准传感器在生产和校准过程中也存在上述四个方面的误差,只是相对而言该误差在标准传感器可接受的范围之内。因此,标准传感器误差来自其自身的生产和校准。

如前文所述,目前一般作为标准传感器使用的是铂电阻传感器,其各方面特性优良,在此不再赘述。因此,为减小标准传感器在校准过程中的误差,应当保证使用的标准传感器必须严格遵守相关计量检定规程,按期按要求进行相应等级下的校准。此外,由于标准传感器是可以重复使用的测量仪器,因此在使用过程中一定要注意保护传感器不受到外力或其他方面的损伤或破坏,这种损伤或破坏轻则影响标准传感器的测量精度,重则可能造成报废和浪费。

(2)恒温系统误差来源。

校准系统中恒温系统的主要作用是提供一个恒温环境,从而保证对校准过程中的激励温度值保持一个可知的状态。一般来说,衡量一个恒温系统是否符合校准的实验要求,有两个指标必须引起足够重视,即稳定性和均匀性。

①稳定性。温度场的稳定性是指恒温系统在达到试验所要求的温度后,其系统温度随时间变化的保持稳定的程度。由于待校准的温度传感器和标准温度传感器都具备一定的体积,因此当其进入温度场介质中后,必然会有一个重新达到热平衡的过程。此时,由于两种传感器热容的差异,因此达到热平衡的时间必然不会同步,二者之间的差值就会成为校准试验误差的一部分。

检测温度场稳定性的方法也比较简单。将体积相对较小的温度传感器放入温度场介质中,使其敏感部位接近容器的中下端,待温度场稳定之后,每隔一定的时间间隔记录一次温度场的实时温度,持续 10 min 左右,然后将数据中的温度值与初始温度值进行比较,即可获得最大变化值。将其与可接受的误差范围进行比较,从而确定该温度场是否适合用于传感器的校准工作。

②均匀性。温度场的均匀性是指在恒温设备所提供的温度场中,设备的不同位置实时温度的均匀性。在热电偶校准过程中,如果待测热电偶的测试温度与标准传感器的温度出现偏差,这个差值就足以造成在校准过程中的试验误差。因此,在某个特定的温度场中,温度场的均匀性越好,用来校准温度计时产生的试验误差就越小。

检测温度场温度均匀性的方法比较简单,即使用标准传感器在温度场的不同点和不同深度检测温度,将各点处的温度进行对比,如果最大温度偏差在可接受范围内,则认为该温度场是均匀的,可以用于传感器的校准试验。在校准试验中,也应当使校准传感器与标准传感器尽量在相同深度处,可以减小这部分的误差。

(3)测试与数据采集分析系统误差来源。

在温度传感器动态校准系统中,测试与数据处理采集系统的作用是为待校准的传感器提供外来温度激励,检测并记录传感器的输出信号,并根据输入和输出信号的特征计算传感器的动态特性,这一分析系统一般由多个硬件设备组成。构成测试与数据采集分析系统的硬件有数据采集器、电子计算机(同时包括进行数据处理的软件)、电力学仪表(一般包括电流表和电压表)和高精密的电阻器等。这些硬件中的每一部分的微小误差都可能造成校准试验的试验误差。在这个系统中,主要的误差来源是数据处理系统中计算方法造成的误差。在计算传感器动态响应特性时,不同的数据采集处理软件的算法不尽相同,计算过程中会做不同的近似计算,这些近似计算的精确度是不同的。因此,进行校准试验时要慎重设计或选用测试和数据采集分析系统,确保系统误差在可接受的范围内。

(4)测试环境误差来源。

在受到外部环境干扰、电源波动时,测试仪器设备的输出可能会发生无规律的变化,这也是校准试验中误差的一个主要来源。

对测试环境干扰产生误差的问题,可以用高精度电阻器等相关的试验设备进行评估,确定是否存在此类干扰。具体操作是在较长一段时间内,在外部温度环境没有发生变化的前提下,连续观察测试设备的输出是否发生了漂移现象。若发生了漂移现象,则观察并记录漂移量的大小。

在测试过程中如果漂移量较大,则表明这种环境下不适合进行传感器的校准试验;如果漂移量较小,但无法消除这种漂移,则允许继续进行校准工作,但是要注意在校准过程中尽量缩短同一次测试中对各个测量参数读数时间的间隔,从而尽量减小时漂对校准结果的影响。

4.3　非接触式温度检测

如前文所述,温度的测量在研究、工业生产和日常生活中有着广泛的应用,伴随着不同情况下越来越多的社会需求,温度测试仪器经历了从温度计到热电偶的历史性演变。同时,在国际温标的不断发展支持下,热电偶从材料到使用标准形成了一个完整的体系。但是,这些设备都是在接触式测温的基础上发展而来的,在有些情况下,接触式测温有着天然的缺陷。以工业上高炉炼钢或工业表面改性为例,整个过程需要对温度进行实时检测和控制,而由于炉温或试件表面温度过高,其温度变化过快,因此以前所应用的铂铑热电偶需要与炉壁和试件接触才能达到测试目的。然而,接触式测温首先需要达到热平衡才能准确测温,而这种工况下温度的迅速变化为待测物体和热电偶之间的热平衡设置了障碍。此外,某些工况下,测试环境中的有害物质会加速热电偶测试电极的老化、腐蚀和氧化等,导致测量结果发生较大偏差。为解决这一类问题,基于热辐射理论基础,非接触式温度检测日益发展起来。

非接触式温度检测的主要仪器设备是光学温度传感器,测试过程中不必与被测物体产生热接触,因此也并不用等待二者之间产生热平衡,其优势在于可以实时检测温度变化较快的物体温度。也正是由于二者之间并不用接触,因此检测过程不会对待测物体的状态产生任何干扰,这使得温度测量结果精确度进一步提高,可以测量的温度范围也得到进一步扩大。目前,通过对光学温度传感器进行三维空间设计,已经可以实现对空间某一点处的实时温度检测。因此,非接触式温度检测技术已经成为测试领域一个日益重要的组成部分。

4.3.1　热辐射的理论基础

热辐射是热量传递的一种重要方式,其主要内容是物体因为具有温度而辐射电磁波的现象。一般而言,物体的温度越高,辐射出的电磁波能量就越大,其中的短波成分也就越多。热辐射产生的光谱是连续谱,理论上,其辐射出的电磁波波长范围可以从 0 到无穷。一般的热辐射主要靠红外线和波长较长的可见光传播。当环境温度比较低时,主要是以不可见光中的红外光进行辐射;而当物体的温度较高时,热辐射中最强的波长成分分布在可见光区。众所周知,电磁波的传递不需要任何介质,因此在真空中唯一的传热方式就是热辐射。

热辐射理论的重要物理定律有四个:普朗克辐射分布定律(即"黑体辐射定律")、斯特藩－玻尔兹曼定律、基尔霍夫辐射定律和维恩位移定律。一般将这四个定律统称为热辐射定律。在热辐射测温中,主要理论基础是普朗克辐射分布定律。

在讨论热辐射物理定律之前,首先介绍辐射能的分配规则。

当辐射能投射到物体表面时,在一般情况下,一部分被物体吸收,一部分被反射,另一部分则可以直接透过物体。因此,可以用数学关系表达为

$$\frac{Q_\alpha}{Q_0}+\frac{Q_\rho}{Q_0}+\frac{Q_\tau}{Q_0}=\alpha+\rho+\tau=1 \tag{4.7}$$

式中　Q_0——投射到物体表面的全部辐射能;

　　　Q_α——被物体吸收的一部分辐射能;

　　　Q_ρ——被物体反射的辐射能;

　　　Q_τ——直接透过物体的一部分辐射能;

　　　α——吸收率;

　　　ρ——反射率;

　　　τ——透射率。

根据这三个物理量的取值不同,可以将自然界的物体分为以下几类。

(1)若 $\alpha=1$,则代表物体可以吸收来自外界的全部辐射能,这种物体称为绝对黑体,简称黑体。

(2)若 $\rho=1$,则代表物体可以反射来自外界的全部辐射能,这一类物体称为绝对镜白体,简称白体或镜体。

(3)若 $\tau=1$,则代表该物体既不吸收也不反射外界辐射能,而是使其穿透,这种物体称为绝对透明体,简称透明体。

(4)对于一般的工程材料而言,透射率 $\tau=0$,而 $\alpha+\rho=1$,即不具备穿透性,只能吸收和反射辐射能,这一类物体统称灰体。

1. 普朗克辐射分布定律

普朗克辐射分布定律简称"普朗克定律",又称"黑体辐射定律",由著名理论物理学家普朗克提出,其主要内容是在任意温度 T 下,从一个黑体中发射出的电磁辐射的辐射率

与频率之间的关系。在普朗克的理论中,"黑体"是一个理想化的物体,于 1862 年由基尔霍夫命名并引入到热力学领域内。它能够吸收外来的全部电磁辐射,并且不会产生任何反射与透射,即黑体对于任意波长的电磁波的吸收系数为 1,因此物理学家以黑体作为热辐射研究的标准物体。

在该定律中,电磁波波长和频率的关系可以表达为

$$\lambda = \frac{c}{\nu} \tag{4.8}$$

式中　c——光速。

有时,普朗克定律也可以写作能量密度谱的形式,即

$$u_\nu(\nu, T) = \frac{4\pi}{c} I_\nu(\nu, T) = \frac{8\pi h \nu^3}{c^3} \frac{1}{e^{\frac{h\nu}{kT}} - 1} \tag{4.9}$$

式中　I——辐射率,即在单位时间内从单位面积和单位立体角内以单位频率间隔或单位波长间隔辐射出的能量,J·s·m·sr·Hz;

　　　ν——频率,Hz。

式(4.9)指单位频率在单位体积内的能量,单位是 J/(m³·Hz)。对全频域积分可以得到与频率无关的能量密度。一个黑体的辐射场可以看作光子气体,此时的能量密度可以由气体的热力学参数决定。

能量密度频谱也可以写成波长函数的形式,即

$$u_\lambda(\lambda, T) = \frac{8\pi hc}{\lambda^5} \frac{1}{e^{\frac{hc}{\lambda kT}} - 1} \tag{4.10}$$

式中　λ——波长,m;

　　　T——黑体的温度,K;

　　　h——普朗克常数,J·s;

　　　c——光速,m/s;

　　　e——自然对数的底,e≈2.718 28;

　　　k——玻尔兹曼常数,J/K。

2. 基尔霍夫辐射定律

基尔霍夫辐射定律是由基尔霍夫于 1859 年提出的传热学定律,其内容是描述物体的发射率与吸收比之间的关系。也正是在这一研究中,基尔霍夫首次提出并引入了"黑体"这一概念。

一般研究辐射时采用的黑体模型由于其吸收比为 1,而实际物体的吸收比往往是一个大于 0 小于 1 的常数,因此基尔霍夫热辐射定律在此基础上给出了实际物体的辐射出射度与吸收比的关系,该关系可表示为

$$\alpha = \frac{M}{M_b} \tag{4.11}$$

式中　M——实际物体的辐射出射度;

　　　M_b——相同温度下黑体的辐射出射度。

而发射率 ε 的定义也就确定为

$$\varepsilon = \frac{M}{M_b} \tag{4.12}$$

显然

$$\varepsilon = \alpha \tag{4.13}$$

因此,当在热平衡的条件下时,物体对热辐射的吸收比恒等于同温度下的发射率。而对于漫灰体,无论是否处在热平衡条件下,物体对热辐射的吸收比都恒等于同温度下的发射率。

3. 斯特藩－玻尔兹曼定律

斯特藩－玻尔兹曼定律是热力学中的一个著名定律,又称斯特藩定律,是由斯洛文尼亚物理学家约瑟夫·斯特藩和奥地利物理学家路德维希·玻尔兹曼各自独立提出的,其内容为一个黑体表面单位面积在单位时间内辐射出的总功率(称为物体的辐射度或能量通量密度)j^* 与黑体本身的热力学温度 T(表达为绝对温度)的四次方成正比,用数学语言表达为

$$j^* = \varepsilon \sigma T^4 \tag{4.14}$$

式中　j^*——辐射度,具有功率密度的量纲,$J/(s \cdot m^2)$;

　　　T——黑体的热力学温度,K;

　　　ε——黑体的辐射系数,如果对象为绝对黑体,则有 $\varepsilon = 1$;

　　　σ——比例系数,又称斯特藩－玻尔兹曼常量,该常量可以由自然界其他已知的基本物理常数计算得到,因此并不算作基本物理量,其值为 $5.670\ 373\ 21 \times 10^{-8}\ W \cdot m^{-2} \cdot K^{-4}$,其计算表达式可以写成

$$\sigma = \frac{2\pi^5 k^4}{15c^2 h^3} \tag{4.15}$$

4. 维恩位移定律

维恩位移定律是由德国物理学家威廉·维恩针对黑体研究提出来的。该定律的内容是在一定温度下,绝对黑体的温度与辐射本领的最大值相对应的波长 λ 的乘积为一常数。这一定律表明,当黑体的温度升高时,辐射本领的最大值将向短波方向移动。维恩位移定律的杰出之处在于它不仅与黑体辐射试验获得的短波部分相符,即使是在整个能谱范围内,也有很好的契合度。这是经典物理学对黑体辐射问题所能做出的最大限度的探索。

维恩位移定律可以表达为频率形式,即

$$f_{max} = \frac{\alpha k}{h} T \tag{4.16}$$

式中　f——频率,Hz;

　　　h——普朗克常数;

　　　α——数值求解最大值方程得到的常数,其值约为 $2.821\ 439$;

　　　k——玻尔兹曼常数;

　　　T——绝对温度,K。

需要注意的是,以上频率形式中的辐射能流密度定义为通过单位面积、单位宽度的频率带在单位时间中辐射出的能量,而波长形式的辐射能流密度则定义为通过单位面积、单

位宽度的波长范围在单位时间中辐射出的能量。因此,使用两种不同表达形式的温恩定律中的 f_{max} 和 λ_{max} 所对应的并不是同一个辐射峰,二者之间并不满足普朗克方程中频率与波长之间的关系。

维恩位移定律在工业生产、科学研究和日常生活中有广泛的应用,它可以通过比较物体表面不同区域的颜色变化情况来确定物体表面的温度分布,这种以图形表示出热力学温度分布的形式又称热象图。利用热象图的遥感技术可以监测森林防火,也可以用来监测人体某些部位的病变。热象图的应用范围日益广泛,在宇航、工业、医学、军事等方面的应用前景很好。

5. 热辐射原理测温的具体表述

由上述内容可知,黑体的辐射光谱取决于黑体的热力学温度。在这一理论基础上,热辐射测温法主要可以分为全辐射测温法、亮度测温法和维恩位移峰值法。

(1)全辐射测温法。

全辐射测温法的理论基础是斯特藩一玻尔兹曼定律,将光谱辐射的射出度在整个波长范围内进行积分,可以计算得到单位面积全波辐射能通量,即

$$M_0 = \sigma T^4 \tag{4.17}$$

式中 M_0——温度为 T 时,单位时间从单位面积上辐射出的总辐射量,定义为总辐射度;

σ——斯特藩一玻尔兹曼常量;

T——开氏温标下物体的温度。

因此,当 M_0 的值确定以后,温度 T 就可以通过计算获得了。测定 M_0 的值就是全辐射测温法要做的主要工作。

(2)亮度测温法。

若将普朗克公式以亮度为中心导出,则可以得到

$$L_{0\lambda T} = \frac{C_1}{\pi \lambda^5 e^{\frac{C_2}{\lambda t}} - 1} \tag{4.18}$$

式中 $L_{0\lambda T}$——光谱的单色辐射量度;

C_1——第一普朗克系数,其值为 $3.741\ 8 \times 10^{-16}$ W·m;

C_2——第二普朗克系数,其值为 $1.438\ 8 \times 10^{-2}$ m·K;

π——圆周率常数;

λ——波长;

T——绝对温度表示的物体温度。

这就表明,当测得辐射体的辐射量度时,整个表达式中只有温度 T 一个未知量,因此可以解算出物体的温度值。

(3)维恩位移峰值法。

维恩位移峰值法与亮度测温法的思想是一致的,不过这两种方法采取的测量物理量不同。维恩位移峰值法的理论基础是普朗克方程给出的黑体单色辐出度和温度与波长之间的数学关系,即

$$M_{0\lambda T} = \frac{C_1}{\lambda^5 e^{\frac{C_2}{\lambda T}} - 1} \tag{4.19}$$

式中　　$M_{0\lambda T}$——温度为 T 时黑体的辐出度。

　　其他各个字母表达的物理量含义与亮度测温法中介绍的一致,此处不再赘述。由普朗克公式可知,单色辐出度存在最大值,对普朗克公式求极值即可获得,它对应的峰值波长与温度的乘积是一个确定的常数。因此,只要这个值得到确定,温度值便可以求解。

　　以上三种方法各有利弊。全辐射测温法原理上是通过测量辐射体所有波长的辐射总能量,再计算获得物体的温度值。这一方法的优点是测点较为全面,因此其得到的温度值相对准确。但是在测温过程中需要考虑温度计产生的光谱效应,因为这会对测温过程产生试验误差,需要进行修正。修正后,在没有其他背景辐射干扰或近似的条件下,可以认为全辐射法可以获得较为精确的物体温度。

　　与全辐射法相比,亮度测温法只是测量单色辐射亮度,进而解算出物体温度,但辐射过程中并非只有单色光光谱,因此在原理上会产生一定的试验误差,获得的温度值精确度相对偏低。

　　维恩位移峰值法相对于以上两种测量方法而言比较简单,仅通过测量最大波长 λ_m 便可以确定物体温度。但是,考虑到各种背景噪声影响及其他辐射干扰,该值的准确测定存在难度,从根本上就会产生较大的误差。

　　在实际工程应用中,应当从不同环境下对测量精度和成本的要求出发,合理地选择测温方法。维恩位移峰值法和亮度测温法的优点是操作简单,但这两种方法精确度不高,适用于对测量精度没有特殊要求及要严格控制成本的场合,全辐射法则适用于对测量精度要求比较高的环境下。近年来,在上述理论的基础上,形形色色的非接触式测温的温度计得到了发展和应用,下面将一一做详细阐述。

4.3.2　单色辐射式光学高温计

　　光学高温计是以非接触的方式测量物体表面温度的代表性仪器,其通常应用在 $700 \sim 3\ 200\ ℃$ 的温度范围内。

　　光学高温计广泛应用于各种生产过程的测量,如锻造、热处理、冶金及玻璃熔炼等。作为使用标准,基准光学高温计作为金凝固点 $1\ 064.43\ ℃$ 以上温标传递使用。

1. 作用原理

　　光学高温计的设计原理来源于韦恩位移公式或普朗克公式,即物体的辐射强度是波长和温度的函数。因此,当波长被选定为某一确定值后,辐射强度就仅作为温度的函数而存在了。在工程应用中,通常选定红光作为光学高温计的应用光束,其波长为 $0.65\ \mu m$。此外,单色辐射亮度与辐射强度成正比,所以在这样的前提下测定物体中红光的亮度就能计算得到物体的温度。

　　一般来说,这一原理在应用过程中是将被测物体所发出的红光的亮度与标准光度灯的灯丝亮度进行对比。工业上,光学高温计曾一度得到广泛的应用,这种高温计根据其工作时的表现又称灯丝消隐式或灯丝隐灭式高温计。

　　标准光度灯的灯丝亮度是可调的,调节过程通过改变通过灯丝的电流强度来实现。在进行测量时,人工调节灯丝电流的强度,直到灯丝的亮度与被测物体的亮度一致,这一现象的出现就标志着此时二者的温度已经相等。同时,灯丝中的电流强度与温度之间存在着对应关系,因此就可以测得物体的温度。在实际应用过程中,往往直接跳过电流测量这个中间过程,直接将仪表用温度来标示刻度,通过直接读数即可测定物体的温度值。

测量过程中,灯丝的亮度与背景(即被测物体)的亮度之间的对比主要是靠人的眼睛观察的。由于人眼对于光照亮度的差别反应很敏感,对于有着长期相关工作经验的工作人员来说,即使有些细小的差别也能分辨清楚,因此综合来看,光学高温计的测温精度较高。

2. 结构特点

在一般光学高温计的结构中,物镜和目镜是可以沿轴向移动的,这样的设计便于调节焦距。调节物镜的焦距使得物体可以成像在灯丝上,而调节目镜的焦距则有利于很方便地看清灯丝和被测物体。调节变阻器的目的是调节通过灯丝的电流大小,从而调节灯丝发出的光线亮度。至于调节的电流值,可以从毫安计上读出,从而可以知道温度。红色滤光片用于保证只有一定频率的单色光通过,而灰色滤光片的作用是提高可测量的温度上限。当灯丝的温度超过 1 400 ℃时,作为灯丝主要材料的金属钨会发生氧化和升华现象,由于物质发生的化学和物理变化,因此高温计的分度特性会遭到一定程度的破坏。加装灰色滤光片则可以有效降低这种被破坏的程度,其主要原理是减弱被测物体的亮度,然后再将其与灯丝的亮度进行对比,从而在现有的基础上很大程度地提高高温计的测温上限,以至于有些高温计可以测得 10 000 ℃以上的高温。当然,加装灰色滤光片后,整个高温计要进行重新分度,以保证测量的准确性。

各种辐射原理的高温计都是使用黑体进行分度的,光学高温计也并不例外。通常使用黑体炉作为黑体辐射源,然后使用标准光学高温计给出每一个确定的温度值,测出被分度的辐射高温计的输出值。在有些情况下,直接用温度在高温计上标示刻度。

高温黑体炉目前仍是比较昂贵的设备,其在工作时有能耗高的特点。但是,在特定情况下可以使用成本低、使用起来较方便的温度灯作为黑体炉的替代品,充当辐射源的角色,使用经过校准的高一级的测温仪表(如标准光学高温计)给出温度灯的亮度温度。

温度灯本质上是一种白炽灯,但是其灯丝并不像家用白炽灯泡一样使用钨丝,而是具有一定尺寸的钨带。将温度灯接入电路中,通以电流时,钨带的中间部位将会产生一个均匀的高温区,从而发出亮光。当对电路中的电流进行调节后,钨带的高温区可以稳定在某一特定的温度值上。在使用过程中,有专用的直流电源给温度灯供电,其工作电压为 8 ~ 12 V,其使用寿命通常在 30 ~ 200 h 范围内不等。国产常用温度灯的使用参数见表 4.1。

表 4.1　国产常用温度灯的使用参数

温度灯型号	工作温度范围/℃	上限温度的最大电流/A
BW-1400	800 ~ 1 400	12
BW-2000	1 400 ~ 2 000	22
BW-2500	2 000 ~ 5 000	28

3. 误差分析与读数修正

由前文可知,光学温度计的读数主要靠人眼观察进行比较和判断,所以应用到日常生活或者工业生产中,工作效率和准确程度自然受到工人技术熟练程度的影响,读数的过程中必然会引入观测者的主观误差。对于接受过专业训练的熟练操作员,可以将测量误差控制在 ±0.5 ℃ 以内。

此外,中间吸收介质或其他发光物体的存在也会导致试验测量结果产生误差,这种误差的引入将会导致很不理想的测量结果,甚至难以计算出温度数值的大小。因此,在使用过程中应当注意光学高温计与被测物体之间的距离,测量距离会对测量的结果产生影响,操作人员应该尽量将二者之间的距离保持在规定的距离范围之内。根据实际应用场景中得到的经验,光学高温计和被测物体之间的距离保持在 $0.7 \sim 5$ m 为最佳。

光学高温计是用黑体进行分度的,使用时利用对物体亮度的观测来测温。因此,读数是被测物体的亮度温度,在这一步骤完成后,还应当根据物体的亮度温度解算出物体的真实温度,从而对光学高温计的读数进行修正。解算过程如下。

假设某一灰体的真实温度为 T,应用灰体的维恩公式(式(4.11)),代入单色辐射亮度公式中。物体的单色辐射亮度是物体在每单位立体角内发出的单色辐射强度,用 L_λ 表示,其计算方法为

$$L_\lambda = \frac{E_\lambda}{\pi} \tag{4.20}$$

因此,将其与维恩公式并列之后,可以得到

$$L_\lambda = \frac{1}{\pi} A_\lambda c_1 \lambda^{-5} (e^{\frac{c_2}{\lambda T}})^{-1} \tag{4.21}$$

再假设黑体的真实温度为 T_S,可以得到

$$L_{0\lambda} = \frac{1}{\pi} c_1 \lambda^{-5} (e^{\frac{c_2}{\lambda T_S}})^{-1} \tag{4.22}$$

根据亮度温度的定义有

$$L_\lambda = L_{0\lambda} \tag{4.23}$$

即

$$\frac{1}{\pi} c_1 \lambda^{-5} (e^{\frac{c_2}{\lambda T_S}})^{-1} = \frac{1}{\pi} A_\lambda c_1 \lambda^{-5} (e^{\frac{c_2}{\lambda T}})^{-1} \tag{4.24}$$

将上式化简之后可以得到

$$\frac{1}{T} - \frac{1}{T_S} = \frac{\lambda}{c_2} \ln A_\lambda \tag{4.25}$$

根据式(4.25)可以得出,如果得知灰体的单色吸收系数 A_λ 的值,并测得它的亮度温度 T_S,就可以计算出灰体的真实温度 T。而在实际应用中,是将不同的单色吸收系数值式的亮度温度所对应的真实温度计算出来,列成表格以供查阅使用。一般来说,灰体的亮度温度总是低于其真实温度,只有当单色吸收系数值为 1,即物体为黑体时,亮度温度和真实温度才会相等。

4. 光电高温计

由前文中对光学高温计的介绍可知,光学高温计主要是通过使用者肉眼观察被测温

度和灯丝的亮度来完成测温任务的。这样的做法一方面导致测量精度因操作者的熟练程度而异;另一方面决定了测量速度不会很快,测量效率不会很高。此外,还会引入一些不可避免的主观误差。因此,在光学高温计的基础上,为克服其上述缺点,光电高温计诞生了。

光电高温计在测量原理上与光学高温计是基本相同的。二者之间的区别在于光电高温计是使用光电元件来代替人类的肉眼作为感受元件的,这样就消除了操作者在观察过程中的主观引入误差。当采用光电池作为感受元件时,其光电流与被测物体的亮度呈现出正相关的关系。因此,可以根据光电流的强弱来直接判断被测物体在某一时刻的温度。如果让光线先通过红色滤光片,再照射到光电池上,那么其得到的结果将与光学高温计的测量结果相同,是被测物体的亮度温度,修正方法前文已经述及,此处不再赘述。

光电高温计具有复现性好、灵敏度高、反应快、测量精度高等明显的优点,因此一经问世就得到了迅速的发展和广泛的应用。目前,光电高温计已经具备取代光学高温计的条件,在温标传递和精密测量等领域占有一席之地。工业上,光电高温计还可用于控温系统中,实时显示被测物体的温度。

光电高温计在使用过程中,要使被测物体经过物镜聚焦后所成的像具有足够大的尺寸,从而保证有足够多的光束照射到光电元件上,保证测量过程的准确性。因此,引出 D/L 值的概念,其中 D 是指被测物体能对光电元件或者说传感器起作用的有效直径,而 L 则表示传感器和被测物体二者之间的距离。显然,在使用过程中要使这一数值保证在一个合理的区间。目前得到应用的光电高温计在出厂时已由厂家标定,用户根据各自需求选用即可。

4.3.3　全辐射式光学高温计

全辐射式光学高温计的测量下限一般低于普通光学高温计,而且与光电高温计一样不受操作人员主观误差的影响,使用起来简单方便,可以自动连续测量、指示并记录数据,但是测量过程中产生的误差高于普通光学高温计。

1. 作用原理

全辐射式光学高温计的理论依据是斯特藩－玻尔兹曼定律,该定律在前文中已有详细介绍,本节将要讨论的是如何测量所有波长下的全部辐射能。

根据前文的介绍可知,黑体具有可以吸收投射在其身上所有辐射能的特点。因此,在仪表的制造过程中,采用一块表面较粗糙且被完全涂成黑色的铂片,可以近似地当作黑体来使用。而当此过程中使用的铂片尺寸被确定后,其热容量也将成为一个确定的数值。当铂片吸收一定数量的热量后,其本身的温度就会相对应地升高一定的数值,利用串联起来的热电偶就可以测出铂片此时的温度。虽然此时的测量温度与被测物体的温度实际上并不相等,但二者之间呈现正相关的关系。因此,在实际的使用过程中,铂片的温度可以用被测物体的温度进行刻度。

2. 结构特点

被测物体发出的辐射能经过物镜和光圈成像在近似为黑体的涂黑的铂片上,铂片呈十字形,铂片也将因此而升温。同时,串联的热电偶的测量端也经过焊接固定在铂片上。一般来说,全辐射式光学高温计的串联热电偶一组有四个,构成一个热电堆,每一个热电偶都是由镍铬－康铜材料制成的。此外,热电堆的另一端即参考端被固定在云母片上,这一端在安装时要尽量远离物象所在的位置。总体上看,热电堆和铂片等部分都封装在一个玻璃泡内,在玻璃泡中充入氩气或空气,也有部分产品会被抽成真空,然后在玻璃泡外罩上一个铜制的外壳,铜壳也要做涂黑的处理,并且开有两个尺寸确定的小孔,从而使射线得以通过。另外,在目镜的前面装有灰色或红色的滤光片,它们的作用与光学高温计中的滤光片不同,在这里只是用于保护眼睛。目镜的作用是用来检查瞄准情况,在瞄准时,应该使物象盖住十字形铂片,这样可以使测量结果较为准确。

3. 误差分析与读数修正

全辐射高温计的测量原理是对物体的辐射能力进行测量,并且使用黑体进行分度。因此,根据此原理测得的读数为物体的辐射温度,并非物体的真实温度,要使用相应的计算将其修正为物体的真实温度。

假设物体的真实温度为 T,其辐射温度为 T_P,将其分别代入黑体的斯特藩－玻尔兹曼定律的表达式中,根据辐射温度本身的定义可以得到

$$A\sigma_0 T^4 = \sigma_0 T_P^4 \tag{4.26}$$

将此式化简后可以得到

$$T = T_P A^{-\frac{1}{4}} \tag{4.27}$$

式中　A——灰体的吸收系数。

由上式可知,只要使用全辐射光学高温计测出辐射温度 T_P,在灰体的吸收系数已知的条件下,物体的真实温度 T 是可以通过简单的计算获得的。一般来说,这三者之间的关系也会预先计算并列成表格供操作者查阅使用。然而实际上,A 值在选用过程中很难做到准确,因此一般会产生较大的误差。因此,全辐射式光学高温计一般在测量黑体或近似于黑体的物体温度时会有较优异的表现。在测量灰体的温度时,不可避免地会产生测量误差。而无论被测物体是否为黑体,在测量过程中,由于中间介质的吸收作用,高温计的测量读数会产生一定程度的下降,因此与普通的光学高温计一样,在使用和操作的过程中,对仪器的测量距离也有较严格的要求。一般来说,测量物体和仪器之间的距离不要超过 1 m。此外,如果光学部分发生污染或其他较严重的干扰,高温计的读数也会发生不同程度的下降,在使用过程中一定要注意仪器设备的规范使用与清洁处理。

4. 比色高温计

比色高温计是辐射高温计的一种,根据受热物体发出的辐射线中两种波长下辐射强度之比随物体实际温度而变化的原理制成。测出两种波长下辐射强度之比,就可以知道受热物体的温度。与光学高温计相比,比色高温计测得的是真实物体本身的温度,这一数值不需要修正。

比色高温计的组成与一般光学高温计接近,只是增加到两个以上通道,从而测得不同的值。由于采用辐射强度对比的方法,介质吸收的影响较小,因此其精度较高,但是结构较复杂。近年来研制成功的数字式光电比色高温计由于采用了线性电路和 MOS 数字集

成电路,因此电路得到了较大的简化,从而仪器在结构上更加紧凑。这种数字式光电比色高温计的常用测温范围为 900 ~ 1 700 ℃(量程上下限之间间隔 500 ℃),其基本物产不大于 1‰,响应时间为 1 s,适用于冶金、动力等工业部门,尤其适用于移动物体高温自动检测。

　　试验表明,黑体单色辐射的极大值所对应的波长是随温度的升高而逐渐向波长较短的方向移动的。维恩位移定律明确表示了这种关系:黑体单色辐射强度的极大值所对应的波长(λ_m)与其绝对温度(T)成反比,用数学关系可以表达为

$$\lambda_m T = C \tag{4.28}$$

当波长以微米为单位时,常数 C 的值可以确定为 2 896 μm·K,因此上式可以直接改写为

$$\lambda_m T = 2\ 896\ \mu\text{m·K} \tag{4.29}$$

该方程表明,当物体的温度越高时,其单色辐射极大值所对应的波长越短;反之,则辐射极大值的波长越长。以太阳系的天体为例,太阳的表面温度可以达到 6 000 K,其最大放射能力的波长则为 0.475 mm;与之相对应,地球的表面温度低得多,只有 300 K 左右,因此其最大放射能力的波长几乎是太阳的 20 倍,为 10 mm。

　　根据维恩位移定律,将通过测量两个光谱能量比来测量物体温度的方法称为比色测温法,把实现这种测量的仪器称为比色高温计。用这种方法测量非黑体时所得到的温度定义为比色温度,又称颜色温度。根据比色温度的定义,应用维恩位移公式,可以推导出物体的真实温度与比色温度之间的数学关系,即

$$\frac{1}{T} - \frac{1}{T_S} = \frac{\ln \dfrac{\varepsilon x_{\gamma_1}}{\varepsilon x_{\gamma_2}}}{c_2 \left(\dfrac{1}{\gamma_1} - \dfrac{1}{\gamma_2} \right)} \tag{4.30}$$

式中　T——物体的真实温度;

　　　　T_S——比色温度。

　　常用的一种比色高温计是双通道比色高温计,其结构示意图如图 4.1 所示。

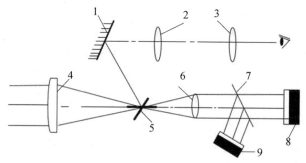

图 4.1　双通道比色高温计结构示意图

1—反射镜;2—倒像镜;3—目镜;4—物镜;

5—通孔反射镜;6—透镜;7—分光镜;8,9—硅光电池

由滤光片取得蓝光波长 $l_1 = 0.450$ mm,红光波长 $l_2 = 0.650$ mm。硅光电池 E_1 和

E_2 分别接收到红光与蓝光的辐射能量后,将在它们的负载电阻上产生电压 U_1 和 U_2。根据硅光电池的特性,则有

$$\frac{U_1}{U_2} = \frac{L_1}{L_2} \tag{4.31}$$

调节电位器 R_P 使测量电路的指示达到平衡,则电位器 R_P 上指示的位置与比值 U_1/U_2 对应。利用黑体辐射源可以对电位器 R_P 直接分读出所指示的温度值,即待测物体的比色温度。

比色温度计按照它的分光形式和信号的检测方法,可以分为单通道式与双通道式两种。通道是指在比色温度计中使用探测元件(一般称为探测器)的个数。单通道比色温度计使用一个检测元件,被测目标辐射的能量依次通过两个不同的滤光片调制后,射入同一个检测元件上。相对地,双通道比色温度计使用两个检测元件,分别接收两种波长光束的能量。单通道比色温度计又可以分为单光路式和双光路式两种。光路是指光束在进行调制前或调制后是否由一束光分成两束进行分光处理。没有分光的即为单光路式,要进行分光的则为双光路式。双通道比色温度计类别下又可分为调制式和非调制式。无论哪种比色温度计,都要计算两个光谱辐射量度比值。

(1)单通道单光路比色温度计。

对于单通道单光路比色温度计而言,被测物体的辐射能经过物镜聚焦,再由通孔反射镜达到光电探测器,也就是上文提到的硅光电池。通孔反射镜的中心开设一个通光孔,其大小可以根据距离系数调整改变,其边缘经过抛光处理之后进行真空镀铬处理。同步电动机带动光调制转盘转动,转盘上有两种不同颜色的滤光片,交替通过两种波长的光。硅光电池输出两个相应的电信号送至变送器进行比值运算和线性化。其中,反射镜、倒像镜和目镜组成瞄准系统,主要用于调节温度计。

由于采用一个检测元件,因此仪表稳定性较高。但是该温度计的结构中包含光调制转盘,使温度计的动态响应降低,动态品质下降,而且牌号相同的滤光片之间透过率(或厚度)的差异会影响到测量的准确度。

(2)单通道双光路比色温度计。

在单通道双光路比色温度计中,被测物体的辐射由分光镜(即干涉滤光片)分成两路不同波长的辐射光束,分别通过光调制盘上的通孔和反射镜,交替投射到同一个硅光电池上,转化成相应的电信号,再经过变送器处理实现比值测定以后,传递到显示器显示。单通道双光路比色温度计具有与单通道单光路比色温度计一样的优点和缺点。此外,它还有助于克服各滤光片特性差异的影响,使得测量准确度有明显的提高。然而,这种类型的比色温度计的结构更加复杂,光路调整较困难。单通道比色高温计的测温范围是 900 ~ 2 000 ℃,仪表基本误差为 1%,如果采用 PbS 光电池作为硅光电池的替代品,担负光电检测器的任务,则可以将该温度计的测温下限降低至 400 ℃。

(3)双通道比色温度计。

双通道非调制式比色温度计与单通道比色温度计不同,它不用振动圆盘完成调制功能,而是采用干涉滤光片或者棱镜作为分光镜,将被测目标的辐射分成波长不同的两束,分别投射到两个光电探测器(即硅光电池)上,其结构示意图如图 4.1 所示。

被测物体的辐射能经过物镜聚焦到通孔反射镜上，再经过透镜入射到分光镜上。入射光透过分光镜后投射到硅光电池 8 上，可见光则被分光镜反射到另一块硅光电池 9 上。在 8 的前面有红色滤光片可以将可见光过滤掉，在 9 的前面则有可见光滤光片用于过滤掉光线中的少量长波辐射能，两个硅光电池输出信号的比值即可模拟颜色温度。图 4.1 中，反射镜、倒像镜和目镜组成的瞄准系统与单通道比色计中的功能相同，可用于调整温度计。

双通道调制式比色温度计与上述非调制式比色温度计的结构较相似，二者之间的不同之处是前者是经分光镜分光和反射镜反射后所形成的两束辐射要向通过带通孔的光调制转盘同步调制以后再投射到两个带不同滤光片的检测元件上。

双通道比色温度计的结构较简单，使用便捷性好，动态品质相对较高，但是实现难度是系统中使用的两块硅光电池要保持一致性且不发生时变，因此测量准确度及稳定性较差。

从这一原理出发，辐射温度计目前已经发展到三波长、四波长甚至六波长的版本。此外，还有基于比色测温的减比测温法，即三个辐射亮度彼此相减之后再求比，利用比值与温度的关系测温。该方法不仅保留了比色测温法的优点，还使测温灵敏度和抗干扰能力有很大的提高。

上述比色高温计中选用的两波长分别为可见光与红外光。如果两个波长均选用红外光波段，则该仪表称为红外比色温度计，可以用于测量较低的温度。

比色高温计的测量范围为 $800\sim2\,000\,℃$，测量精度可接近量程上限的 $\pm0.5\%$。比色高温计的优点是测量的色温度值很接近真实温度。在有烟雾、灰尘或水蒸气等环境中使用时，由于这些媒质对 λ_1 及 λ_2 的光波吸收特性差别不大，因此由媒质吸收所引起的误差很小。对于光谱发射率与波长无关的物体（灰体），可直接测出其真实温度。上述优点都是其他类型的光测高温计没有的。由于比色高温计使用方便，因此在冶金和其他工业中的应用仍较广泛。

4.3.5　红外测温仪表

1. 红外测温技术概述

近年来，随着科学技术的发展，红外技术已经成为一门发展迅速并得到广泛应用的学科，其很重要的一个应用方面就是用于温度测量。红外测量已经发展为非接触式测温的一种重要手段，同时它还具备比其他测试技术更低的测温下限。另外，红外测温技术的灵敏度较高，动态特性也相对较好，可以用于遥测的应用环境，并且可以测出物体的温度分布，这是传统的温度计和光学高温计等仪器设备所不能及的。但是，从本质上来看，红外测温仪器与各种光学高温计的原理又无根本的不同，它们都是通过对辐射的测量来检测温度，在技术实现上并不困难。因此，科研工作者在认识到这些优点以后，对红外测温技术开展了深入的研究，以至于红外测温技术的发展非常迅速，各种类型的仪器在不同的社会工业领域中获得了越来越广泛的应用，并在应用过程中促进了红外测温理论的不断前进与发展。

任何一种物体，只要其本身的温度高于绝对零度，都会产生一定的红外辐射，只是在量的层面上会产生差异,其本质并无不同。然而,这种红外辐射是不可见的,它介于可见光与微波之间,波长在 0.8 μm~1 mm 不等。如果想办法将这一部分能量接收,并将能量转换为其他更加容易测量的物理量,那么根据红外辐射测试物体的温度必然是可以实现的。

经过不断的探索,科研工作者发现红外辐射的能量可以通过红外探测器接收,并可以将其转换成电量来测量,即通过非电量的电测法来达到测量红外辐射能量的目的。一些类型的红外探测器性能较好,可以使应用该红外探测器的测温仪器的量程温度下限拓展到 0 ℃甚至更低的温度。

目前,应用在日常生活和工业生产领域的红外测温仪器大致上可以分为两种:一种是用于测量被测对象的温度场,其优点是可以将某一个特定范围内的温度分布测量结果之和显示出来,这种仪器一般称为热成像仪;另一种则是用于测试物体局部的温度,其在结构和工作原理上与比色高温计或光学高温计很相似,这种仪器称为红外测温仪。与光电高温计类似,红外测温仪器的分度也是根据黑体假设来进行的,所以类似于光学高温计或光电高温计,红外测温仪器所测得的仪器读数也并非被测对象的真实温度,此处将其测得的读数称为假定温度。要得到物体的真实温度,还需做一些修正的工作。具体的方法将在后面的章节中展开详细论述。

2. 大气窗口以及红外光学材料

很多气体具有吸收红外辐射的作用,如人们所熟知的二氧化碳、水蒸气及存在于高空中的臭氧,这些气体对红外辐射的吸收能力相对较强;还有一部分气体,它们对红外辐射稍有吸收作用,这类气体的代表有一氧化氮、一氧化碳及甲烷等;除去这两类气体,还有一类气体对红外辐射并无吸收作用,如氧气和氮气。在地球的大气层中,上述例证中的气体均占有一定的比例,因此当红外辐射通过地表大气时,一部分辐射会被大气中的某些气体吸收,而不同的气体都会有各自的吸收带,大气中各种气体组分共同作用的结果,就是使通过大气的红外辐射被分成三个不同的波段,分别是近红外波段、中红外波段及远红外波段,这三个波段又称大气窗口。

除地球大气层中的各种气体对红外辐射的吸收外,其中的各种固体和液体的微粒(如尘埃、云和雾等)也有使红外辐射产生衰减的作用。因此,从理论上来说,当在需要穿过大气层使用红外测温仪器时,应当对此加以注意,如卫星遥感的使用情况。

除自然的红外辐射吸收物质外,人类自身制造和使用的一些固体物质也具备吸收红外辐射的作用。它们当中有些是可以很好地穿透可见光的材料,对于某些波段的红外辐射的吸收率很高。在制造红外测温仪器时,一定要选择能够使红外辐射很好地透过的材料来制造相关的透镜和红外窗口。

在人类社会的工业生产过程中,产生了很多符合上述特性的可用材料,但是目前还没有任何一种物质可以透过整个红外波段的辐射。因此,只能根据不同的仪器在不同的使用环境下的具体要求来选定仪器的工作波段,进而选用合适的材料。在三种不同的红外窗口中,使用频率较高的红外光学材料大致有以下几种。

(1)近红外波段。光学玻璃、石英。

(2)中红外波段。单晶体,如蓝宝石(即主要成分为氧化铝)和氧化镁等。

（3）远红外波段。硫化锌、砷化镓及硫化镉等。

3. 红外探测器及测温仪器

红外探测器是用来接收红外辐射并将其转变为电量的装置，本节主要介绍其主要性能参数及各种类型的红外探测器的工作原理。

目前所应用的红外探测器大致可分为两类：热敏红外探测器和光电红外探测器。其中，热敏红外探测器又可分为热敏电阻型红外探测器和热释电型红外探测器；光电红外探测器又可以分为光电导型红外探测器和光生伏特型探测器。热敏红外探测器的工作原理是红外辐射的热效应，某些物体在接收红外辐射能后，温度会有所升高，同时也会引发其他物理参数的变化，这就是热效应。因此，根据这些物理量的变化程度就可以基本判断红外辐射的强弱，进而推算出物体的实际温度。

一般来说，热敏红外探测器的响应时间较长，大致在毫秒级别，其优点是对各种波长的红外辐射具有相同的相应，由于它的这种特性，因此又称之为无选择性红外探测器。

（1）热敏电阻型红外探测器。

热敏电阻型红外探测器的红外检测元件是特制的热敏电阻。当有红外辐射照射到该类型的电阻上，并使其温度发生变化时，该型电阻的阻值会随之发生变化。在其应用场景中，为降低热敏电阻的热惯性，通常将其制成薄片状，并在电阻的表面涂上黑色的涂层，以便于电阻吸收入射的全部辐射能量。热敏电阻的制造原料通常是锰、钴、镍等金属氧化物半导体，在室温条件下，电阻表面的温度每改变 1 ℃，其阻值大约发生 4% 的改变。目前生产的这种探测器的响应时间较短，平均低于 1 μs。

（2）热释电型红外探测器。

与热敏电阻型红外探测器不同，热释电型红外探测器的工作原理是铁电体电介质的热释电效应。

一般来说，在外部电场的作用下，电介质中的带电粒子会在电场力的作用下发生运动，带正电的粒子向电场的负极运动，带负电的粒子则会向电场的正极方向运动。带电粒子这种在电场力的作用下运动的结果就是使电介质的一个表面带正电，另一个表面带负电，这就是电力学中的电极化现象。对于多数的电介质而言，一旦撤去外部电场，带电粒子失去电场力的作用，电极化现象便会随之消失。但是，对于铁电体而言，作为一种特殊的电介质，在失去外部电场的作用后，它仍然会保持现有的极化状态，这种现象称为自发极化。一般铁电体的自发极化强度（用单位面积上的电荷量表示）是与温度呈负相关关系的，即当温度升高时，铁电体的极化强度会降低，当电介质的温度升高到某一个数值时，自发极化现象就会完全消失，这个温度称为居里点。

在居里点以下，铁电体的极化强度伴随着温度的变化而变化的现象称为热释电效应，根据这一原理制成的探测器称为热释电探测器。一般来说，在铁电体薄片的两个表面上沉积有一定形状的金属薄膜电极，这两个电极构成了探测器的敏感元件。接收红外辐射的正面电极要求有较好的光学吸收和导电性能。在一些特定情况下，还会再上边加一个黑化吸收层，用于进一步改善敏感元件的光谱响应特性。

（3）光电导型红外探测器。

当半导体光敏电阻接收到红外辐射时，其本身的电导率会增加，其接收的红外辐射也可以根据这一原理得到测量。这一类红外探测器的探测率比热敏性的更高,其响应时间为微秒级。但是,这种探测器对于工作环境的要求也更高,需要在低温下才能正常工作。

可以用于光电导型红外探测器的半导体有属于多晶型的硒化铅和硫化铅,属于单晶型的砷化铟、锑化铟及锑镉汞三元合金等。其中,发展最早且使用最成熟的是多晶型的硫化铅。但是,由硫化铅制成的探测器也有其明显的缺点,即电流噪声大、大面积上的灵敏度不均匀等。

以这种原理开发的红外测温仪中,比较有代表性的是 WDH-3E 型红外光电温度计。该型号仪器的特点是在仪器内部装有一个标准的辐射源,这个辐射源可以产生一束用于比较使用的辐射能。这一束辐射能与被测物体所释放出的辐射能通过调制盘交替投射到同一个探测元件(即光敏电阻,本仪器使用的光敏电阻是由硫化铅材料制成的)上。探测器分别将两束辐射能转换为电信号,并将两组电信号做差取值,经过前置方法和自动增益放大以后,直接送入同步开关,然后通过功率放大器完成放大功率的工作,这样就改变了标准灯的平衡电流。这样做的目的是尽可能减小两组电信号之间的差值,力图使系统处于一种平衡状态。标准灯的平衡电流经过输出放大器的放大处理之后进入线性器做进一步的线性处理,最后以一种统一的线性信号输出。输出信号再经过转换,可以输出为电压电流乃至数字显示信号。此外,在这种红外测温仪器上也配备了瞄准系统,用于消除测量之前操作引入的误差。

(4)光生伏特型探测器。

光生伏特型探测器的本质是一种光电池。当它接收到红外辐射时,就会产生输出电压,在这一方面应用最广泛的就是硅光电池。硅光电池是一种可以直接将光能转化为电能的半导体元器件,其结构比较简单,核心的部分是一个具有较大面积的 PN 结,将一只透明玻璃外壳的点接触性二极管和一只电流表(量程为微安级,因此又称微安计)接成一个完整的闭合回路,当二极管的管芯也就是 PN 结受到光线的照射时,闭合回路中会产生一定的电流,这时其表现为电流表的指针发生偏转,这个现象就是光生伏特效应,这就是光生伏特型探测器的基本工作原理。而硅光电池中的 PN 结尺寸远大于二极管中的 PN 结的尺寸,因此在接受到光照时所产生的感应电流也就更大一些。这样,根据闭合回路中电流值的大小就可以判断回路中的光照强度,从而推算出温度的数值。

应用这一原理制成的红外测温仪,比较经典的有国产的 WFH-60 型红外辐射温度计,被测目标的辐射经过物镜聚焦,并且通过滤光镜和光栏投射到硅光电池上,产生电压信号。

为切实对准目标,减小测试过程中产生的测量误差,在仪器中专门设计了瞄准系统。瞄准系统由一个可移动的分划板及目镜组成,当有对目标进行瞄准的工作需要时,操作者可以通过手动调节的方式将分划板移动到原来滤光镜、视场光栏和硅光电池组件所在的位置上,通过目镜观察目标。瞄准工作完成后再移开分划板,把滤光镜、视场光栏和硅光电池的组件恢复到原有的位置上,这样仪器就进入测量状态了。

开始测量以后,硅光电池所产生的电压信号先经过调制放大器做放大处理,然后再经过线性器做线性处理,最后将信号传递给其他显示仪表或电子计算机。

由于环境温度的变化,因此硅光电池的输出值也会发生相应的变化,这就会引入测量误差。为避免或减小这一误差,需要对硅光电池进行温度补偿。通常使用的做法是在硅光电池的输出端并联一组电阻,同时也可以作为电池本身的负载电阻使用,在这一组电阻中引入一只具有负温度系数的热敏电阻。利用这只热敏电阻的温度特性,在其他参数选择较恰当的情况下,可以有效保证在温度改变时对硅光电池的输出进行温度补偿。

4. 热成像技术以及热像仪

热成像的过程就是将物体的不可见的红外辐射转变成可见光的图像,因此热成像又称红外成像,能够实现这一功能的仪器称为热像仪。热像仪和红外测温仪在原理上有相似之处,但是二者还是具有明显的区别的:热像仪可以获得被测对象某一个区域甚至整个物体上的温度分布情况,同时以图像的方式显示出来;而红外测温仪在这一方面与普通的光学高温计类似,它们只能测量物体的某一局部甚至某一点处的温度,并无同时测量全局温度的功能。

热成像技术实现的路径一般有两种:一种是利用红外变像管成像;另一种是利用光导摄像管成像。

(1)利用红外变像管成像。

红外变像管是一种可以将红外图像直接转变为可见图像的真空电子器件。它的组成部分有对红外辐射敏感的光阴极、电子光学系统及荧光显示屏。其中,光阴极是由对红外辐射敏感的光电子发射材料制成的,其主要成分是银氧铯。其具体的工艺是先在玻璃真空管的断面用真空镀膜的技术镀一层半透明的银膜,然后将银膜氧化,最后在氧化了的银膜表面蒸发一层金属铯,这样就使得光阴极获得了良好的光敏特性。当光阴极受到不大于 1.1 mm 的近红外辐射照射时,就会发射出电子。

顾名思义,光阴极的涂层是作为阴极存在的,它与阳极之间通常会加 4 000 ~ 10 000 V 的直流电压。利用特殊形状的阴极导筒和阳极构成电子光学系统,就使其具备了对电子束进行聚焦的作用。这种作用可以类比于光学上的凸透镜对光束具有聚焦的作用。同样,在聚焦的过程中,还能同步起到加强电子束能量的作用,这就增加了荧光屏输出的光通量。

如果能够利用透镜使得被测物体的红外辐射成像在光阴极上,光阴极就会发射出与辐射能量的强弱相对应的电子,这一部分电子再经过光学电子系统的聚焦和增强作用,就可以在荧光显示屏上显示出与被测目标所发射出的辐射能量的分布相似的可见光图像。

(2)利用光导摄像管成像。

光导摄像管与红外变像管不同,其功能是将光学信号转换为一维电信号,然后经过放大还原为可见光图像。在摄像管左端的玻璃内表面上涂有一层透明的导电层,在导电层上又有一层高电阻的光电导材料,这一部分的材料一般使用氧化铅或三硫化二锑等,这几部分共同构成靶面。而在摄像管的右端面上,则是由可以发射电子的电子枪组成,在 20 ~ 300 V 的直流电压作用下,由电子枪发射出来的电子可以通过摄像管中部聚焦线圈的作用汇集在左端的靶面上。这一过程由偏转线圈控制,使得电子束可以在靶面上完成扫描工作。在摄像管的结构中,左端的靶面和右端的电子枪通过导线连接成闭合回路,回路中同样要求串联一只负载电阻。

在聚焦线圈的作用下,射击在左端靶面上的电子束由于直径小,因此在靶面上形成一个很小的面积,这一部分称为小面元。每当电子束扫到靶面上的一个小面元时,就意味着给相应的小面元充电。如前文所述,靶面实际上是一层光导膜,其本身具备较大的电阻值,因此回路的电压就会降落在光导膜上。

假设此时有一个目标成像在靶面上,而且目标上的光照强度明显比其他非目标区域的光照强度更大。此时,由于光电材料本身的特性,因此在光照强度较大的地方,光电导就会较大,导致此处电势差的降低程度更大;而光照强度较小的地方,电势差的变化程度相应就较小。这样,投射到靶面上的光学成像的光照强度的强弱分布就自然转化成了光导膜表面上电势差的大小分布。在电子束的扫描过程中,由于负载电阻的存在,因此这种电势差的分布情况进一步转化为随时间发生强弱变化的电流信号,负载电阻两端自然也就有一个随时间变化的电压信号,这就是视频信号。

将已经获得的电压信号放大,可以用于控制显像系统,具体而言就是显像管。如果显像管的扫描规律与光导摄像管中的扫描情况基本一致,就会在显像管上产生一个与目标图像相同的可见光图像,这样就实现了将光学成像转变为视频可见光图像的工作过程。

然而,由于所用光导材料性质等方面的原因,因此这种光导摄像管的敏感波段很难向红外波段延伸。如果应用硅光敏二极管列阵代替光导摄像管中的光导膜,就可以解决在红外波段的测量问题,这种摄像管称为硅靶摄像管,其工作原理与光导摄像管基本一致。

除以上两种成像原理外,还有一种光学机械扫描成像的技术,这种技术的关键部分是一个可以进行水平和垂直扫描的光学系统。在这个光学系统的焦点位置装有一个红外探测器。在其工作的任意一个瞬间,由于扫描的作用,因此光学系统把目标的一个小部分(即瞬时视场)观测到并使其聚焦在红外探测器上,然后转变为与其相对应的电信号。在结构的设计上,扫描机构的动作能够保证在水平方向扫描完成一行以后,由垂直扫描的动作使它移向下面一行再行扫描,直到完成整个面积的扫描工作为止。

在红外探测器的响应时间足够快的前提下,理论上在任意一个瞬间都可以输出与该瞬间所接收到的辐射强弱相对应的信号,这个信号经过放大处理后就可以还原为目标的可见图像。

热像仪大致诞生于20世纪80年代,近年来也取得了飞速的发展,作为一种较为新颖的测温仪器,其产品型号已经十分丰富。而且,热像仪目前大多与电子计算机联合使用,使得数据的获取与分析更加便捷,因此得到了更加广泛的应用。下面对美国休斯敦飞机公司生产的一种热像仪的工作原理做简要的介绍,具体地说,这是一个红外热像系统。

这一款红外热像系统由两个主要部分组成:一是红外观测器(又称成像器,Probeye Infrared Viewer),二是图像处理/监视器(Processor)。

首先,被测目标发出的红外辐射通过硅窗口进入红外观测器,投射到旋转的双面反射镜上,然后经过反射再进入一个具有留个红外探测器的部件上。此时,红外辐射由探测器转换为光信号。这一束光信号经过放大器的放大作用传送到一个具有六只发光二极管的阵列之上,发光二极管发出的光线再经过双面反射镜的内侧镜面的反射,最后经过另外两个反射镜进入目镜中。

通过六个发光二极管和十只不同倾角的反射镜之间的密切配合,最终在目镜上可以形成与有60条扫描线所组成的视频图像相同的效果,这样就成功地将不可见的红外热图像以可见图像的形式反映在目镜上,使得人眼可以直接观察得到。

图像处理/监视器的作用是将红外观测器中的放大处理后的信号做数模转换,便于电子计算机对测试数据做相应的各种处理。通过彩色监视器将所需要的信号输出,也可以将实验产生的数据直接输出。在彩色监视器上可以表现出温度分布图像,经过一定的处理之后可以绘制出被测物体的等温曲线,直接显示最高温度或最低温度等标志性温度所在的位置及其具体的数值。彩色监视器的功能广泛,可以满足工业使用或科学研究等不同领域内的大多数需求。

早期的热像仪是为了军事目的而发展起来的,其主要用于部队的侦察分队执行战术任务,这时应用的热像仪大多灵敏度较高,响应时间短,而且适用于远距离测量的作战情况。而装备在侦察机或地球卫星上的热像仪则可以根据测量获得的热图像来发现地面的军事目标,并指引火力进行打击。

目前,热成像仪不再局限于军事方面的应用,在民用领域也迅速得到应用,其广泛应用于医疗及工农业生产等方面。例如,可以使用热成像仪完成变压器的超温测定、工厂设备安全运转的监测和森林火灾的监测等。近年来,热成像仪在兵器领域的常规测试中也得到了广泛的应用。例如,在枪炮等身管武器射击之后,使用热成像仪测量身管外壁的温度分布、火车测量射击时膛口的温度场分布等。

如前文所述,红外探测器的工作环境主要是低温环境,因此在使用后要对其进行降温处理,通常使用的降温方法有氩气冷却和热电法冷却。

4.4　温度显示仪表

温度显示的过程是将温度传感器获取的温度信息通过文字(包括数字)、图形、符号或图像显示的形式在相应的仪器上显示出来。温度显示仪表在温度测试流程中是最后也是很重要的环节。

4.4.1　质量参数指标

与温度传感器类似,温度显示仪表的原理和类型非常多,然而衡量任意一款温度显示仪表所使用的技术指标却是基本一致的。

(1)灵敏度。

灵敏度是指温度显示仪表所显示的具体温度值对被测物体温度变化的灵敏程度,一般用灵敏度和分辨能力两个指标来衡量。当整个系统处于稳态时,灵敏度可以表示为输出增量和输入增量的比值。如果所使用的是具有线性特性的仪表,那么其灵敏度是一个常数;如果所使用的是具有非线性特性的仪表,则其灵敏度是一个变量。

分辨能力是指在两个相邻的离散被测值之间可以将一个测量值与另一个测量值区别开来的最小间隔值。对于模拟信号显示仪表而言,这个值是指能够引起仪器的指针发生可视性变化的温度信号的最小值变化值;而对于数字信号显示仪表而言,这个值则是指能够引起数字输出变化的模拟输入信号的最小变化值。

（2）准确度。

准确度是用来表征温度显示仪表所显示的温度值与被测物体的真实温度之间的接近程度。准确度的等级按照国家统一规定的允许误差的大小来划分，工业生产中使用的允许的最大基本误差作为衡量仪表准确度等级的尺度。简单来说，准确度等级数字越小，就代表显示仪表的精确度越高。

（3）快速性。

快速性是指仪表对于被测物体的温度变化产生响应的快慢程度，其中包括响应时间和时间常数两个主要的指标。当被测物体的温度发生阶跃性的变化，显示仪表的显示值上升到最大值的 63.2％时，所需要的时间被定义为该仪器的时间常数；从温度发生突变的那一瞬时起，直到显示值达到某一规定的量值所需要的时间间隔即仪器的响应时间。一般来说，这两个值越小，说明仪器的快速性就越好。

（4）稳定性。

温度显示仪表必须具有对其计量特性保持稳定的能力，这一能力以其稳定性作为衡量指标，其一般意义上是指仪器对于时间的稳定度。

（5）经济性。

经济性是表示仪器经济性能方面的指标，一般来说就是考虑其性价比，即性能价格比，这一比值越高，说明该仪器的经济性越好，越值得采购。

（6）可靠性。

可靠性实质上是一种衡量温度显示仪器能否在较长时期内使用的一个综合性指标，其中包括较多具体的指标，但以可靠度和平均无故障工作时间两个指标为主要衡量标准。其中，可靠度是指仪器在规定的工作条件下和规定的时间或动作次数内完成规定功能的概率；平均无故障工作时间是指仪表在寿命周期内发生相邻两次故障的时间间隔的平均值。

4.4.2　温度测试仪表的分类

目前应用在生产生活中的温度测试仪表种类繁多，按照不同的分类标准如显示方式、构造原理或者应用场合等，可以分为若干大类，此处就不再赘述了。下面主要介绍按显示方式的分类。

按照显示方式分类，温度测试仪表大致上可分为数字式和模拟式两种，但又不局限于这两大类。

（1）数字式显示仪表。

数字式显示仪表能够直接以数字的形式显示出被测量的物体的温度值。这一类仪表是数字技术、半导体技术和计算机技术发展到一定程度的必然产物。其优点在于读数直接以数字显示，不会出现读数产生的误差，而且测量的准确度和速度相对均有很大的提升。但是，该类型仪表仅根据自身结构无法显示被测物体的温度变化趋势。

（2）模拟式显示仪表。

模拟式显示仪表以仪器指针的方式指示被测物体的温度，其具体数值根据指针相对于标尺的角位移值或直线位移值读出。与数字式显示仪表相比，模拟式显示仪表更容易造成视差,导致读数误差,因此其测量精度和速度均受到影响。

(3)光柱电平式显示仪表。

光柱电平显示仪表采用排列式发光二极管,通过光柱的高低表示被测物体温度的高低,较为形象,而且直观。

(4)数字/模拟混合式显示仪表。

数字/模拟混合式显示仪表结合了数字式和模拟式两种显示仪表的优点,可以用上述两种方式显示被测物体的温度。

除上述四种显示仪表外,还有使用记录仪在专用记录纸上显示出被测温度随时间变化曲线的方式,还可以利用屏幕显示数值和曲线、信号仪表、越限时进行声光报警等。

4.4.3 数显温度仪表

1. 数显温度仪表的特点

数显温度仪表的特点是其中内置模/数转换器(又称 A/D 转换器),并能够以十进制数码的形式准确显示被测物体的温度。

近年来,随着数字化测量技术、半导体技术、计算机技术及大规模集成电路技术等高新技术的发展,温度仪表也随之取得了较大的进步,数字显示仪表从电子管式、晶体管式一路发展到集成电路式,如今自带微处理器的数显仪表也得到了较为广泛的应用。显然,数字显示仪表以其相对优异的性能给传统的模拟显示仪表造成了极大的冲击。值得一提的是,随着高性能 A/D 转换器的诞生,数字显示仪表的结构和性能再一次有了质的进步,其主要体现在仪器线路得到了充分的简化,测量准确度进一步提高,可靠性也显著增强。本节主要介绍不含微处理器的数显温度仪表。

数显温度仪表主要有以下几个特点。

(1)显示数字化。

数显温度仪表中内置 A/D 转换器,可以将随时间发生变化的被测物体的温度值从模拟量转换为幅值和时间均为离散状态的数字量,同时可以使用数码管、液晶显示屏或光柱直接显示测量结果。这样的设计使得测试结果直观明了,避免了视差造成的读数误差,有效提高了测量准确度。

(2)结构模块化。

数显温度仪表采用了模块化设计的理念,在功能分离的模块化电路条件数量有限的情况下,可以组装成不同类型和功能的仪表,以适应不同的测量要求。

(3)尺寸标准化。

仪表的外形尺寸及开孔尺寸均按照国家或者国际标准 IEC 设计,增强了仪器之间及仪器零部件之间的互换性。

(4)品种多样化。

数显温度仪表的主要功能是准确地显示出被测物体的温度,在测量过程中可以连接多种不同分度号的热电阻、热电偶、辐射温度计等测温元器件,一台仪器可以满足多种测量场景地要求,使用过程中的灵活性有所增加。

(5)其他。

数显温度仪表输入阻抗较大,耗电量少,满足节能要求,制造工艺并不复杂,寿命周期长,结构简单,便于维修,应用场景广泛。

2. 数显温度仪表的结构

本节中所介绍的是无内置微型计算机的温度数显仪表,其主要组成部分有信号变换电路、放大电路、线性化校正电路、数/模转换电路和驱动、光柱电平显示电路、电压/电流转换器及各种调节电路。其各部分的主要作用如下。

(1)信号变换电路。

前文中已经讲到,数显温度仪表可以接入多种不同的测温元器件,因此它具备处理不同元器件产生的不同类型信号的功能。信号变换电路的功能就是将这些不同类型的测温元器件产生的电压、电阻或电流等信号转化成在一定范围内的电压值,同时对这些输入值做一定程度的补偿,从而减小实验误差。在使用不同类型传感器的情况下,信号变换电路的工作原理自然是不同的。如果配合使用相同原理的传感器,但是其分度号各不相同,则只会使电路中选用的元器件参数产生差异,并不影响电路的工作原理。

(2)放大电路。

经过信号变换电路处理的电压值通常是毫伏级别的,放大电路的功能就是将这些直流电压放大到伏特级别,从而保证后续环节的正常工作。

(3)线性化校正电路。

传感器测量得到的电信号与温度之间在多数情况下并不是严格的线性关系,这种非线性的关系会在测量过程中引入一定的误差。为提高测量精度,需要对放大后的电信号进行线性化校正,简化数/模转换过程。

(4)数/模转换和驱动。

数/模转换的具体过程就是将连续变化的模拟量转换成离散变化的数字量。此外,这一环节还会对输入的被测信号做量纲运算,然后加以驱动,从而使仪表最终以绝对值的形式显示被测温度的具体量值。其中,量纲运算和驱动这两个功能既可以整合在数/模转换模块中实现,也可以另外设计电路单独实现。

(5)光柱电平显示电路。

在光柱电平显示电路中,被测温度或温度与真实温度的偏差值会通过光柱高低的形式显示出来,这一功能是通过设置一组基准值与被测信号进行比较之后驱动一列柱形半导体发光管而实现的。

(6)电压/电流转换器。

电压/电流转换器的作用是将被测的电压信号转换成标准的直流电流信号,从而使仪表具备变送功能,这让仪表与调节器、可编程控制器及计算机连用成为现实。

(7)调节电路。

调节电路的功能是接收偏差信号,并将其按照设定的规律进行运算,输出标准的电流信号或开关量信号,然后通过执行器完成对调节各种温度信号的任务。

4.4.4　微机化数字温度仪表

计算机技术的迅速发展与广泛应用促进了温度仪表结构的革命性变革。目前的微机化数字温度仪表可以实现在单片机中完成数据的储存和处理操作,这种集成化的结构进一步简化了原有仪表的电子线路,使得数字温度仪表的功能更加强大,测量的准确性和可靠性进一步提高。

1. 微机化数字温度仪表的特点

微机化数字温度仪表的主要特征是单片机在数字仪表中的广泛应用。单片机具有体积较小、功耗较低、价格实惠等显著的优点。在单片机的基础上开发的仪表是机电一体化产物,性价比很高。微机化的温度仪表可以实现以下功能。

(1)微机化的数字仪表可以自动修正各类测量误差,其主要的途径是对测温元器件进行自动补偿或非线性补偿,或是消除热电阻的引线电阻的影响,从而实现自我修正测量误差的功能。

(2)可以实现自动零点功能,满度校正可以减小测量误差,同时可以实现配合不同类型不同分度号的温度传感器使用,即实现一表多用,可称得上是测温领域中的"万用表"。

(3)温度仪表在微机化后,可以通过编程自行实现多种复杂的运算,其中主要是通过测量算法和控制算法来达到这一目的,然后对传感器获取的温度信息进行进一步的处理和加工,统计分析干扰信号的特性,采用适当的数字滤波,从而成功地抑制干扰,实现各种控制规律,满足不同控制系统的需求。此外,还可以实现测温仪表与其他仪表或计算机之间的数据通信,在系统中实现其功能。

(4)微机化还有利于仪表以多种形式输出数据,其中包括但不限于数字显示、打印记录、声光报警,甚至可以实现多点巡回检测,可以在数字量和模拟量中选择一种输出。

(5)仪表还可以实现自我诊断和断电保护的功能,主要是对其内部出现的一些故障进行识别显示并及时以一定的形式发出警报。当仪器处于断电状态时,仪表内的切换电路会自动接通备用电池,保证其在一段时间内的正常工作,从而保证不会因断电而丢失数据。

2. 微机化数字温度仪表的结构及工作流程

(1)硬件。

微机化数字温度仪表的硬件部分主要包括主机电路、过程输入输出通道、通信接口、键盘及显示打印等硬件设备。

主机电路的核心是单片机,其主要作用是储存测量数据,并运行事先设置好的程序,对测量数据进行一系列运算和处理。模拟量的输入输出通道是由模数转换器和数模转换器等电子元器件组成的,用于输入和输出模拟量。同时,开关量的输入输出通道的功能是输入输出开关量。此外,还可以利用通信接口向计算机输入数据,并通过键盘等人机联系部件实现人与机器之间的交互,从而进一步完善数据结构。

(2)软件。

软件部分一般包括监控程序、中断处理程序及实现各种算法的功能模块。

监控程序接受和分析输入的各种指令,管理和协调整个程序的运行;中断处理程序一般在人机交互发生中断以后开始工作,保证及时地完成实时处理实验数据的任务;软件中的功能模块用于实现仪表的数据处理和控制功能。

(3)工作原理。

测温元器件得到的被测物体的温度通过传感器转化为电学物理量后即成为模拟信号,该信号经过输入信号处理的变换、放大、整形补偿等步骤之后,由模数转换器转换为数字量,此时产生的数字量通过接口送入缓冲寄存器来保存输入的数据。微处理器 CPU 对输入的数据机型加工处理、分析和计算之后将计算的结果存入读写存储器中,同时将数据显示和打印,也可以将输出的开关量经过数模转换器转换成模拟量输出,利用串、并行标准接口实现数据通信。

整机的工作过程是在软件的控制下进行的。工作程序编制好后写入只读存储器中,通过键盘可以把必要的参数和命令存储到读写存储器中。

第5章 压力检测技术

5.1 压力检测技术简介

5.1.1 压力的概念

众所周知,力是物体间的相互作用,当物体受到力的作用时,它的体积和形状都受到了改变,或是改变物体的机械运动状态并产生加速度。工程上把垂直均匀作用在单位面积上的力称为压力,也就是物理学中定义的压强,这是一个很重要的物理量。压力可表示为

$$p = F/S \qquad (5.1)$$

式中 p——压力;

　　F——垂直作用的力;

　　S——受力面积。

压差是指两个测量压力之间的差值,也就是压力差,在工程上习惯称为压差。压力测量在航空航天、舰船、汽车、石油、化工等测控领域有着十分广泛的应用。压力传感器是一种将压力转换成电流或电压的器件,用于测量压力、位移等物理量。压力传感器有应变式、电容式、差动变压器式、霍尔式、压电式等多种,其中,半导体应变片传感器因体积小、质量轻、性能好、易集成、成本低等优点而得到了很快的发展。

在工程技术上,为方便使用,经常采用多种表示压力的方法,主要有以下几种表示方式:绝对压力、大气压力、相对压力和压差。它们之间的关系如图 5.1 所示。

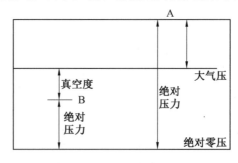

图 5.1 绝对压力、表压、负压(真空度)的关系

(1)绝对压力。

绝对压力是指以完全真空(绝对压力零位)作为参考点的压力,可以用符号 $p_绝$ 表示。

（2）大气压力。

大气压力是指由地球表面大气层空气柱重力产生的压力,可以用符号 p_0 表示。大气压力不仅会受到海拔高度、地球纬度和气象情况的影响,还会受到时间、地点和温度的影响。

（3）相对压力。

相对压力是指以大气压力为参考点,绝对压力与大气压力的差值,一般用符号 p 表示。当绝对压力大于大气压力时,称为正压力,简称压力,又称表压力;当绝对压力小于大气压力时,称为负压,其绝对值称为真空度。测量仪表指示的压力一般都是指表压力。

（4）压差。

任意两个压力之差称为压差。

压力的计量单位在国际单位制中是牛顿每平方米,用符号表示就是 N/m^2。同时,压力的单位又称帕斯卡或简称帕,用符号表示就是 Pa,其物理意义是在 $1\ m^2$ 的面积上垂直均匀地作用着 $1\ N$ 的力,即 $1\ Pa=1\ N/m^2$。无论是哪种单位制,压力的单位都是导出单位。我国已经规定了帕斯卡就是压力的法定计量单位。由于帕的单位很小,因此工业上一般采用千帕（kPa）或兆帕（MPa）作为压力的单位。此外,在工程上还有一些经常被大家用到的压力单位,例如:我国在实行法定计量单位前使用的工程大气压（kgf/cm²）,它是指每平方厘米的面积上垂直作用 $1\ kg$ 力的压力;标准大气压（760 mmHg）是指在 0 ℃时水银密度为 $13.595\ 1\ g/cm^3$,在标准重力加速 $9.806\ 65\ m/s^2$ 下高度是 760 mm 的水银柱对地面的压力;毫米水柱（mmH₂O）是指在标准状态下高度为 1 mm 的水柱对底面的压力;毫米汞柱（mmHg）是指在标准状态下高度为 1 mm 的水银柱对底面的压力。除以上几种工程上所用的压力单位外,还有一些西方国家如今依然使用 bar（或 mbar）和 bf/in² 等旧时的压力单位,这些压力单位的相互换算见表 5.1。

表 5.1　压力单位的相互换算

帕/Pa	工程大气压 /(kgf · cm⁻²)	标准大气压 /atm	毫米水柱 /mmH₂O	毫米水银柱 /mmHg	毫巴 /mbar	磅力·英寸⁻² /(bf · in⁻²)
1	$1.0197\ 1\times10^{-5}$	$0.986\ 92\times10^{-5}$	0.101 971	$0.750\ 0\times10^{-2}$	1×10^{-2}	$1.450\ 44\times10^{-4}$

5.1.2　压力计量仪器的分类

随着社会生产力飞速的发展和科技不断的进步,压力计量在国防建设、电力工业、工业生产、科学研究及安全防护等方面处处可见,压力值的大小与温度、流量一样,成为工业生产自动化中不可缺少的控制参数,越来越多的高精度、高灵敏度和高微速处理器被应用到压力计量中。为方便测量,根据所测压力高低的不同,习惯上把压力划分成不同的区间。在各个区间内,因为压力的发生和测量都会有很大的差别,所以压力范围的划分对仪表分类很有影响。下面先介绍一下常用压力仪表的分类,见表 5.2。

表 5.2　常用压力仪表的分类

类别	压力表形式	测压范围/bar	精度等级	输出信号	性能特点
液柱式压力机	U 形管	$-10\sim10$	0.2,0.5	水柱高度	实验室低、微压测量
	补偿式	$-2.5\sim2.5$	0.02,0.1	旋转刻度	用作微压基准仪器
	自动液柱式	$-10^2\sim10^2$	0.005,0.01	自动计数	用光、电信号自动追踪液面,用作压力基准仪器
弹性式压力表	弹簧管	$-10^2\sim10^6$	0.1~4.0	位移,转角或力	就地测量或校验
	膜片	$-10^2\sim10^2$	1.5~2.5		用于腐蚀性、高黏度介质测量
	膜盒	$-10^2\sim10^2$	1.0~2.5		微压测量与控制
	波纹管	$0\sim10^2$	1.5,2.5		生产过程低压测控
负荷式压力机	活塞式	$0\sim10^6$	0.01~0.1	砝码负荷	结构简单,精度极高,坚实,用作压力基准仪器
	浮球式	$0\sim10^4$	0.02,0.05		
电气式压力表(压力传感式)	电阻式	$-10^2\sim10^4$	1.0,1.5	电压,电流	结构简单,耐震动性差
	电感式	$0\sim10^5$	0.2~1.5	毫伏,毫安	信号处理灵活,环境要求低
	电容式	$0\sim10^4$	0.05~0.5	伏,毫安	限于动态测量,响应速度极快
	压阻式	$0\sim10^5$	0.02~0.2	毫伏,毫安	结构简单,性能稳定可靠
	压电式	$0\sim10^4$	0.1~0.5	伏	响应速度极快,限于动态测量
	应变式	$-10^2\sim10^4$	0.1~0.5	毫伏	温湿度影响小,复杂电路测量
	振频式	$0\sim10^4$	0.05~0.5	频率	精度高,性能稳定
	霍尔式	$0\sim10^4$	0.5~1.5	毫伏	灵敏度高,易受外界干扰

1. 压力仪表的分类

(1)按照敏感元件和工作原理分类。

压力计量仪器有很多种,大致可以分成液体压力计、活塞式压力计、弹簧式压力仪表和电子测量式压力装备或仪表。

① 液体压力计。液体压力计可以分成 U 形管压力计、杯形(单管)压力计、倾斜式微压计、补偿式微压计、水银气压计和中罩式气压计等。

② 活塞式压力计。活塞式压力计可以分成以下几种:根据传压介质的不同,可分为气压和液压两类活塞式压力计;根据负重方式的不同,可分为直接称重和间接称重活塞式压力计;根据结构不同,可分为单活塞式压力计(真空)计、双活塞式压力(真空)计、控制间隙活塞式压力计、差动活塞式压力计、带平衡液柱活塞式压力计、带增压器型活塞式压力

计和浮球压力计。

③ 弹簧式压力仪表。弹簧式压力仪表可以分成以下几种:根据使用的弹性敏感元件不同,可分为弹簧管压力表、膜片压力表、膜盒压力表和波纹管压力表;根据被测压力介质不同,可分为氧气表、氨气表、乙炔表、耐硫表和其他适用的特殊用途(如耐热型、耐振型、禁油型和密封型)压力表等。

④ 电子测量式压力装备或仪表。电子测量式压力装备或仪表主要有压力传感器、压力变送器或数字式压力计。电子式测量压力装置或仪表的核心元件是压力传感器,它既可以感受(或响应)规定的被测压力量,又可以按照一定的规律将其转换成可用信号(通常为电信号)输出。当输出的是规定的标准信号(如 4~20 mA 直流电流、1~5 V 直流电压)时,就变成压力传感器。在压力传感器上添加信号处理器和数字显示器即变成数字压力计,如果再增加控制部件和记录装置,则可以适用于自动控制、数据采集、数据处理和记录打印等。常见的压力传感器有应变式、电位器式、压电式、压阻式、电容式、电感式、谐振式、光纤式等。按照不同的压力测量类型,还可以分成压差传感器和绝压传感器等。

(2)按测量压力的种类分类。

按测量压力的种类分类,可以分成压力表、真空表、绝对压力表和压差压力表。

(3)按仪表的精确度等级分类。

①一般压力表精确度等级有 1 级、1.5 级、2.5 级和 4 级。

②精密压力表精确度等级有 0.4 级、0.25 级、0.16 级、0.1 级和 0.05 级。

③精度等级有 0.1 级、0.05 级、0.02 级、0.01 级和 0.005 级。

(4)压力范围的划分。

①微压压力的范围是 0~0.1 MPa。

②低压压力的范围是 0.1~10 MPa。

③高压压力的范围是 10~600 MPa。

④超高压压力的范围是 600 MPa 以上。

⑤真空(以绝对压力表示):

a. 粗真空 $1.333\ 2\times10^3$~$1.013\ 3\times10^5$ Pa;

b. 低真空 $0.133\ 32$~$1.333\ 2\times10^3$ Pa;

c. 高真空 $1.333\ 2\times10^{-6}$~$0.133\ 32$ Pa;

d. 超高真空 $1.333\ 2\times10^{-10}$~$1.333\ 2\times10^{-6}$ Pa;

e. 极高真空小于 $1.333\ 2\times10^{-10}$ Pa。

除上述的一些分类方法外,还有根据使用用途划分的,如标准压力计、实验室压力计、工业用压力计等。

5.1.3　压力计量溯源

压力仪器仪表的准确度等级是根据仪器仪表的工作原理、结构、特点、测量极限和使用条件等来确定的,确定准确度的等级可以防止因随意确定仪器仪表而引起的误差,简化测量中的误差估计,易于按照所要求的测量准确度来选择仪器仪表。根据检定工作的需要,可以把压力仪器仪表分成计量基准器具、计量标准器具和工作计量器具。一般计量基准压力仪器和高等级的计量标准压力仪器仅用于量值传递,其优点是可以方便可靠地将所采用的测量单位的分数或成倍数值准确地传递到工作计量压力仪器上,确保工作计量压力仪器的准确度。按照压力检定系统表进行检定既可以保证被检定仪器仪表的准确度,又可以避免使用高准确度的仪器仪表来检定低准确度的仪器仪表,减少计量基准器具和高等级的计量标准器具的使用次数,还能满足检定工作的需求。

1. 计量传递和计量溯源

计量特性包括准确性、一致性、溯源性和法制性。

量值传递是以国家最高标准为基础,统一各级计量标准,再通过各级计量标准去统一工作用测量仪器,最终保证量值准确一致。它会定标计量基准所复现的单位量值,通过计量检定(或其他的传递方法)传递给下一级计量标准,然后依次逐级传递到工作计量器具,以保证被测对象的量值准确一致。

量值溯源是通过一条具有规定不确定度的不间断的比较链测量的,测量结果与计量标准的值能够与规定的参考标准(通常是国际计量基准或国家计量基准)联系起来。

下面简单比较一下溯源性与量值传递的区别,见表 5.3。

表 5.3　溯源性与量值传递的区别

	溯源性	量值传递
行为	自下而上	自上而下
依据	比较链(不确定度已知)	规定系统表
管理方法	可以越级的管理	等级明确的管理
方式	校准	检定

不确定度的含义是指由于测量误差的存在,因此对被测量值不能肯定的程度。换句话说,不确定度也表明该结果的可信赖程度,它是测量结果质量的指标。不确定度越小,所述结果与被测量的真值就越接近,质量越高,水平越高,它的使用价值就越高;不确定度越大,测量结果的质量就越低,水平越低,其使用价值也就越低。在报告物理量测量的结果时,必须给出相应的不确定度,一方面便于使用它的人评定其可靠性,另一方面也增强了测量结果之间的可比性。

国家压力计量基准器具是一组包含着不同压力范围的测量仪器组,其中包括测量范围为 $1\sim100$ MPa 的油介质活塞式压力计和 $0.1\sim10$ MPa 的油介质活塞式压力计,它们的相对扩展不确定度分别为 0.002 5% 和 0.002 1%,包含因子均为 3。

与国家压力计量基准器具类似,计量标准器具也是测量仪器组,其主要包括:测量范围为 $0\sim10$ kPa 的液体压力计,它的相对扩展不确定度为 0.02%$\sim$0.05%,包含因子 $k=$ 3;测量范围为 $0\sim7$ MPa 的浮球式压力计,其相对扩展不确定度也是 0.02%$\sim$0.05%,包含因子 $k=3$;测量范围为 $-0.1\sim250$ MPa 的油介质活塞式压力计,其相对扩展不确定度为 0.005%$\sim$0.05%,包含因子 $k=3$;测量范围为 $-0.1\sim250$ MPa 的数字压力计,它的最大允许误差是 0.01%$\sim$0.05%(FS)(FS 表示满量程);测量范围为 $-0.1\sim250$ MPa 的压力表,其最大允许误差为 0.06%$\sim$0.6%(FS)。

　　而工作计量器具则是测量压力的专用计量器具，它具有测量对象广泛、种类繁多等优点，主要包括各种各样的数字压力计、液体压力计、压力传感器、压力变送器及各种类型的压力表，其测量范围一般为 $-0.1 \sim 250$ MPa，最大允许误差为 $\pm 0.02\% \sim \pm 4\%$ (FS)。

　　计量的溯源性是指任何一个测量结果或计量标准的量值都可以通过一条具有规定不确定度的连续比较链与计量基准联系起来，使所有的同种量值都可以按照比较链通过校准向测量的源头追溯，也就是溯源到同一计量基准（国家计量基准或国际计量基准），使准确性和一致性得到技术保证。如果量值处于多源或多头形式，必然会造成技术上和管理上的混乱。举个例子：假设我国和美国的测量标准没有溯源到同一国际标准，则必然会造成两国测量结果没有可比性，导致不能实现互认，从而带来了经济贸易和技术交流等严重问题。由此可见，量值溯源是测量数据可信性的基础。

　　量值溯源的途径和方式如下。

　　(1)检定——自上而下的量值传递。

　　由前文提到的量值传递的定义可知，检定是自国家测量基准开始，将其复现的计量单位传递到各等级测量标准，直至工作计量器具的，自上而下的量值统一工作。这样做的目的是确保被测量的量值的特性与国家测量标准相联系，即量值传递的证据是计量器具量值准确可靠的"可追溯性"证据。因此，检定在计量工作中具有十分重要的地位。计量器具(压力等)具体由哪一级的测量标准对其进行检定可以根据该种计量器具的准确度等级所在的位置从检定系统表中获知。如果该种计量器具还没有被检定表覆盖，那么被检定的仪器示值误差大概是计量标准值误差的 $1/5 \sim 1/3$。

　　(2)校准——自下而上的量值溯源。

　　根据前面所提到的量值溯源定义可知，校准是自计量器具开始，将测量的结果自下而上追溯到国家测量标准或国际测量标准的。这样做的目的是保证计量器具的测量结果可以与参考标准(通常是国家测量标准或国际测量标准)联系起来。随着社会主义经济市场的发展，校准逐渐确立了其在量值溯源中的地位，成为实现单位统一和量值准确可靠的主要方式。校准可以用综述、校准函数、校准曲线、校准表格或校准图的形式表示，特殊情况下还包括对已具有测量不确定度示值的修正(加上修正值或乘以修正因子)。

　　注意，不要把检定与校准相混淆。下面了解一下检定与校准的差异，这有助于增加对量值溯源的认识。检定和校准的异同点见表5.4。

　　在中国，根据《测量结果的溯源性要求》(CNAS-CL06:2014)可知，中国合格评定国家认可委员会(China National Accreditation Service for Conformity Assessment,CNAS)承认以下机构提供校准或检定服务的计量溯源性：中国计量科学研究院或其他签署国际计量委员会(CIPM、CIPM-MRA)的 NMI 在互认范围内提供的校准服务、国家计量基(标)准和 NMI 签发的校准与测量证书互认协议。

表 5.4　检定和校准的异同点

比较项目		检定	校准
相同点	对象	测量仪器或测量系统	
	目的	均属于量值溯源的一种有效方式和手段,都是要实现量值的溯源性,确保量值准确可靠	
	性质	强制性(强检器具)	非强制性,有更多的灵活性(非强检器具)
		政府行为(是政府实施法制管理和监督的一种行为)	单位行为(一般是企业内部实施管理的一种行为)
		是一项按照法定程序确认符合性的活动	是给被测量对象赋值或确定示值误差(修正值)的一组操作
不同点	评定内容	评定全部计量特性和管理特性	可以确定量值或修正值等,不评定管理特性
	技术依据	法定技术文件(检定规程)	推荐性指导文件(校准规范)
	执行机构	法制计量机构或授权机构	自行选择校准机构
	结论体现	标记和检定证书(有法律效力)	校准证书或检测报告(一般没有法律效力)

对于压力量值溯源途径的选择,首先要做到的是实验室应该根据自身条件和仪器的具体应用合理选择溯源途径。实验室中实现量值溯源的途径主要有以下几种。

(1)根据计量法规(包括压力、温度等)建立的内部最高计量标准也就是参考标准,送到法定计量检定机构,并根据所建立的适当等级的计量标准定期检定,最后溯源到国家标准。

(2)工作的压力计量器具需要送到法定计量检定机构溯源至社会公用计量标准或溯源到有资格和有能力的校准实验室。

(3)压力计量器具在需要时可以按照国家量值溯源体系的要求溯源到本部门行业的最高计量标准,然后再溯源到国家计量标准。

(4)如果需要,压力计量器具的量值可以直接溯源到工作标准、国家副计量标准或国家计量标准。

(4)当测量使用标准物质时,只要有可能性,那么标准物质就必须追溯到 SI 测量单位或有证标准物质。

(5)当溯源到国家计量标准不可能或不适用时,需要进行改变,溯源到公认实物标准,或通过比对试验、参加能力验证等途径提供证明。

2. 计量溯源图绘制

我国的国家检定系统框图主要有三个部分组成:国家计量基准、各级计量标准和工作计量器具。溯源图也是由三个部分组成的,即社会公用标准、单位计量标准和工作计量器具(图 5.2)。

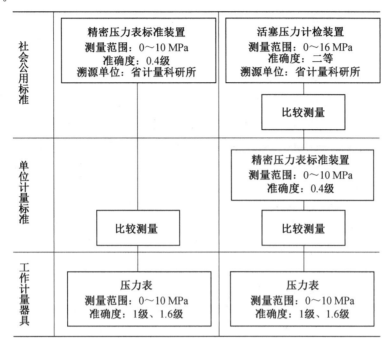

图 5.2　精密压力表标准装置和活塞压力计检定装置的量值溯源框图

(1)上一级检定或校准机构框图(对应图 5.2 中的社会公用标准)。

相关技术指标由检定证书、校准证书或国家计量检定系统框图查得。符合要求的检定证书或校准证书中,有检定或校准机构名称,并具有计量溯源信息,如用于检定或校准所使用的计量标准名称、型号和技术指标,包括量值名称或单位、测量范围,以及不确定度、准确度等级或最大允许误差

(2)本实验室计量器具框图(对应图 5.2 中的单位计量标准)。

量值名称或单位,测量范围及不准确度、准确度等级或最大允许误差可由实验室所采用的测量仪器设备或计量标准的技术文件得到。

(3)被测量对象框图(对应图 5.2 中的工作计量器具)。

可以由申请认可或已获认项目的相关技术标准、规范或规程获得。如果该计量器具或测量设备用于多个检定或校准项目,那么测量范围和最大允许误差应该覆盖所有的项目。为此,必须纵览所有申请认可或已获认项目的相关技术标准、规范或规程,并且其要求与规范应一致。

在实施量值溯源前需要制定测量设备量值溯源计划,实验室应当列举出应用于检定或校准的所有设备,包括对检定、校准和抽样结果的有效性或准确性有显著影响的辅助测量设备的清单,确保这些设备在投入使用前能够经过专业人员校准。在溯源计划中,必须明确区分出哪些是可以溯源到国际单位值(SI)的,哪些是溯源到国家规定的标准物质(如硬度、粗糙度等)的,然后绘制出量值溯源图或使用文字进行说明。

实验室在制定量值溯源计划时应该考虑以下几点。

①设备送检计划。列出送检设备清单（一般为强制计量器具）、检定机构（法定计量检定机构）、检定周期或检定日期等。

②设备校准计划。列出校准设备清单、校准机构（一般选择通过认可的实验室或国家法定计量检定机构）、校准周期或校准日期等。

③设备比对计划。在测量仪器无法溯源到国家计量基准的情况下，应该采用实验室之间比对或参加能力验证。也可以用两台同类设备比对的方式，检查测量结果的可靠性。

在选择检定或校准机构时，特别需要关注该机构是否具有开展项目的能力。言外之意就是：第一点是该项目是否已经通过国家实验室的认可或已经完成计量建标的考核；第二点是其测量的不确定度是否满足被检定或校准测量仪器的准确度要求。然后实验室可以通过严密的测量不确定度分析，按照满足"校准或比较链"规定的要求自主选择溯源校准机构，甚至可以是国家标准或国际基准。如果溯源到其他国家的校准机构，宜选择直接参与，或通过区域组织积极参与在国际计量局（BIPM）框架下签署 MRA（互认协议）并能证明可追溯至 SI 国际单位制的国家或经济体，或是 APLAC、ILAC 多边承认协议成员所认可的校准实验室。

测量设备在不同的检测或校准项目中有不同的作用：有的设备可以用作标准器具，有的设备可以用作辅助设备；有的显示数据用于得出检测或校准结果，有的显示数据用于提供或监控测量条件。对于不同用途的测量设备，有不同的溯源要求。

对用于检测的测量仪器，当校准所带来的贡献对于检测结果的扩展不确定度几乎没有影响时，可以不用校准，而选择采用核查的方式。

对用于提供或监控测量条件的测量设备（如向测量设备供电的普通交直流稳压电源），如果电源特性对最终的检测或校准数据没有影响或作为工具使用的万用表，则可以不进行校准，而采用核查的方式。

对用于检测或校准结果产生直接影响的测量设备（如数据用于得出检测或校准结果）和对测量不确定度有重要影响的测量设备（如某些高稳定性电源），应该进行校准。对于这类的测量仪器，应该制定详细的校准计划，规定校准时间、溯源路径和校准周期，并且需要对校准数据和结果是否符合检测或校准工作的要求做出判断，其中有些测量设备还要进行期间核查。

国际法制计量组织（OIML）将检定分为首次检定和随后检定两种形式。前者是测量仪器在投入工作（即第一次使用）前应进行的检定，用来判定测量仪是否满足法定要求；后者是判定测量仪器使用后是否保持了主要的计量特性。

对用于检测或校准的测量仪器，即使在进入实验室以前已经有出厂合格证，仍然需要对其进行校准或核查。如果无法校准，则可以通过实验室间的比对或测量仪器之间的比对来对该测量仪器进行核查。

经过校准后的测量仪器应该使用标签、编码或其他标识来标明其校准状态，上述校准状态标识应该包括上次的校准日期和下次的校准日期或校准有效期。很多实验室会采用三色标识，即合格证（绿）、准用证（黄）和停用证（红）。在进行标识时，需要特别注意黄色标识的使用。经校准开具的证书结论为"按数据使用""所校准项目符合要求"的测量设备,实验室应根据证书给出的数据,判断其是否与产品技术说明书相符,是否满足所开展检测或校准的要求。如果确认测量设备的性能指标与产品技术说明书相符,则贴绿色标识的"合格证"标识。如果出现以下三种情况,则可以贴"准用证"标识:测量范围缩小,但工作所需的测量范围内功能正常;多功能测量设备中的某些功能已经丧失,但工作所需的功能正常;降等或降级使用。

有些与测量数据没有直接关系的设备,如空调机、变压器等,它们的功能是正常的,此时要贴上黄色标识就不太合适了。对于这种情况,一般选择贴绿色标识并加盖"非计量"加以区分,有些则可以直接用"功能正常"标识。此外,实验室可以根据需要自行设计校准状态标识,并且在相应文件中详细说明它的使用范围和方法。以下内容可以作为实验室设计校准标识的参考。

（1）校准标签。

校准标签见表 5.5。

表 5.5　校准标签

校准日期:	建议下次校准日期:
校准实验室名称:	证书标号:

（2）封签（禁止使用者调整的部位应该贴上封签）。

封签见表 5.6。

表 5.6　封签

封签破裂则校准无效	
核准人:	核准日期:

（3）无须校准标签。

无须校准标签见表 5.7。

表 5.7　无须校准标签

封签破裂则校准无效	
核准人:	核准日期:

（4）暂停使用标签。

故障或者待维修的仪器都需要张贴停用标签,明示禁止使用该仪器,等到故障排除且经过校准后,才可以张贴校准标签,按正常使用。暂停使用标签见表 5.8。

表 5.8　暂停使用标签

暂停使用			
□停用	□待验收	□故障	□待报废
核准人:		核准日期:	

(5)降级使用标签。

当仪器校准后准确度已经降低了,但其功能仍然可以用时,可以依据相应的技术文件降级使用。降级使用标签见表5.9。

表5.9　降级使用标签

降级使用	
原来准确度等级是0.5级,目前准确度等级是1.0级	
核准人:	核准日期:

适当时,实验室可以在标签中标注校准备注给出的修正因子或修正值。

3. 检定或校准的偏离

在实践过程中也可能存在"偏离许可"的情况,要保证使用未经过验收的测量设备进行检定或校准的合法性,至少需要同时满足以下五个条件。

(1)只有在特殊情况下(如顾客急需检定或校准而该设备使用频率又不高时)适合使用。

(2)经过实验室人员的授权批准。

(3)事后仍然对测量设备进行校准。如果设备的技术指标符合要求,则可以接受;反之,则需要对使用该设备造成的影响进行评估,追踪甚至追回使用该设备进行检定或校准出具的报告或证书,对可能造成的不良后果进行补救等。

(4)制定实验室的偏离程序。该偏离程序中应规定什么条件下适用、何人申请、何人认可、何人对相关质量活动进行记录、何人对事后可能造成的影响进行跟踪和评估、何人对可能的后果进行补救及采取什么样的补救措施等。

(5)严格执行偏离程序的规定。在实施时,应该严格按照程序执行,对事件的整个过程进行记录,并且还需要相关人员的签名。

4. 校准间隔的确定

再校准的时间间隔取决于测量风险和经济因素,也就是测量仪器在使用中超出最大允许误差的风险应当尽量的小,而年度的校准费用应保持最少,即让测量风险和校准费用达到最佳平衡状态。

在确定测量仪器校准间隔时,一般需要考虑以下几种情况。

(1)相关计量检定规程对检定周期的规定。

(2)有关部门的要求或建议。

(3)制造厂商的要求或建议。

(4)使用的频繁程度。

(5)维护和使用的记录。

(6)以往校准记录所得的趋向性数据。

(7)期间核查和功能检查的有效性和可靠性。

为便于校准间隔的确定,实验室可以绘制测量仪器随时间变化的曲线图。采用固定的校准周期较易管理,这也是目前最广泛使用的方法。

5. 量值溯源结果的确认

实验室在得到检定或校准的证书或报告及比对结果后,应该对量值溯源的结果予以确认,包括对证书所载明信息、测量数据准确性和有效性的确认,即设备名称、编号、规格等要与证书或报告一致。

检定证书应该给出测量仪器的准确度等级。实验室通过查验检定规程或检定系统表,就可以计算出使用该测量仪器给测量结果带来的不确定度分量。

校准应该还须给出测量不确定度。校准是测量仪器计量确认的一个环节,校准证书给出的测量不确定度应满足向下一级测量仪器或产品进行校准或检定的需要。校准结果经过确认之后,应该更新测量仪器的量值溯源状态标志和记录。如果校准结果不能满足预期的要求,则实验室应该启动不符合控制程序,追溯先前使用这些有缺陷或偏离规定极限的测量仪器进行检定或校准所造成的影响,并重新评估该测量仪器的校准周期。

当实验室开展的自校准项目不在政府计量行政部门授权范围内,或超出 CNAL 的认可范围时,应该满足以下几个要求。

(1)编制测量仪器的自校准方法,规定校准项目、校准方法、校准时使用的标准设备、校准的环境条件、校准记录和数据处理、校准结果评定和校准周期等。校准方法要按受控技术文件编审程序进行审批。

(2)校准使用的标准器具应该溯源。

(3)要有合格的校准人员。有时校准人员也是被校准设备的使用人员。

(4)应该有校准记录并出具校准报告。

下面介绍一些不能严格溯源的特例。有些校准目前还不能严格按照国际单位制进行,此时校准应该通过证实对适当的测量标准的可追溯性来提供测量的可信度。常用的方法有以下三种。

(1)使用有资格的供应商提供的有证标准物质给出材料的可靠物理或化学特性。

(2)使用描述清晰并被有关各方接受的规定方法和标准。

(3)可能时,要求参加适当的实验室间比对。

长度中的粗糙度、线宽,力学中的硬度、流量,无线电中的大部分项目及标准物质等目前还不能严格溯源到国际单位制基准。这类测量的可追溯性标准可以是国内外有资格的供应商提供的有证标准物质,如长度线宽标准样板,国际上多采用美国标准技术研究院(NIST)提供的有证现款样板。我国部分标准物质可以直接从国家标物中心购买。

5.2　压力检测标准

5.2.1　压力检测的基本方法

(1)重力平衡方法。

重力平衡方法是利用一定高度工作液体产生的重力或砝码的重力与被测压力相平衡的原理,将被测压力转换成液柱高度或平衡砝码的重力来测量,如液柱式压力计和活塞式压力计。

（2）弹性力平衡方法。

弹性力平衡方法是利用弹性元件受到压力作用发生变形而产生的弹性力与被测压力相平衡的原理，将压力转换成位移，通过测量弹性元件的位移变形的大小测量出被测压力。此类压力计有多种类型，可以用来测量压力、压差、绝对压力和负压，应用最为广泛。

（3）机械力平衡方法。

机械力平衡方法是将被测压力经转换元件转换成一个集中力，用外力与之平衡，通过测量平衡时的外力来测量出被测压力的大小。力平衡式仪表可以达到较高精度，但是其结构复杂。

（4）物性测量方法。

物性测量方法是利用敏感元件敏感元件在压力的作用下，其某些物理特性与压力成确定变化关系的原理，将被测压力直接转换成各种电量来测量，如应变式、压电式、电容式压力传感器。

5.2.2　活塞压力计

活塞式压力计又称压力天平，是负荷式压力计的一种，它是直接按照压力的定义公式 $p = F/S$ 定义压力的。活塞式压力计是基于帕斯卡定律和流体静力学平衡原理产生的一种高准确度、高复现性和高可信度的标准压力计量仪器，主要用于计量室、实验室及生产或科学实验环节作为压力基准器使用。活塞式压力计是通过将专用砝码加载在已知有效面积的活塞上所产生的压强来表达精确压力量值的，由于活塞式压力计相比于其他压力测量仪器测量结果更可信、性能更稳定，因此活塞式压力计在其他领域内也有着广泛的应用。国际上通常把活塞式压力计作为国家基准和工作基准或压力计量标准器。

0.05 级的活塞式压力计常用来鉴定 0.25 级和 0.40 级精密压力表的基准仪器。这种仪器是按照国家标准进行生产的，其测量范围有 0.04～0.6 MPa、0.1～6 MPa、0.5～25 MPa、1～60 MPa、5～250 MPa。此外，−0.1～0.25 MPa 的活塞式压力真空计是按的企业标准进行生产的。活塞式压力计如图 5.3 所示。

1. 原理图

由图 5.3(a) 的原理图可知，活塞式压力计的测量变换部分包括活塞、活塞筒和砝码。活塞一般是由钢制成的，在它的上边有承受重物的圆盘，为防止活塞从活塞筒中滑出，在活塞下边装了一个比活塞直径稍大的限程螺帽。活塞筒的内径经过仔细研磨，其下部与底座相连，在其右侧装有漏油斗，用漏油斗可以把活塞式压力计系统中漏出的油积聚起来。活塞筒下边的孔道与螺旋压力计的内腔相连，通过转动螺旋压力计手轮可以压缩内腔中的工作液体，以产生所需的压力。与活塞系统相连的还有被校压力表，向系统中注油或者放油是通过针阀和放油阀来实现的。工作时，把工作液（蓖麻油或变压器油）注入到系统中，再在活塞承重盘上部加上必要的砝码，旋转手轮，提高系统中的压力，当压力达到一定程度时，系统内压力的作用会使活塞浮起。

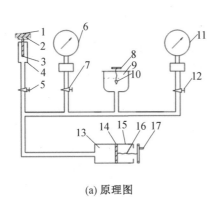 

(a) 原理图　　　　　　　　　　　　　　　　(b) 实物图

图 5.3　活塞式压力计

1—砝码；2—砝码托盘；3—测量活塞；4—活塞筒；5、7、12—切断阀；6—标准压力表；8—进油阀手轮；9—油杯；10—进油阀；11—被校压力表；13—工作液；14—工作活塞；15—手摇泵；16—丝杆；17—加压手轮

2. 实物图

(1)活塞系统的安装。

①旋出压力计活塞限位螺钉(3 个)。

②将专用工具插入活塞缸中,转动工具,使工具突出部分进入压紧螺母槽中,然后逆时针旋转,直至压紧螺母与活塞缸座完全脱离,这时可以将专用工具往上提,取下压紧螺母。然后将专用工具的另一端插入活塞缸座中,先转动工具上有网纹的横轴,使工具张大,套入堵头,随即旋紧横轴,夹紧堵头,将工具上提,取出堵头。

③观察活塞缸座中的 O 型圈位置是否居中,如果没有居中,则需要将其放置在居中的位置上。

④用洁净的汽油清洗活塞和活塞缸。

⑤用专用工具夹住活塞缸,轻轻地垂直放入活塞缸座中,再将压紧螺母装在工具上,垂直地放在活塞缸中,将工具顺时针旋转,当确认压紧螺母螺纹与活塞缸座螺纹吻合后,可继续转动工具,直至压紧螺母压住活塞缸。

⑥关闭左侧的泄压阀,再打开右侧的截止阀。

⑦将洁净的汽传压介质倒入油杯中。

⑧一边用预压泵缓缓加压,一边观察活塞缸中有无传压介质溢出。当有传压介质溢出且不含气泡时,可将活塞垂直轻轻地插入活塞缸中,然后打开左侧泄压阀,使活塞下降至最低位置,随即关闭泄压阀,旋紧三个限位螺钉,再打开右侧截止阀,一边用预压泵缓缓加压,一边观察左右侧的两个输出接头螺扣处有无传压介质溢出,当有传压介质溢出且不含气泡时,就可以接上被检仪器了。

(2)压力计的测量。

①水平调节螺钉,使压力计水平器气泡处在中心位置。

②根据被检仪器的压力值在托盘上放上相应压力值的砝码。

③将压力计设定在规定的温度下恒温 1~2 h。

④打开右侧的截止阀,再打开左侧的泄压阀,用预压泵排去系统内腔中的空气,随即关闭左侧的泄压阀。

⑤接通电源以后,当压力计数字表显示为 0 mm 时,说明压力计活塞已经落到底部(没有压力或压力过小);当压力计数字表显示 0 mm 以上 3 mm 以下时,说明压力计已经正常工作,压力值是准确的;当压力计数字表显示超过 3 mm 时,说明压力过大。

⑥用预压泵加压,在加压时当手感内腔已经有压力后可以一边继续加压,一边退出调压器丝杆,最长的退出长度不能超过 50 mm,随即关闭右侧的截止阀。需要注意的是,退调压器时不要用力过猛,避免损坏丝杆。

⑦在压力机上加入与被测量压力相应的砝码,先用双手转动砝码使其转动,再用调压器调压,使活塞上升,在活塞工作位置指示器上指针达到零位附近时读数。

⑧在第一点读数过后,应该先用调压器降压,使活塞下降到最低位置,然后在压力计上加放与第二点测量相应的砝码,读数直至正行程测量完毕。

⑨在反行程测量时仍然需要先用调压器降压。操作过程中要避免用泄压阀降压,特别是在特别高压测量时,这样的操作很可能会使活塞震断,从而损坏压力计。

⑩测量完毕后应打开左侧的泄压阀,将调压器旋入恢复至原样,取下被测量仪器并在快速接头处加放堵头。

此外,在活塞式压力计的工作中,需要让活塞和重物旋转,这样做的目的是使活塞与活塞筒之间不会出现机械接触,产生摩擦。这样做有助于发现活塞在工作时的一些不正常现象,如偏心、点接触、阻力过大等。活塞经过旋转后如果能很平稳地转动,并且保持足够的旋转持续时间,就可以说明仪器处于最佳工作状态。

当系统处于平衡时,系统内的压力作用在活塞上的力与重物及活塞本身的质量相平衡,系统内部的压力为

$$p = \frac{G}{S_0} \tag{5.2}$$

式中　G——重物(砝码)加活塞及上部圆盘的总质量;

　　　S_0——活塞的有效面积。

对于一定的活塞式压力计,其活塞的有效面积是一个常数,为得到不同的压力,可以在承重盘上放上适当的砝码。由于活塞有效面积和砝码等的参数都可以明确知道,因此所得的压力值也是可以明确知道的,这样就可以用来校准其他压力表了。

由此可知,保养维修活塞式压力计是很重要的,要想保养维护好活塞式压力计,需要做到以下几点。

(1)应经常保持压力计的清洁,压力计不要放在湿度过大的环境中,以免生锈。

(2)快速接头和活塞缸下端的 O 型圈较易损坏,如果发现泄露,应及时更换。

(3)油杯中的液面应该经常高于油杯过滤器罩子的上端面,如果一时疏忽没有做到,那么空气将会进入预压泵中,造成预压泵失效。这时,应该拧松预压泵进油接头,使空气随着液体的流出而流出。当液体呈现连续流出状态时,即可拧紧接头,恢复预压泵的功能。

活塞式压力计的年检校准的基本要求应该满足以下条件。

（1）环境条件校准如果在检定或校准室中进行，则环境条件需要满足实验室要求的温度、湿度等规定。校准如果在现场进行，则环境条件以能够满足仪器现场使用的条件为准。

（2）仪器作为校准用的标准仪器，其误差限应是被校表误差限的 $1/3\sim1/10$。

（3）人员校准虽然与检定不同，但进行校准的人员也应该经过有效的考核，并取得相应的合格证书。

活塞压力计有多种分类方法，如按活塞组件的设计结构分类、按介质分类和按测力方式分类。

（1）按活塞组件的设计结构分类。

活塞压力计可以分成简单活塞压力计、差动活塞压力计、可控间隙活塞压力计和反压型活塞压力计。简单活塞压力计因其加工工艺简单、灵敏度高等优点而得到广泛应用；差动活塞压力计常应用于高压环境中，多用来解决细活塞杆容易变形和折断的问题，但其加工较为烦琐；可控间隙活塞压力计主要用于超高压测量和压力计量的研究工作中，得力于活塞技术的发展，可控间隙技术也能够应用于高精度的低压测量中；反压型活塞压力计可以用在测量压力较高或活塞筒壁较薄的地方。

（2）按介质分类。

活塞压力计可以简单分成气润滑气介质活塞压力计、油润滑气介质活塞压力计及油介质活塞压力计。气润滑气介质活塞压力计的测压介质是气体，活塞间隙内的润滑流体是测压气体，因气体的黏度很小，故活塞的灵敏度很高，非常适合用来测量高精度低压力，其缺点也同样明显，它不仅对测压气体和被检仪表的洁净度和湿度有着严格的要求，而且不能稳定地测出高压力，一般量程不会超过 7 MPa；油润滑气介质活塞压力计的测压介质也是气体，但其活塞间隙内的润滑流体则是液体，常用作高压禁油压力仪表的检定，一般量程不会超过 100 MPa；油介质活塞压力计的测压介质和润滑液体均是油，适合作为中、高压标准并得到广泛应用。有时，为提高油介质活塞压力计的灵敏度，也会选择低黏度的植物油或矿物油作为介质。

（3）按测力方式分类。

活塞压力计可以分为砝码式和天平式。砝码式活塞压力计是应用最广泛的压力计量仪器，其按砝码加载方式又可分成直接加载和间接加载两种。

下面简单介绍与活塞式压力计同属于负荷式压力计的浮球式压力计。

浮球式压力计是以压缩空气或氮气为压力源，以精密浮球处于工作状态时的球体下部的压力作用面积是浮球的有效面积的一种启动负荷式压力计。

浮球式压力计的原理图如图 5.4(a)所示，精密浮球放置在筒内的喷嘴内部，专用的砝码放置在砝码架上作用于精密浮球的顶端，喷嘴内的气压作用在精密浮球的下部，使精密浮球在喷嘴内漂浮起来。当一个已知质量的专用砝码所产生的重力与气压产生的作用力相平衡时，浮球式压力计就会输出一个既精确又稳定的压力值。

在浮球式压力计的砝码架上增加或减少砝码时，会改变测量系统的平衡状态，引起浮球上升或者下降，排入到大气中的气体流量随即发生变化，进而导致浮球下部的压力发生变化，此时流量调节器会及时准确地做出调整——改变气体的流入量，使系统重新达到平

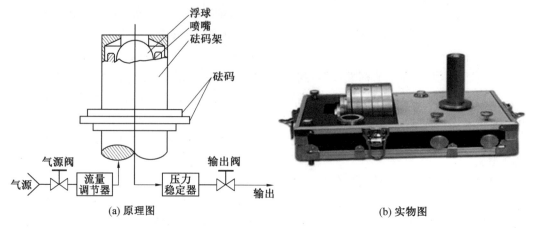

图 5.4　浮球式压力计

衡状态,保持浮球的有效面积恒定,保持砝码负荷与输出压力之间的比例关系稳定,保证了浮球式压力计的高准确度,通过浮球式压力计的原理图可知,压缩的空气或氮气通过流量调节器进入精密浮球的下部并通过球体与喷嘴之间的缝隙排入大气中,同时在精密浮球下部形成的压力会把浮球连同砝码一起向上托起。当排出的大气流量与通过流量调节器进入的流量相等时,浮球式压力计系统处于平衡状态。这时,精密浮球会浮起一定的高度,浮球的下部压力作用面积(浮球的有效面积)也就一定。由于浮球下部的压力通过压力稳定器的作用后变成输出压力,因此输出压力会与砝码负荷成比例关系。

与传统的活塞式压力计相比,浮球式压力计具有以下特点。

(1)浮球式压力计内置自动流量调节器,增减砝码以后无须再有其他任何操作就可以得到精确的输出压力。

(2)浮球式压力计具有流量自行调节功能,其精确度与操作者的技术水平没有关系。

(3)浮球式压力计在工作时气流会使浮球悬浮在喷嘴内,浮球和喷嘴之间处于非接触的状态,其摩擦性好、分辨能力高、重复性好且免除了旋转砝码的必要,这是浮球式压力计所具有的独特性。

(4)浮球式压力计在工作时,浮球不下降,可以输出连续、稳定、精确的压力信号。

(5)浮球式压力计在工作过程中,气流可以不断地自动清洗浮球,保证了仪器的高可靠性。

如图 5.4(b)所示,浮球式压力计的底盘安装在一个箱式底座上,底盘就是压力计的工作台面。底盘上设有水平仪和操控阀,在其侧面设置了气源接口,其作用是连接压力计和压力源,在工作台面的边上是加放砝码的砝码盘。此外,浮球式压力计有一个罩盖,在仪器不用时可以用来防尘,当罩盖和底盘锁住后,仪器可以做到随身携带。

在使用浮球式压力计时需要注意以下几点。

(1)增、减砝码时一次性不宜太多。

(2)不必旋转浮球式压力计的砝码,过多的旋转会影响仪器的精确度。

(3)浮球式压力计的输出压力值是所加砝码和砝码架上标明的压力数值之和,输出压力值的误差不超过该值的±0.05%。当输出压力值小于压力计的上限值的10%时,误差不超过上限值 10% 的 ±0.05%。

(4)检测进程结束后应该撤去砝码、关闭浮球式压力计气源阀,然后再取下被校仪表。另外,不可以在加压状态下撤除被测仪表,以免发生冲击浮球。

浮球式压力计在使用前应检查浮球和喷嘴的洁净度,洁净度过低将会影响压力计的输出精度,浮球和喷嘴可以常用酒精清洗,再用洁净的软质丝绸擦干。清洗时可以用手将喷嘴从仪器上轻轻取下,切记不能把浮球碰落掉地。清洗完毕后再将喷嘴重新装上,此时需要注意喷嘴外筒的标志,必须是正向安装。装卸时可以轻轻转动喷嘴以克服 O 形密封圈的摩擦。

浮球式压力计的输出连接管路或被校仪表的泄漏会影响校验精度,使用前需要对其进行检漏。具体方法如下:打开输出阀,在压力计的砝码架上添加砝码,使被校仪表指示的压力达到规定值,然后可以关闭输出阀,当被校仪表的指示能够一直保持不动时,就可以认为浮球式压力计和被测仪表之间没有泄露。

除上述情况外,还常常对浮球式压力计进行修正。一般情况下,浮球式压力计出厂时,其砝码都是按照标准重力加速度制造的,当浮球式压力计使用地点的重力加速度与标准重力加速度不同时,可以用下面的公式计算出浮球式压力计的实际输出压力值,即

$$p = \frac{g}{9.806\ 65} \times p(a) \tag{5.3}$$

式中　p——使用地的输出压力实际值,MPa;

　　　g——使用地的重力加速度,m/s^2;

　　　9.806 65——标准重力加速度,m/s^2;

　　　$p(a)$——所加砝码和砝码架上标明的压力数值之和,MPa。

5.2.3　液柱式压力计

液柱式压力计是利用液柱高度和被测介质压力相平衡的原理制成的压力仪表,具有结构简单、使用方便、价格便宜、测量准确度较高、能测量微小压力、自行自造等优点,因此在生产上和实验室中有较多的应用。

液柱式压力计有多种分类方法,如按测量范围分类、按结构和原理分类和按准确度等级分类。

(1)按测量范围分类。

液柱式压力计按照测量范围主要可以分成微压和低压两部分。微压部分的测量范围是 −2.5~2.5 kPa,主要包括补偿式微压计、倾斜式微压计、钟罩式微压计等;低压部分的测量范围是 −0.1~0.3 MPa,主要包括 U 形压力计、杯形压力计等。

(2)按结构和原理分类。

由于结构、原理不同,因此液柱式压力计可以分成 U 形管压力计、单管压力计和倾斜管压力计。这些仪器常用的工作介质有纯水(经过一次或二次蒸馏获得的蒸馏水)、水银、酒精等。一般密度较小的介质用于测量微压,如纯水和酒精,而水银的密度较大,通常用于测量低压。

（3）按准确度等级分类。

液柱式压力计按准确度等级可以分成基准级、标准级和工作用。在标准级液柱式压力计中主要有 0.02 级和 0.05 级，0.05 级以下的称为工作用液柱式压力计。作为低压的测量设备，U 形管压力计和杯形压力计的准确度等级为 0.02 级、0.05 级、0.2 级和 0.4 级，测量范围为±10 kPa 左右。作为微压的测量设备，倾斜式压力计的准确度等级一般是 0.5 级、1.0 级和 1.5 级，测量范围为±2 kPa。

1. U 形管压力计

U 形管压力计可以用来测量表压、真空及压力差，其测量上限可以达到 1 500 mm 柱体高度。U 形管压力计的示意图如图 5.5 所示。

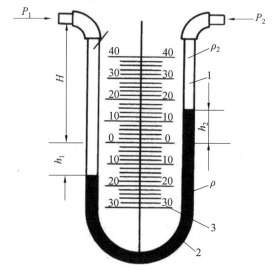

图 5.5　U 形管压力计的示意图
1—U 形玻璃管；2—工作液；3—刻度尺

U 型管压力计是由 U 型玻璃管、工作液和刻度尺三个部分组成的。根据流体静力学的原理可知，在 U 形管的左端接入待测压力，作用在其液面上的力为右边一段高度是（$h_1 + h_2$）的液柱的重力与大气压力 p_0 作用在液面上的力相平衡，即

$$p_{绝} A = (\rho g h + p_0) A \tag{5.4}$$

把上式左右两边的 A 消去，得到

$$h = \frac{p_{绝} - p_0}{\rho g} = \frac{p_{表}}{\rho g} \text{ 或 } p_{表} = \rho g h \tag{5.5}$$

式中　$p_{绝}$、p_0——绝对压力和大气压力；

　　　　A——U 形管的截面积；

　　　　ρ——U 形管内所充入的工作液的密度；

　　　　$p_{表}$——被测压力的压力表，$p = p_{绝} - p_0$；

　　　　h——左右两边的液面高度差，$h = h_1 + h_2$。

由此可见，使用 U 形管压力计测量得到的表压力值与玻璃管断面积的大小没有关系，这个值等于 U 形管两边的液面高度差和液柱密度的乘积。另外，液柱高度 h 与被测压力的表压值成正比。

U 形管压力计的"零"位刻度在刻度板中间,在读液柱高度时需要读两次数。在使用 U 形管压力计之前,可以不用调零,但在使用时必须垂直安装。测量的准确度受到工作液体毛细管作用和读数精确度的影响,其绝对误差可达到 2 mm。一般情况下,玻璃管内径为 5~8 mm,玻璃管的截面积需要保持一致。

2. 单管压力计

单管压力计是由一个垂直管和与其连通并与其内径成一定比例的容器组成的液柱式压力计,而 U 形管压力计在读数时需要读取两边的液位高度。为直接从一侧就能读出压力值,人们将 U 形管压力计改造成单管压力计,其结构图如图 5.6 所示,就是把 U 形管压力计的一个管换成了杯形容器。单管压力计的杯形容器内充有水或水银,当杯内通入待测压力时,杯内的液柱下降的体积和右侧玻璃管内液柱上升的体积是相等的,这样就可以利用杯形容器的液面作为零点,液柱差可以从玻璃管的刻度上直接读出。

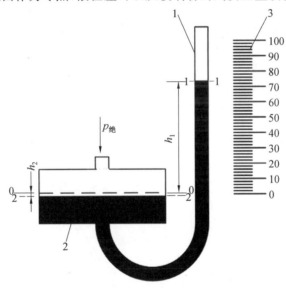

图 5.6 单管压力计的结构图
1—测量管;2—杯形容器;3—刻度尺

由于左边的杯形容器的内径 D 远大于右边玻璃管内径 d,因此当压力 $p_绝$ 施加于杯上时,杯形容器内液面将从 0—0 截面下降到 2—2 截面处,其下降高度为 h_2,玻璃管内的液柱将从 0—0 截面上升到 1—1 截面处,其上升高度为 h_1,而杯形容器内减少的工作液体积与玻璃管内增加的工作液体积是相等的,即

$$\frac{\pi D^2}{4} \times h_2 = \frac{\pi d^2}{4} \times h_1 \qquad (5.6)$$

或

$$h_2 = \left(\frac{d}{D}\right)^2 \times h_1 \qquad (5.7)$$

因为

$$h = h_1 + h_2 \tag{5.8}$$

故

$$h = h_1 + \left(\frac{d}{D}\right)^2 \times h_1 \tag{5.9}$$

由于 $D \gg d$，因此 $\left(\frac{d}{D}\right)^2$ 项可以忽略，则有

$$h \approx h_1 \tag{5.10}$$

因此，被测压力 $p_{表}$ 可以写成

$$p_{表} = \rho g h_1 \tag{5.11}$$

单管压力计的"零"位刻度既可以选择放在刻度标尺的下端，也可以选择放在上端，在读取液柱高度时只需读数一次即可。使用单管压力计前需要调好零点，使用过程中需要检查单管压力计是否垂直安装。单管压力计的玻璃管直径一般选择使用 3～5 mm。

3. 斜管压力计

斜管压力计又称倾斜式微压计、单管倾斜微压计。一般在待测量的压力较低，并且要求有较高的测量精确度时，不应采用 U 形压力计或单管压力计，而选择斜管压力计。

斜管压力计就是把单管压力计的玻璃管改成倾斜放置的玻璃管，如图 5.7 所示。由于 h 读数标尺连同玻璃管一起被倾斜放置，因此刻度标尺的分度间的距离得以放大，这样就可以测量 1/10 mm 水柱的微压了，所以斜管压力计又称微压力计。

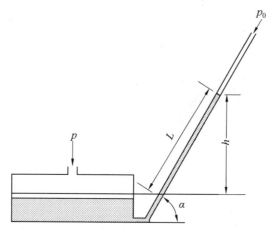

图 5.7　斜管压力计

斜管压力计存在倾斜角变动和倾斜角固定不变的两种。无论是哪一种斜管压力计，在使用时注入容器内的液体密度一定要与刻度时所用的液体密度保持一致，否则必须要加以校正。为方便人们使用，通常把标尺直接制作成毫米水柱的刻度。

斜管压力计的"零"位刻度一般在刻度标尺的下端，其倾斜管的角度是可以根据生产的需要进行改变的，固定的斜管压力计的液面变化与单管压力计的液面变化相比可以放大 $\dfrac{1}{\sin \alpha}$ 倍，使用前需要放置水平，调整好零位。在更换工作液时，要保证其密度与原工作液体的密度一致。

如果把被测压力 p 通入容器中,则倾斜玻璃管中的液面的位置将会移动 l。如果忽视容器中液面的降低,则被测压力可以表示为

$$h_1 = \rho g l \sin \alpha \tag{5.12}$$

式中　ρ——液体的密度;

　　　l——液体从标尺零位向上移动的距离,一般是毫米数;

　　　α——玻璃管的倾斜角度。

由此可见,斜管压力计所测量的压力等于倾斜玻璃管中页面移动的距离与该液体的密度和玻璃管倾斜角度 α 的正弦的乘积。在温度恒定、不改变工作液的条件下,玻璃管的倾斜角度 α 越小,压力测量范围也越小,对垂直高度的液柱差的放大倍数也越大,从而可以提高读数的精度。不过,倾斜角度 α 也不能太小,最多不得低于 15°,因为倾斜角度过小会引起玻璃管内液体自由表面的拉长而冲散,反而导致读数不准确。

斜管压力计常采用 95％ 医用酒精作为工作介质,经常使用的斜管压力计的测量范围为 0～2 000 Pa,准确度等级为 1 级。

4. 弹性式压力计

弹性式压力计是利用各种各样的弹性元件和被测介质的作用使弹性元件在受到压力作用后产生弹性形变的原理而制成的测压仪表。这种仪表具有结构简单、牢固可靠、使用可靠、价格低廉、读数清晰、测量范围宽及有足够的精度等优点。如果在弹性式压力计上增加附加装置,如记录机构、电气变换装置、控制元件等,就可以实现压力的记录、远传、信号报警、自动控制等。弹性式压力计可以用来测量几百帕到数千兆帕范围内的压力,因此在工业上是应用最为广泛的一种压力测量仪表。

(1)弹性元件。

弹性元件是一种简单可靠的测量压力的敏感元件,它不仅可以作为弹性式压力计的测压元件,还可以用来作为启动单元组合仪表的基本组成元件。不同材料、不同形状的弹性元件适配于不同范围、不同场合的压力测量。常用的弹性元件有波纹管、弹簧管、膜片和薄壁圆筒。

①波纹管。波纹管是一种表面上有很多同心环形状波纹的薄壁筒体,一般是用金属薄管制成的。当有压力输入时,波纹管的自由端会产生伸缩变形,以此测出压力大小。波纹管对压力灵敏度较高,可以用来测量较低的压力或压差。

②弹簧管。弹簧管是一种一端弯曲成弧形且封闭的管子,管子的截面多为扁圆形或椭圆形。当被测压力从弹簧管的固定端输入后,其自由端会产生弹性位移,通过位移的大小进行测量压力。弹簧管式压力计的测量范围较广,其最高测量范围可达 10^9 Pa,因此在工业上应用普遍。这类弹簧管式压力计又可以分成单圈管和多圈管,多圈管的自由端位移量较大,测量的灵敏度也比单圈管更高。常见的弹簧管压力计如图 5.8 所示。

③膜片。波纹膜片由金属薄片或橡皮膜做成,在外力的作用下膜片中心产生一定的位移,以此来反映外力的大小。薄膜式压力计又可以分成平膜片、波纹膜片和挠性膜片。其中,平膜片可以承受的被测压力较大,且变形量较小,灵敏度不高,一般可以在测量较大的压力且要求变形不是很大的场合使用。相比之下,波纹膜片测量压力的灵敏度较大,通常用来测量小量程的压力。

(a) 单圈管

(b) 多圈管

图 5.8　常见的弹簧管压力计

　　平膜片在压力的作用下产生的位移量小，因此常把平膜片加工制成具有同心环状波纹的圆形薄膜，也就是所谓的波形膜片，其波纹形状主要有锯齿形、正弦形和梯形。膜片的厚度在 0.05～0.3 mm，波纹的高度在 0.7～1 mm。在波纹膜片的中心部分预留了一个平面的空隙，可以焊上一块金属片，便于连接其他的部件。当膜片的两个面受到不同压力的作用时，膜片会向压力低的那一面弯曲，且中心部分发生位移。为在提高灵敏度的同时还能获得较大的位移量，可以把两个波纹膜片焊接在一起组成一个膜盒，这样可以做到挠度位移量变成单个波纹膜片的 2 倍。波纹膜片和膜盒大多用作动态压力测量的弹性敏感元件。

　　挠性膜片一般不会单独作为弹性元件来使用，而是与线性较好的弹簧一起连用，起到压力隔离的作用，主要用来测量一些较小的压力。

　　④薄壁圆筒。薄壁圆筒的壁厚一般小于圆筒直径的 1/20，当筒内腔受到流体作用有压力产生时，其筒壁受到的力是均匀的，并且均匀地向外扩张，所以在筒壁的轴线方向上产生应变和拉伸力。薄壁圆筒弹性敏感元件的灵敏度主要取决于圆筒的半径和壁厚，与圆筒的长度没有关系。

　　(2) 弹簧管压力表。

　　弹簧管压力表又称布尔登表，其应用历史十分悠久，属于就地指示型压力表，就地显示压力大小，不带远程传送显示、调节功能，其敏感元件是弹簧管。弹簧管的横截面积呈现非圆形（椭圆形或扁形），弹簧管压力表的主要组成部分是一弯曲成圆弧形的弹簧管，其中一端封闭（为自由端），另一端开口，为输入被测压力的固定端，如图 5.9 所示。当开口端通入被测压力 p 后，非圆形横截面在压力的作用下会趋于圆形，并使弹簧管有伸直的趋势，从而产生力矩，其结果是使弹簧管的自由端产生位移，同时中心角发生变化。中心角的相对变化量和被测压力的函数关系为

$$\frac{\Delta y}{y} = \frac{pR^2 \alpha (1-\mu^2)\left(1-\dfrac{b^2}{a^2}\right)}{Ebh(\beta + k^2)} \tag{5.13}$$

式中　α、β——与 a/b 比值有关的系数；

　　　　μ、E——弹簧材料的泊松系数和弹性系数；

　　　　a、b——椭圆形或者扁形弹簧管截面的长半轴和短半轴；

h——弹簧管的壁厚；

k——弹簧管的几何参数，$k = Rh/a^2$。

从式(5.13)中可知，要使弹簧管在被测压力 p 的作用下，让其自由端的相对角位移 $\Delta y/y$ 与被测压力 p 成正比，必须要保持由弹簧材料和结构尺寸决定的其他参数不变。扁圆弹簧管截面的长半轴和短半轴的差距越大，相对角位移就越大，测量的灵敏度就会越高。当长半轴和短半轴的长度相等，即 $b = a$ 时，由于 $1 - \dfrac{b^2}{a^2} = 0$，因此相对角位移量 $\Delta y/y = 0$，说明具有均匀壁厚的圆形弹簧管不具有作为测压元件的能力。

弹簧管压力表如图 5.9 所示，在使用弹簧管压力表时，被测压力会从其底部通入，促使弹簧管的自由端发生位移，再通过拉杆使扇形齿轮传动机构做逆时针偏转，带动指针通过同轴的中心齿轮做顺时针偏转，这样就可以在面板的刻度尺上显示被测压力的数值，直接读出被测压力值。

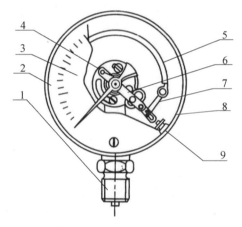

图 5.9 弹簧管压力表

1—接头；2—衬圈；3—度盘；4—指针；5—弹簧；6—传动机构(机芯)；7—连杆；8—表壳；9—调零装置

总体来说，弹簧管压力计具有测量范围宽的优点，其可以用来测量负压、微压、低压、中压和高压。弹簧管的材料是根据被测介质的性质和被测压力大小的不同而不同的。一般在压力 $p < 20$ MPa 时，选用磷铜作为弹簧管的材料；在压力 $p > 20$ MPa 时，选用不锈钢或合金钢来测量。在使用弹簧管压力表时，必须要注意被测介质的化学性质。例如，测量氨气的压力时，必须要采用不锈钢的弹簧管，而不能使用铜质的材料；测量氧气的压力时，严禁粘上油脂，以免发生着火甚至爆炸。

弹簧管压力表结构简单、价格低廉、坚实牢固，因此应用十分广泛。其测量范围从微压或负压到高压，精确度等级一般是 1～2.5 级，精密形的压力表更是能达到 0.1 级。弹簧管压力表可以直接安装在各种设备仪器或用于露天作业的场合，特殊形式的压力表还可以在恶劣(如振动、冲击、高温、低温、黏稠、腐蚀、易堵和易爆)的环境中工作。不过，因为弹簧管压力表的频率响应低，所以其不适用于测量动态压力。

5.2.5　电测试压力仪表

1. 应变式压力传感器

应变式压力传感器是一种传感装置,是利用弹性敏感元件和应变计将被测压力转换为相应电阻值变化的压力传感器。按弹性敏感元件结构的不同,应变式压力传感器大致可分为应变管式、膜片式、应变梁式和组合式四种。应变式压力传感器是压力传感器中应用较多的一种传感器,一般用于测量较大的压力,广泛应用于测量管道内部压力,内燃机燃气的压力、压差和喷射压力,发动机和导弹试验中的脉动压力,以及各种领域中的流体压力等。

金属应变片式传感器的核心元件是金属应变片,它可以把试件上的应变变化转换成电阻变化。在使用时,需要把应变片用粘贴剂牢固地粘贴在被测试件表面,当试件受到力的作用发生变形时,应变片的敏感栅也会随之变形,引起应变片的电阻值发生变化,通过测量电路就可以将其转换成电压或电流信号输出。

应变式压力传感器目前已成为非电量电测技术中非常重要的检测部件,广泛地应用在科学实验和工程测量中。

(1)金属应变片式传感器的特点。

①结构简单,质量轻,尺寸小。应变片粘贴在被测试件上对其工作状态和应力分布的影响很小,使用维修方便。

②可以在高温、低温、高压、高速、强烈振动、强烈磁场、化学腐蚀和核辐射等恶劣环境下正常工作。

③频率响应特性较好。一般情况下,电阻应变片传感器的响应时间是 10^{-7} s,半导体应变式传感器可以达到 10^{-11} s,如果能够在弹性元件的设计上采取一定措施,则可以实现应变式传感器测量几十甚至上百上千赫兹的动态过程的目标。

④精度高,测量范围广。测力传感器的测量范围小到零点几牛,大到几百千牛,精度可以达到 0.05%(FS);测压传感器的量程从几十帕到 10^{11} Pa,精度为 0.01%(FS)。应变测量范围一般可以从数微应变($\mu\varepsilon$)到数千微应变(1 $\mu\varepsilon$ 大致是长度为 1 m 的试件变形为 1 mm 时的相对变形量)。

⑤易实现固态化和小型化。随着大规模集成电路工艺的发展,目前已经把测量电路甚至 A/D 转换器与传感器组合成一个整体。传感器输出的数据可以直接连接计算机进行处理。

⑥价格低廉,品种多样,便于选择。

不过,应变式压力传感器也存在一定的缺点。

①应变式压力传感器输出信号微弱,抗干扰能力较差,故其信号线需要采取屏蔽措施。

②应变式压力传感器测出的只是一点或应变栅范围内的平均应变,并不能表现出应力场中应力梯度的变化。

③应变式压力传感器在大应变状态中具有明显的非线性,半导体应变式压力传感器的情况更为严重。

金属应变片式传感器是将应变片粘贴到与压力敏感型弹性元件衔接的力敏感型弹性元件上,经过弹性元件或弹性元件组合将压力转变成应变,最后由应变电桥将应变转换成电信号输出。

通常情况下,应变式压力传感器会设计成两种类型,即测力计式应变传感器和膜式应变传感器。前者是把被测压力转换成集中力以后再使用应变测力计的原理测量出被测压力的大小;后者是使用应变片直接粘贴在感受被测压力的弹性膜上。

(2)膜式应变传感器。

膜式应变传感器中最简单的一种是平膜式压力传感器,它是由膜片直接感受被测压力,继而产生变形,其应变片一般贴在膜片的内表面,在膜片产生应变时,使应变片产生一定的电阻变化输出。

对于边缘固定的圆形膜片,在受到均匀分布的压力 p 后,膜片中一方面会产生切向应力,另一方面会产生径向应力,由此引起的切向应变 ε_τ 和径向应变 ε_r 分别是

$$\varepsilon_\tau = \frac{3p}{8h^3 E}(1-\mu^2)(R^2-x^2)\times 10^{-4} \tag{5.14}$$

$$\varepsilon_r = \frac{3p}{8h^3 E}(1-\mu^2)(R^2-x^2)\times 10^{-4} \tag{5.15}$$

式中　E、μ——膜片的弹性模量和材料的泊松比;

　　　　R、h——平膜片工作部分的半径和厚度;

　　　　x——任意点到圆心的径向距离。

从式(5.14)和式(5.15)中可以看出,在膜片中心即 $x=0$ 处,ε_τ 和 ε_r 都达到了正的最大值,即

$$\varepsilon_{\tau max} = \varepsilon_{r max} = \frac{3p}{8h^3 E}(1-\mu^2)R^2 \tag{5.16}$$

而在膜片的边缘即 $x=R$ 处,$\varepsilon_\tau=0$,而 ε_r 却达到负的最小值,即

$$\varepsilon_{r min} = -\frac{3p}{4h^3 E}(1-\mu^2)R^2 \tag{5.17}$$

在 $x=R/\sqrt{3}$,$\varepsilon_r=0$ 时,有

$$\varepsilon_\tau = \frac{p}{4h^3 E}(1-\mu^2)R^2 \tag{5.18}$$

由式(5.14)和式(5.15)可知在均匀载荷下的应变分布情况,为充分利用膜片的工作压限,可以把两个应变片中的一个贴在膜片中心附近,另外一个则可以贴在靠近边缘附近,这时的差动灵敏度是最大的,并且还具有温度补偿的特性。举个例子,专用圆形的箔式应变片在膜片 $R/\sqrt{3}$ 范围内两个承受切力处都加粗以减小变形的影响,把引线放置在 $R/\sqrt{3}$ 处。这样的圆形箔式应变片可以做到最大限度地利用膜片的应变形态,使传感器能够输出大信号。平模式压力传感器最大的优点就是结构简单、灵敏度高,不过它并不适用于测量高温介质、输出线性差这类情况。

(3)电阻应变片的粘贴技术。

在使用应变片时通常是使用黏合剂粘贴在弹性元件上的,粘贴的好坏会影响传感器的质量,故粘贴技术对传感器的质量起着重要的作用。应变片的黏合剂需要满足以下要

求：必须适合应变片基底材料和被测材料，还要根据应变片的工作条件、工作温度和湿度、有无腐蚀和加压加温固化的可能性、粘贴时间长短等因素来进行选择。常用的黏合剂主要有酚醛树脂胶、502 胶水、消化纤维素黏合剂和环氧树脂胶等。

应变片在粘贴时必须遵循正确的粘贴方式，以保证粘贴质量，这些行为都会影响最终测量结果的精度。粘贴应变片的具体步骤如下。

①应变片的检查和选择。在粘贴应变片之前首先需要对使用的应变片进行外观检查，观察应变片的敏感栅是否均匀、整齐，是否有锈斑存在及短路、断路或弯曲等现象；其次需要对选用的应变片的电阻值进行测量，确定是否选择正确电阻值的应变片。

②试件的表面处理。为获得良好的黏合强度，必须对试件的表面进行处理，如清除试件表面的油污、杂质和疏松层等。为保证表面的清洁，可以使用化学清洗剂如甲苯、四氯化碳等进行反复清理，也可以选择使用物理方法超声波清洗。对于去除杂质具体的处理方法，可以采用砂纸打磨或更优异的利用无油喷砂法进行处理，这样不仅可以获得比抛光更大的表面积，还能获得质量均匀分布的效果。为避免氧化，应变片的粘贴应该尽快进行。如果不想立刻贴片，可以在应变片的表面涂上一层凡士林作为保护层。

③应变片底层的处理。为确保应变片可以牢固地粘贴在试件上，并且具有足够的绝缘电阻，改善胶接性能，可以在粘贴的地方涂上一层底胶。

④贴片。将试件的表面和应变片底层彻底清洗干净之后，各涂上一层薄且均匀的黏合剂，放置一段时间，待其略干时可将应变片对准画线位置迅速贴上，然后盖上一层玻璃纸，用胶辊或手按压，将多余的胶水或者气泡挤出，保证刚才涂抹的黏合剂尽可能薄且均匀地分布。

⑤固化。涂抹的黏合剂能否完全固化将会直接影响到胶的物理机械性能。要想做到这一点，关键是掌握好温度、时间和循环周期。无论是采取加热固化还是自然干燥的方法，都要严格按照工艺规范去执行。为防止应变片的绝缘破坏、电化腐蚀及强度降低，可以在固化后的应变片上涂上防潮保护层，防潮保护层一般选择稀释的黏合剂。

⑥粘贴质量检查。首先从其外观上进行仔细观察，检查应变片的粘贴位置是否正确，黏合剂涂抹的地方是否有气泡、破损和漏粘等；然后检测应变片敏感栅是否有短路、断路现象发生。还可以测量一下敏感栅的绝缘电阻值。

⑦引线焊接和组桥连线。检查合格后即可焊接引出导线，导线可以适当加以固定。应变片之间通过粗细合适的漆包线连接组成桥路，连接的长度尽量一致且不宜过长。

2. 压电式压力计

压电式压力计的动作原理是基于许多晶体（如石英、酒石酸钾钠等）按照一定的轴向受压时，会在表面产生电荷（压电现象），电荷量与所受压力成正比。

压电式压力计具有体积小、结构简单、灵敏度高、线性范围大、可靠性高、寿命长等优点，故其应用非常广泛。尤为重要的是，它具有动态响应频带宽、动态误差小的优势，在动态力（如冲击力、振动压力）和振动加速度的测量中占据主导地位。它可以用来测量压力范围为 $10^4 \sim 10^8$ Pa、频率为几赫兹到几十千赫兹（甚至上百千赫兹）的动态压力，不过压电式压力计不能用来测量静态压力。

压电式压力计内含有弹性敏感元件和压电转换元件，弹性敏感元件在接受压力作用后传递给压电转换元件。一般压电转换元件采用石英晶体为材料。

　　压电式压力计主要由石英晶片、膜片、薄壁管、外壳等组成。石英晶片一般多个堆叠放置在薄壁管内,并有拉紧的薄壁管对石英晶片施加预载力。处于外壳和薄壁管之间的是膜片,膜片是由挠性很好的材料制成的,它的作用是感受外部压力。

　　压电式压力计可以分为膜片式压电压力计和压电式加速度计。

　　(1)膜片式压电压力计。

　　压电式压力计由本体(其结构不同,用途也不同)、弹性敏感元件(平膜片)和压电转换元件组成,实际中由传力块将施加在膜片上的压力施加于压电转换元件(两片石英晶片并联)组成,如图 5.10 所示。膜片受到压力 p 作用时,两片石英晶片输出的总电荷量为

$$Q = 2d_{11}Ap$$

式中　　d_{11}——纵向压电系数;

　　　　A——受力面积;

　　　　P——压力。

通过电荷放大器电路读出产生的电荷值,即可测量电压。

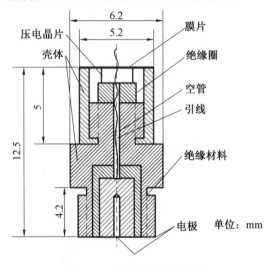

图 5.10　膜片式压电压力计

　　(2)压电式加速度计。

　　图 5.11 所示为压电式加速度测量装置。图中的压垫片上放置了一个质量块,利用弹簧对压电元件和质量块施加预紧力,并一起装在基座上,用壳子封装。测量时质量块应该与基座保持相同的振动,并受到与加速度 a 相反的惯性力的作用。石英压电元件受到力 $T = ma$(m 表示石英压电元件的有效质量)作用时,产生与力成正比的电荷 Q,测量时再将电荷 Q 经过电荷放大器放大后输出,按照公式 $Q = d_{ij}F = d_{ij}ma$ 计算出加速度的大小。

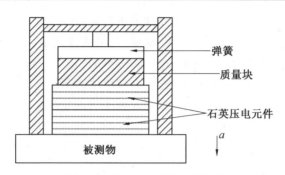

图 5.11　压电式加速度测量装置

3. 电容式压力计

电容式压力计不仅可以应用于压力、差压力、液压、料位等热工艺参数测量中,而且可以应用于振动、加速度、位移、荷重等机械量的测量中。

(1)电容式差压计。

电容式差压计是一种常用的压力计,其不仅可以用来测量液体或气体的压力、差压力、负压及液体的液位,也可以用来与节流装置配套进行液体、气体及蒸汽的流量测量。

电容式差压计的核心部分如图 5.12 所示,电容式差压计是将左右对称的不锈钢基座的外侧加工成环装的波纹沟槽,并焊上波纹隔离膜片。基座的内侧有玻璃层,基座和玻璃层中央都有孔。玻璃层的内表面被打磨成凹球面,球面(除球面的边缘部分外)上镀上金属膜,此金属膜层被用来做成电容的定极板并装上导线连接外部。左右对称的上述结构中央夹入弹性平膜片并焊接,即测量膜片,作为电容的中央动极板。测量膜片的左右空间被分割成两个室,所以有两室结构之称。

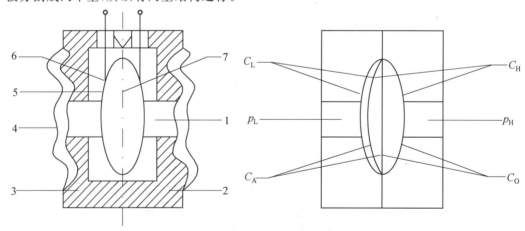

图 5.12　电容式差压计的核心部分

1,4—隔离膜片;2,3—不锈钢基座;5—玻璃层;6—金属膜;7—测量膜片

在测量膜片的左右两室中注满硅油,当左右隔离膜片分别承受高压 p_H 和低压 p_L 时,由于硅油的流动性和不可压缩性,因此会将差压 $\Delta p = p_H - p_L$ 传递到测量膜片的左右面上。由于测量膜片在焊接前就施加了预张力,因此当 $\Delta p = 0$ 时,测量膜片会处于中间平衡位置并十分平整,此时定极板左右两边电容的电容值完全相等,即 $C_H = C_L$,电容量的

差值等于 0。一旦有了差压,测量膜片就会发生变形,也就是说动极板会向低压侧的定极板靠近,同时远离高压侧的定极板,使得电容 $C_L > C_H$,这就是电容式差压计对压力或差压的测量工作过程。

电容式差压计的特点是线性好,灵敏度高,同时还减少了因为介质常数受温度影响而引起的不稳定性。能够实现高可靠性的简单盒式结构的测量范围在 $(-1 \sim 5) \times 10^7$ Pa,并且还能够在 $-40 \sim 100$ ℃的环境温度下工作。

(2)变面积式压力计。

变面积式压力传感器的结构原理图如图 5.13 所示。被测压力作用在金属膜片上,通过中心柱、支撑簧片让可动电极随着膜片中心发生位移而动作。

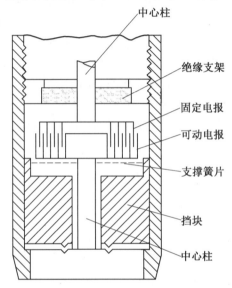

图 5.13　变面积式压力传感器的结构原理图

可动电极和固定电极都是由金属材质经过切削成同心环形槽构成的,一般有套筒状突起,其断面呈梳齿状,电容量由其两电极交错重叠部分的面积决定。

固定电极的中心柱和外壳之间放有绝缘支架,可动电极则是与外壳相连通。压力会引起极间电容发生变化,导致直流信号(4~20 mA)会由中心柱引至电子线路输出。电子线路与上述可变电容一起安装在同一外壳中,整体显得小巧紧凑。

这种压力计可以利用螺纹或者法兰安装在容器壁上,也可以利用软导线悬挂在被测介质中。为使金属膜片具有一定的防腐蚀能力,可以用不锈钢材质制作金属膜片或在其表面加镀金层,同时还要保证外壳是塑料制成的或不锈钢制成的。为保护膜片在过大的压力下也不会被破坏,在其背面有带波纹表面的挡块会起到重要作用,压力过高时膜片会与挡块紧贴,避免变形过大。

这种压力计的测量范围通常是固定不变的,不能随意迁移。而且因为其膜片的背面是没有防腐能力的封闭空间,不可以与被测介质相接触,所以只能用来测量压力,不能用来测量差压。膜片中心位移不超过 0.3 mm,其背面没有硅油,可以把这样的情况看成恒定的大气压,再采用两线制的方式连接,使用直流电压为 12~36 V 的电源供电,其精度可达 0.25～0.5 级,而且可以在环境条件－10～150 ℃中工作。变面积式电容压力计还常用于测量开口容器的液位(即使是介质具有腐蚀性或是黏稠不易流动的,依然可以测量)。

4. 电感式压力计

常见的电感式压力传感器有气隙式和差动变压器式两种结构形式。气隙式的工作原理是被测压力作用在膜片上使之产生位移,引起差动电感线圈的磁路磁阻发生变化。这时,膜片距离磁心的气隙一边增加,另一边减少;电感量则一边减少,另一边增加。由此构成电感差动变化,通过电感组成的电桥输出一个与被测压力相对应的交流电流。其具有结构简单、体积小等优点。而差动变压器式的工作原理是被测压力作用在弹簧管上,使之产生与压力成正比的位移,同时带动连接弹簧管末端的贴心移动,使差动变压器的两个对称的和反向串接的次级绕组失去平衡,输出一个与被测压力成正比的电压,也可以输出标准电流信号,与电动单元组合仪表联用构成自动控制系统。

电感式压力计中大多采用的是变隙式电感作为检测元件,它与弹性元件组合在一起构成电感式压力计。变隙式电感压力计工作原理图如图 5.14 所示。

图 5.14 中,检测元件是由衔铁、线圈和铁芯组成的,衔铁安装在弹性元件上。在衔铁和铁芯之间存在气隙 δ,气隙的大小随着外力 F 的变化而变化,其线圈的电感可以由下式计算得出,即

$$L = \frac{N^2}{R_m} \tag{5.19}$$

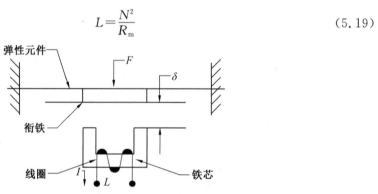

图 5.14 变隙式电感压力计工作原理图

式中　N——线圈匝数;

　　R_m——磁路总磁阻$(1/h)$,表现为物质对磁通量的阻力大小。

磁通量的大小不仅与磁阻大小有关,而且也与磁势大小有关。当磁势一定时,磁路上磁阻越大,磁通量就越小。磁路上气隙的磁阻比导体的磁阻大得多,假设气隙是均匀分布的,且导磁的截面与铁芯的截面相同,那么在不考虑磁路中铁损的情况下,磁阻可以表示成

$$R_m = \frac{L}{\mu A} + \frac{2\delta}{\mu_0 A} \tag{5.20}$$

式中　L——磁路长度,m;

　　μ——导磁体的导磁率,H/m;

　　A——磁导体的截面积,m^2;

　　δ——气隙量,m;

μ_0——空气的导磁率,$4\pi \times 10^{-7}\,\mathrm{H/m}$。

由于 $\mu_0 \ll \mu$,因此式(5.20)中的第一项可以忽略不计,由式(5.20)可以得到

$$L = \frac{N^2 \mu_0 A}{2\delta} \tag{5.21}$$

如果变隙式电感压力计上接入交流电源,那么流过线圈的电流 I 和气隙之间的关系为

$$I = \frac{2U\delta}{\mu_0 \omega N^2 A} \tag{5.22}$$

式中 U——交流电压,V;

  ω——交流电源的角频率,rad/s。

从上述各式中可以看出,当施加压力后,衔铁位置发生变化,衔铁和铁芯的气隙相应发生变化,传感器线圈的感电量也相应发生变化,流过传感器的电流 I 也同样相应发生变化。因此,通过测量线圈中的电流的变化可知压力的大小。

5. 霍尔式压力计

(1)霍尔效应。

1879 年,霍尔发现在通有电流的金属板上施加一个匀强磁场,当电流垂直于外磁场通过半导体时,载流子发生偏转,垂直于电流和磁场的方向会产生一个附加电场,从而在半导体两端产生电势差,这个现象称为霍尔效应,该电势差称为霍尔电势差,其形成的原因可以用带电粒子在磁场中所受到的洛伦兹力来解释。霍尔效应原理图如图 5.15 所示,将金属或半导体薄片置于磁感应强度为 B 的磁场中,当有电流通过薄片时,电子受到洛伦兹力 f_L 的作用向一侧偏移,电子向一侧堆积,形成电场,该电场对电子又产生电场力。电子积累越多,电场力就越大。洛伦兹力的方向可以用左手定则判断,它与电场力的方向正好相反。当这两个力达到动态平衡时,在薄片的 CD 方向建立稳定电场,即为霍尔电动势。

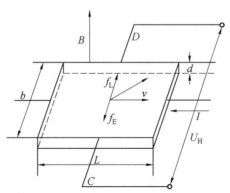

图 5.15 霍尔效应原理图

霍尔效应是电荷受到磁场中的洛伦兹力作用的结果。如图 5.15 所示,一块长为 L、宽为 b、厚度为 d 的 N 型半导体薄片(称为霍尔基片),沿着基片的长度方向通入电流 I(称为控制电流或激励电流),在垂直于半导体薄片平面的方向上施加磁感应强度为 B 的磁场,则半导体中的载流电子会受到洛伦兹力的作用,由物理学知识可知

$$f_L = qvB \tag{5.23}$$

式中　q——电子的电荷量，$q = 1.602 \times 10^{-19}$ C；

　　　v——半导体中电子运动的速度；

　　　B——外磁场的磁感应强度。

在力 f_L 的作用下，电子被推向半导体的一侧，并在该侧面积累负电荷，在半导体的另一侧积累正电荷。这样，在半导体基片的两侧面建立起静电场。电子又受到电场力 f_E 的作用，且有

$$f_E = qE_H \tag{5.24}$$

式中　E_H——静电场的电场强度。

f_E 会阻止电子继续偏移，当 $f_E = f_L$，即 $qvB = qE_H$ 时，可以得到

$$E_H = vB \tag{5.25}$$

此时，正负电荷的积累处于动态平衡状态，基片宽度两侧面间因电荷积累而形成的电位差 U_H 称为霍尔电势。霍尔电势与霍尔电场强度 E_H 的关系为

$$U_H = bE_H \tag{5.26}$$

把式（5.25）代入式（5.26）中可以得到

$$U_H = bvB \tag{5.27}$$

假设通入基片的电流 I 是均匀分布的，则有

$$I = nqvbd \tag{5.28}$$

式中　n——N 型半导体载流子浓度（单位体积中的电子数）；

　　　bd——与电流方向垂直的截面积大小。

将式（5.27）与式（5.28）合并整理，得到

$$U_H = \frac{BI}{nqd} = R_H \frac{BI}{d} \tag{5.29}$$

式中　R_H——霍尔系数，它是由材料的性质决定的常数，对于 N 型半导体，$R_H = \frac{1}{nq}$。

令 $K_H = \frac{R_H}{d}$，则有

$$U_H = K_H IB \tag{5.30}$$

式中　K_H——霍尔元件的特性，称为霍尔元件的灵敏度。

由式（5.30）可知，霍尔电势 U_H 正比于控制电流 I 和磁感应强度 B，且当控制电流 I 和磁感应强度 B 的方向发生改变时，霍尔电动势的方向也发生改变。电流越大，磁场越强，电子受到的洛伦兹力就越大，霍尔电动势也就越高。此外，薄片的厚度和半导体材料中的电子浓度等因素也会对霍尔电动势产生影响。

如果磁场方向与半导体薄片不垂直，并与其法线方向的夹角为 θ，那么霍尔电动势的大小为

$$U_H = K_H IB\cos\theta \tag{5.31}$$

（2）霍尔元件。

由于导体的霍尔效应很弱，因此霍尔元件都是由半导体制成的。目前常用的霍尔元件材料是 N 型硅，这种材料的霍尔灵敏度系数、线性度和温度特性都较为出色。InAs、

InSb、N 型 Ge 等物质也是常用的霍尔元件材料。这三者之间,InSb 元件的输出较大,但是其受温度影响也较大;而 InAs 和 N 型 Ge 的输出虽不及 InSb 大,但是这二者温度系数小,线性度好。还有一种新型的霍尔元件材料——GaAs,其温度特性和输出线性都很好,但是价格昂贵,今后会逐渐应用在各领域内。

霍尔元件是一种半导体四端薄片,一般将其做成正方形。在薄片的相对两侧对称地焊上两对电极引出线,其中一对对称电极作为霍尔电动势的输出端,另一对对称电极作为激励电流端。霍尔元件的结构十分简单,它由霍尔片、引线和壳体三部分组成。其中,霍尔片是一块半导体矩形薄片(半导体大多采用 N 型半导体)。在霍尔片较短的两个端面焊上两根激励电流端或控制电流端(可以称为激励电极或控制电极),在其较长两端的中间以点的形式焊上两根霍尔输出端(称为霍尔电极)。焊接处的接触电阻需要小且具有纯电阻性质(金属与半导体形成欧姆接触,即在接触处是一个纯电阻)。霍尔片一般选用陶瓷、非磁性金属或环氧树脂封装。

根据霍尔电动势的表达式(5.31)可知,霍尔元件可以在以下三个方面得到应用。

①利用 U_H 和 B 关系。当激励电流一定时,霍尔电动势与磁感应强度成正比例关系。可以利用这个关系测量交流、直流的磁感应强度和磁场强度等。利用霍尔元件制作的钳形电流表可以在不切断电路的情况下通过测量电流产生的磁场而测量出电流值,其测量的最大电流可以达到 110 kA 以上。

如果让霍尔电动势的激励电流不发生变化,只让其在一个均匀梯度的磁场中移动,那么该元件输出的霍尔电动势只取决于它在磁场中的位置。利用这一原理可以测量微位移和可转换为微位移的其他量(如加速度、压力、振动等)。

利用上述霍尔元件的关系,还研制出了霍尔式罗盘、转速传感器、导磁产品计数器、方位传感器、接近开关、无触点开关等。

②利用 U_H 与 I、B 的关系。如果激励电流为 I_1,磁感应强度 B 由励磁电流 I_2 产生,那么可以根据式(5.31)计算出霍尔电势,即

$$U_H = KI_1I_2 \tag{5.32}$$

利用此关系可以将霍尔元件与放大器、激励线圈等组合在一起,做成模拟运算的乘法器、除法器、平方器、开方器等各种运算器。同样,根据式(5.32)也可以利用霍尔元件进行功率的测量。

③利用 U_H 和 I 的关系。

当磁场恒定不变时,在一定的温度下,霍尔电势 U_H 和激励电流 I 会呈现出非常好的线性关系,利用霍尔元件的这一特性,可以用其直接测量电流值,也可以用来测量能转换成电流的其他物理量。

(3)霍尔传感器。

霍尔式压力传感器是利用材料的霍尔效应将感受到的压力转换成可用电信号输出的传感器。保持霍尔元件的激励电流不变,使其在一个均匀梯度的磁场中移动,其输出的霍尔电势只取决于它在磁场中的位移量,利用这个原理可以进行微位移的测量。如图 5.16(a)所示,在极性相反、磁场强度相同的两个磁钢气隙中放置一小块霍尔片,当霍尔元件沿一个方向移动时,霍尔电势的变化表示为

$$U_H = Kx \tag{5.33}$$

式中　　K——霍尔位移传感器的输出灵敏度。

　　从图 5.16(b)中可以看出,霍尔电势与位移量呈线性关系,并且霍尔电势的极性反映了霍尔元件位移的方向。经过实践证明,磁场的变化率越大,其灵敏度就越高;磁场的变化率越小,其线性度就越好。当霍尔元件处在磁场的中间位置时,则其位移量为 0,霍尔电势为 0,这是因为处在此位置的霍尔元件会受到一个大小相等、方向相反的磁通作用。基于霍尔效应的位移传感器一般可以测量 2~3 mm 的小位移。

　　霍尔元件由于在静止状态下具有感受磁场的独特能力,并且具有结构简单、体积小、噪声小、频率范围宽(从直流到微波)、动态范围大(输出电势变化范围可以达到 1 000∶1)、寿命长等特点,因此获得了广泛的应用。

　　霍尔式压力计如图 5.16(b)所示,当被测压力输送到膜盒中使膜盒变形时,位于膜盒中心的硬芯和与之相连的推杆产生位移,从而使杠杆绕其支点轴转动,杠杆的一端装上霍尔元件。霍尔元件在两根磁铁形成的梯度磁场中运动,产生的霍尔电势与其位移成正比。如果膜盒中心的位移与被测压力呈线性关系,则霍尔电势的大小即反应压力的大小。

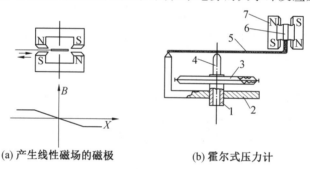

(a) 产生线性磁场的磁极　　　　　　　(b) 霍尔式压力计

图 5.15　霍尔式压力计结构图

1—管接头;2—基座;3—膜盒;4—芯杆;5—杠杆;6—霍尔片;7—磁铁

5.2.6　力平衡式压力计

　　力平衡式压力计是由测压敏感元件组成力负反馈闭环系统,被测压力以平衡反馈力表示的压力计。力平衡式压力计的工作原理就是反馈力的平衡,可以是弹性力的平衡或电磁力的平衡等。当被测压力或压差作用在弹性敏感元件上时,弹性敏感元件感受压力作用并将其转换为位移或力,然后作用在力平衡系统上,力平衡系统经过力作用后将偏离原来的平衡状态,经由偏差检测器输出偏差值至放大器,放大器将信号放大并输出电流(或电压)信号,电流信号控制反馈力或力矩发生机构,使之产生反馈力。当反馈力与作用力相平衡时,仪表处于新的平衡状态,显示机构会输出与被测压力或压差相对应的信号。其组成框图如图 5.17 所示。

　　图 5.18 所示为弹性力平衡式压力计测量系统的原理示意图,它是由弹性敏感元件(测压波纹管)、杠杆、差动电容变换器、伺服放大器 A、伺服电机 M、减速器和反馈弹簧等元部件组成的。

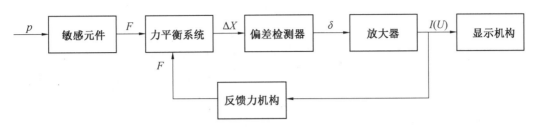

图 5.17　力平衡式压力计组成框图

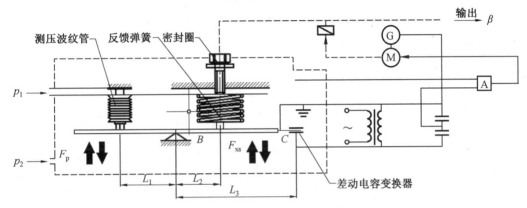

图 5.18　弹性力平衡式压力计测量系统的原理示意图

5.2.7　数字式压力计

数字式压力计是采用数字显示被测压力量值的压力计,可以用于测量绝对压力、表压和差压。早期的数字式压力计只是把测量得到的结果以数字的形式展示出来,后来为克服传感器的零点、温度漂移、非线性等问题,加入了恒流供电、温度补偿电路和非线性修正电路。随着计算机技术的发展,现在的数字式压力计中必定会有单片机电路这样的关键部件。虽然数字式压力计的种类繁多,但它们的工作原理都大同小异,其原理图如图5.19所示。

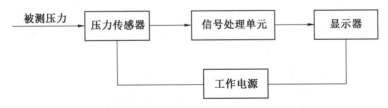

图 5.19　数字式压力计原理图

1. 数字式压力计的分类

数字式压力计可以根据被测压力的性质、数字压力计的结构和介质进行多种分类。

（1）按被被测压力的性质分类。

①表压压力计。表压压力计用于测量以当地当时大气压力作为参考的压力,此类压力计是在数字式压力计占比最大的压力计,也是最常用到的数字式压力计。

②绝压压力计。绝压压力计用于测量以绝对真空或零压力作为参考的压力,其测量

结果恒为正值。

③真空度计。真空度计是用来测量真空度的仪器。

④差压压力计。差压压力计用来测量两个压力之差,此类压力机一般有两个压力输入口,即高压压力输入口和低压压力输入口。差压压力机的量程有两项:一项是差压的量程,另一项是静压的量程。额定最大的差压范围是差压量程,额定最大的静压输入压力范围就是静压量程。一般情况下,这两种量程的差距很大。

(2)按数字压力计的结构分类。

①台式压力计。台式压力计通常在室内使用,一般使用 220 V、50 Hz 的交流电源,具有较高的测量准确度和较强的功能。

②便携式压力计。便携式压力计既可以使用室内的交流电源进行工作,又可以带到室外由仪表内部电池供电工作并可充电。此外,便携式压力计还配备了电池欠压指示和充电指示。

③带压力源的数字压力计。带压力源的数字压力计因自身携带产生压力的压力源而可以用作标准器以检测其他被测量压力仪表,使用十分方便。

④组合式与综合试验台。组合式与综合试验台是由数字压力计与相应的配套设备组合而成的,配套设备通常有程控电动压力源或手动压力源、计算机、各种阀门和调节器等,因此具有更强的功能和更优越的性能。

(3)按被测介质分类。

①气体。被测压力的介质是气体,常用的气体介质有干燥、干净的空气、氮气等非腐蚀性、非可燃性和非可爆性气体,其压力测量一般不会超过 6 MPa。

②液体。被测压力的介质是非易燃、非易爆、非腐蚀性液体。常用的液体介质有油类(如变压器油、蓖麻油)、水、酒精(仅用于活塞压力计)等,而易燃、易爆、腐蚀性的气体和液体介质则需要使用专门的仪器(如防爆、隔爆、隔离、禁油等)进行压力测量。

生活中常用的数字式压力计有以下两种。

a.YBS−WY 型精密数字式压力计。YBS−WY 型精密数字式压力计如图 5.20(a)所示。这种压力计是交直流两用的便携式仪表,在测量压力的同时可以测量电流,同时在 LCD 上显示出来,并备有 DC24 V 输出,而且其前面板上安装了打压手泵,使之成为现场校验仪表。

(a) WBS-WY型精密数字式压力计　　(b) HAKK-YBS-2S型精密数字式压力计

图 5.20　常用的数字式压力计

　　b. HAKK－YBS－2S 型精密数字式压力计。HAKK－YBS－2S 型精密数字式压力计如图 5.20(b)所示。这种压力计自 1990 年问世以来已经从第一代发展到现在的第六代,产品的性能不断完善,品种也由单一的气压表增加到液压表、有源表和真空表。

2. 影响数字式压力计测量结果的主要因素

　　影响数字压力计测量结果准确度的因素随选用的压力传感器不同而不同。在各种因素中,温度的影响是最大且最为普遍的,几乎对所有传感器都会引起误差。数字压力计中最常用的压阻式、振筒式和压电式等传感器对温度尤为敏感。例如,振筒式传感器有两组输出:一组是与被测压力对应的振动频率输出;另一组是传感器内部敏感部件即内、外振动筒处的温度输出。在数据处理中可以用该输出进行温度补偿,可见温度对其影响巨大。压阻式传感器受到温度变化的影响是多层面的,其中主要体现在两个方面:一是硅电阻本身具有较大的正温度系数,这是因为硅的电阻率会随着温度的升高而发生变化,于是构成电桥的四个桥臂电阻也会随着温度的变化而变化,但它们的变化程度不同,于是形成了零点的温度漂移;二是硅的压阻系数具有负温度变化特征,所以压阻式传感器的灵敏度温度系数是负数。因此,为减小温度对测量结果的影响,可以选择恒流供电的方式,这样做的原因是当温度发生变化,如温度升高,硅电阻增大,即电桥内阻增加时,激励电流在电桥两端产生的电压也变大,即传感器扩散硅电阻电桥的桥压增大,正好可以起到补偿传感器灵敏度的负温度漂移的作用。不过这种补偿只是部分补偿而非完全补偿,但总比恒电压供电的无补偿要好得多。

　　除温度会影响数字式压力计的测量结果外,还有一些其他因素也会对测量结果造成影响,其中最重要的是压阻式传感器固有的不足,即重复性、复现性相对较差,其主要表现为经过调整、补偿、修正后使用一段时间(或不使用),其特性会发生变化,主要出现有零点、迟滞、重复性、非线性、灵敏度等项中的某一项或几项发生变化的问题,甚至可能出现仪器不能正常工作的问题,其原因就是传感器的特性发生了变化。

　　数字式压力计是一种电子仪器,可能会受到电磁干扰(其他压力计并不会受到电磁干扰)。因此,必须要想办法解决数字式压力计的电磁干扰问题。对于电池供电的便携式、手持式数字压力计,则需要注意电池的电压,电池电压偏高或偏低都有可能对测量结果造成误差。因此,为保持数字压力计良好的工作状态,应保证电池有足够的电量。

3. 数字活塞压力计

　　数字活塞压力计是一种新型的压力测量、检验仪表,它不仅具有活塞压力计的准确、稳定、可靠等优异性能,还具备数字压力计直接用数字显示当前压力值大小等优点。ZH220S 型数字活塞压力计是其中的代表,它的大显示屏除可以正常显示当前压力外,还可显示本次校验的测量点数、当前点号是正行程还是逆行程和第几次行程,以及被校准仪表的量程和进行反校准时各测量点的偏差等。它在各个规定压力点上由活塞压力计来保证压力测量的准确度,如果是在两个规定压力点之间,则由数字压力测量部分来保证当前的压力值,而且还能保持相应较高的准确度。此外,ZH220S 型数字活塞压力计还可以使操作人员更加准确、有效地使用设备。例如,在测量中需要改变压力值,一般的活塞压力计在相邻两个规定的压力点之间的活塞缸和管路内的实际压力值是不透明的,操作人员只能凭主观感觉和经验来调整压力大小且可能需要多次调整,这既增加了操作的复杂性,又使得规定压力值附近出现一个小的压力回线,且这个小的压力回线并不是理想的,而 ZH220S 型数字活塞压力计则可以方便地解决此问题。

综上所述,数字活塞压力计既适应了时代对压力的要求,又为压力测量提供了一种新的装备和手段。

5.2.8　压力仪表的选用

一般会根据工艺生产过程对压力测量的要求、现场环境条件、被测介质的性质等来考虑压力仪表的类型、量程和精度等级,并确定是否需要带有远传、报警等附加装置,这样才能达到经济、合理和有效的目的。

1. 压力仪表种类和型号的选择

(1)按被测介质的压力大小考虑。

如果需要测量微压(大概是几百到几千帕),可以选择使用膜盒压力计或者液柱式压力计;如果被测介质的压力不大(大约在 15 kPa 以下并且没有要求立刻读数),可以选择使用单管压力计或 U 形管压力计;如果有规定需要迅速读数,可以选择使用膜盒压力表;如果测量的压力达到 50 kPa 以上,应该选择使用弹簧管压力表。

(2)按现场环境条件考虑。

对于高温或低温的环境条件,需要选择温度系数小的敏感元件及其他转换元件;对于机械振动强烈的情况,可以选择使用船用压力表;对于爆炸性气氛的环境,在使用电气压力表时必须可以防爆。

(3)按被测介质的性质考虑。

对于类似稀硝酸、氨及其他具有腐蚀性的介质,需要选择防腐压力表,如以不锈钢作为膜片的膜片压力表;对于类似氧气、乙炔等介质,应该选择专用压力表;对于一些易结晶、黏度大的介质,应该选用膜片压力表。

(4)按仪器输出的信号要求考虑。

如果压力仪表的输出信号只需要就地观察其压力变化情况,则应该选用弹簧管压力计;如果是需要远传的,则应该选择使用电气式压力计,如霍尔式压力计等;如果需要检测仪表压力的快速变化情况,则应该选择压阻式压力计;如果被检测的是管道水流压力且压力脉动频率较高,则应该选择电阻应变式压力计;如果压力仪表需要报警或位式调节功能,则应该选择带电接点的压力计。

2. 压力表准确度等级的选择

压力表的准确度等级主要是根据生产允许的最大误差来确定的。目前我国的压力表准确度等级有 0.005 级、0.02 级、0.05 级、0.1 级、0.2 级、0.35 级、0.5 级、1.0 级、1.5 级、2.5 级、4.0 级等。一般情况下,0.35 级以上的压力表可以作为校验用的标准压力表。

3. 压力仪表的量程选择

为保证压力计在安全的范围内可靠工作,并且可以兼顾测量意外情况的压力(如被测对象发生异常超压情况),一般在设计压力计时,对其量程会留有充足余地。通常对于测量稳定压力,压力计的最大工作压力不应超过其量程的 3/4;对于测量脉动压力,压力计的最大工作压力不应超过其量程的 2/3;对于测量高压,压力计的最大工作压力不应该超过其量程的 3/5。此外,为保证测量的准确度,最小的工作压力不应低于量程的 1/3。当被测压力的变化范围很大时,压力计最大和最小工作压力可能不满足上述要求,此时应首先满足最大工作压力条件。

目前,我国生产出厂的压力检测仪表(包括差压压力计)有统一的量程系列,其量程分别是 1 kPa、1.6 kPa、2.5 kPa、4.0 kPa、6.0 kPa 及上述所有压力的 10^n 倍(n 为整数)。

4. 压力表的安装

(1)取压口的选择原则。

①取压口应该选在被测介质直线流动的管段部分,而不要选在管道的弯曲、分叉及流束形成涡流的地方。

②如果需要把取压口放置在管道阀门、挡板之前或之后的位置,则需要控制取压口与阀门、挡板的距离,其距离应该大于 $2D$ 及 $3D$(D 表示管道内径)。

③如果管道中需要安装突出物(如温度计套管),则取压口应该放置在突出物的上游方向一侧。

④如果被测介质是液体,则取压口应放置在管道横截面的下方,以防止液体介质中有气泡进入压力信号导管,引起测量延迟,不过开口也不宜放置在管道横截面的最底部,以防沉渣堵塞取压口。

⑤如果被测介质是气体,则取压口应放置在管道横截面的上方,以免气体中析出液体进入压力信号导管,导致测量误差产生。但是对于水蒸气来说,在进行测量时,由于压力信号导管中总是充满了凝结水,因此需要按照上述的液体压力测量方法进行处理。

(2)压力信号导管的安装。

①为减小因管道阻力而引起的测量延迟的影响,一般会把导管总长控制在 60 m 以内,其内径一般是 6~10 mm。

②为防止压力信号导管内有积水(当被测介质为气体时)或积气(当被测介质为液体时)现象发生,导致测量产生误差,一般会把水平铺设的压力信号导管设计成有一定的坡度,其坡度一般在 3% 以上。

③当压力信号管路较长并需要通过露天或热源附近时,需要在压力信号导管的表面铺设保温层,以防止管内介质汽化或结冰。为方便工作人员检修,可以在取压口和压力表之间装上切断阀并使其靠近取压口一侧。

(3)压力表的安装。

①压力表应该安装在容易观察和检修的地方。

②压力表的安装地点应选择在可以避免振动、潮湿、高温和粉尘影响的地方。

③在测量蒸汽压力时,需要增加一个凝液管以防止高温蒸汽直接和测压元件接触引起损坏。当对具有腐蚀性的介质进行测量压力时,需要加装充有中性介质的隔离罐等。无论如何,都要根据实际情况,采取相应的防护措施。

④压力表的连接处需要加装密封垫,一般低于 80 ℃和 2 MPa 的情况下会选择使用铝片或石棉纸,对于更高的温度和压力,则需要选择退火紫铜或铅垫。此外,还要考虑介

质对压力表的影响。

5.2.9　压力校准

1. 概述

在如今的研究领域内,随时间变化的压力称为动态压力;而不变压力或变化缓慢到可以不考虑其随时间变化的压力称为静态压力。

动态压力广泛应用于科研和工业领域。例如,汽轮机、内燃机、燃气轮机、火箭发动机中压力基本都是动态压力;飞机和火箭中的压力大多数也是动态压力;各种工业控制设备和动力机械中气压装置、启动装置的脉动压力也是动态压力;枪炮的膛压及爆炸冲击波,甚至是人体血压和脑压等都是动态压力。

以前人们在压力测试的领域内大多注重如何提高静态测试的准确度,而压力的动态过程往往被忽略,因此出现了许多问题。自 20 世纪 60 年代起,动态压力测试校准技术的研究逐渐受到人们的重视。例如,某国外飞机研究使用过程中遇到的动态压力问题,这是一个十分典型的案例。该飞机自投入生产使用后多次出现发动机喘振、失速和停车等问题,导致已投入使用的飞机不得不停产收回,重新回到试验阶段。出现这些问题的主要原因是飞机发动机进气道流场的压力畸变,但是其稳态畸变满足设计的要求,于是该国开始进行动态畸变流场的研究工作。研究结果表明,发动机对动态畸变远比对稳态畸变敏感,这是因为发动机进气道强烈的压力脉动使得流场中的瞬时畸变值远大于稳态畸变,当瞬时畸变值达到喘振极值时,发动机会出现喘振现象。测试动态压力为解决上述问题提供了可靠的依据。

一般情况下,动态压力的幅值范围和频率范围都是宽泛的。动态压力幅值可以从风洞及声压测试中的 0.1 kPa 以下直到枪炮的膛压 1 000 MPa,动态压力的频率范围可以从 0 Hz 直到 1 MHz 以上,所以在进行动态压力测试的过程中需要同时测试其静态分量。

不过在动态压力的测量中存在动态误差,在静态压力测量中,即使是准确度很高的仪表,用于动态压力测量时也可能会出现非常大的误差。为减少和控制动态误差,产生了动态压力校准技术。我国自 20 世纪 80 年代起着手建立了一系列动态压力国防最高标准,并且制定了相应的国家计量检定规程。如今,动态压力校准已经广泛地应用于我国的科研和国防领域中。

根据动态压力校准的目的和装置的原理可以进行不同的分类。

(1)按动态压力校准的目的分类。

①以获取测压传感器(或测压系统)动态响应特性为目的(这是动态压力校准中最为主要的一种功能)。根据需要,既可以获取频域响应特性(如幅频特性、相频特性等),又可以获取时域响应特性(如时间常数、上升时间、振铃频率、自振周期、过冲等)。经过校准后的结果一般以数据或者曲线的形式表示,称为测压传感器(或测压系统)的动态非参数模型。如果需要,还可以根据非参数模型采用系统辨识方法建立参数模型(如微分方程、传递函数等)。

②以获取测压传感器(或测压系统)幅值特性为目的。可以用来获取测压传感器(或测压系统)的灵敏度、非线性、工作直线和重复性等,此时又可将其分成以下两种。

　　a. 准静态校准。利用动态压力信号对测压传感器(或测压系统)进行幅值校准,要求用到的信号有效频带必须完全处在被校准传感器的无失真工作频带之内,以此保证在校准过程中产生的动态误差可以忽略不计,使校准结果和静态校准的结果在理论上是一致的,所以称为准静态校准。

　　b. 准动态校准。准动态校准与准静态校准是类似的,也是利用动态压力信号对测压传感器(或测压系统)进行幅值校准。不过也有不同点,准动态校准并不要求所用的信号的有效频带完全处在被校准传感器的无失真工作频带之内,而是要求校准信号的频谱与测试信号的频谱相似,以保证因波形失真而造成的峰值测量误差得到补偿。可以看出,这是一种比较特殊的动态校准技术,其用途较为局限。

　　(2)按校准信号的波形分类。

　　①周期信号动态校准。例如,正弦信号、周期方波信号等用于动态校准,其中正弦信号因其有利于直接获取幅频特性和相频特性而受到广泛关注。

　　②非周期信号动态校准。其中一种非周期信号是阶跃信号动态校准,它可以直接获取时域响应特性;另一种非周期信号是各种脉冲信号,如半正弦信号、窄脉冲信号(又称准 δ 函数)等。正是因为在技术上非周期信号可以获得更大的动态范围和更宽的工作频带,所以在动态压力校准中会得到更广泛的应用。

　　(3)按照动态压力校准装置的特征分类。

　　比较常用的激波管动态校准装置、快速阀门动态校准装置产生的都是阶跃信号的,正弦压力校准装置产生的是正弦压力信号;水激波管、飞片式压力脉冲装置产生的是窄脉冲压力信号;落锤液压校准装置产生的是半正弦压力脉冲。

2. 压力传感器的检定

　　把压力传感器的特性分成两类,即静态特性和动态特性。压力传感器的静态特性的主要指标是灵敏、线性度、重复性、迟滞、精度、温度漂移和零点漂移等。一般校准压力传感器都是校准其静态特性,这是因为人们把压力传感器理想化,认为其固有频率相当大且本身无阻尼,这时压力传感器的静态特性与动态特性是一样的。然而,在被测压力随时间变化的情况下,压力传感器的输出能否追随输入压力的快速变化是一个很重要的问题。因此,必须要进行压力传感器动态特性的校准,认真分析其动态响应特性。压力传感器动态特性可以用它的上升时间、固有频率、幅频特性、相频特性等参数来描述。

　　(1)压力传感器静态特性的检定。

　　①压力传感器静态特性的手动检定方法。手动检定压力传感器最常用的压力标准器具是活塞式压力计,随着科学技术水平及机械加工技术的提高,活塞式压力计的测量范围不断扩大,测量准确度不断提高。但是,手动检定压力传感器的静态特性仍具有劳动强度大、工作条件差、检定效率低的缺点(手动检定一个压力传感器至少需要半小时),且在读数时易受人为因素影响,影响准确度。

　　②压力传感器静态特性的自动检定方法。随着计算机技术不断发展,压力传感器检定的自动化程度逐步提高,检定的准确度和速度均得到提高。根据压力传感器的工作原理,可以将压力传感器的自动检定方法分为两类,即活塞式压力计自动检定和数字式压力计自动检定。

a.以活塞式压力计为基础的自动检定具有测压准确度高、测量范围大等优点,其自动化通常体现在自动加卸砝码、自动检测活塞位置及让活塞自动旋转等。

b.以数字式压力计为基础的自动检定,如英国 DRUCK 公司研发生产的 DPI519 型压力检定仪,其具有测量范围广(测量范围为 $-0.1 \sim 21$ MPa)、产生的误差小、没有超调现象等优点。

(2)压力传感器动态特性的检定。

目前,动态特性的检定方法一般有两种,即正弦压力信号输入法和瞬态压力信号输入法。

①正弦压力信号输入法。正弦压力信号输入法是一种间接的检定方法,即被检定的压力传感器与一个"参考"的压力传感器相比,其中作为"参考"的压力传感器具有理想的动态性能。正弦压力校准原理如图 5.21 所示。正弦压力信号输入法比较简单,但是遇到高压、高频的情况,正弦信号往往会严重畸变。因此,正弦压力信号输入法一般只能应用于较小压力和低频范围的检定。

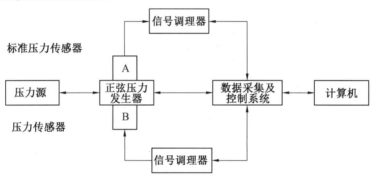

图 5.21　正弦压力校准原理

②瞬态压力信号输入法。瞬态压力信号输入法利用阶跃波和其他非周期的脉冲信号作为输入,目前运用得比较成功的是阶跃波输入法。它可以根据被标定的压力传感器的阶跃响应,再利用解析的方法计算其动态特性。此方法不需要动态性能已知的"参考"压力传感器,所以这种方法是一种直接的检定方法。

校准压力传感器的动态特性需要有动态压力标准源(如活塞式正弦压力发生器、激波管等)。正弦压力发生器是一种可以产生频率、幅值可调的正弦波压力源,其种类繁多,可以按照工作原理的不同分为调制式、谐振式、气缸—活塞式等,其工作介质有气体和液体两种,它们的工作频率范围各不相同。目前,正弦压力发生器的总体工作频率范围大多可以覆盖到 $0 \sim 20$ kHz。正弦压力标准一般采用比较法原理,也就是采用标准压力传感器测量激励信号,再通过与压力传感器的响应进行比较,最后检定。激波管是产生激波和利用激波压缩实验气体,以模拟所要求工作条件的一种装置,它在医疗卫生、石油化工、航空航天等方面有着广泛的应用,不同的应用场合对激波管有不同的要求。当激波管用于压力传感器的动态校准时,人们常用其产生一个阶跃压力作为标准信号施加在被测压力传感器上,通过对压力传感器的输出响应分析去校准压力传感器,分析压力传感器的实际工作性能。激波管的工作原理如图 5.22(a)所示,它通常是一根两端封闭的柱形长管,中间由膜片分隔成两段(图 5.22(a)中的 D 区和 A 区),在这两个区域中分别充入满足模拟要求的高压驱动气体和低压被驱动气体。当膜片破裂时,高压气体膨胀,产生向右端低压气体快速运动的激波,同时还有向左端传播的膨胀波。图 5.22(b)中的 B 区是经过激波后的气体状态,C 区是经过膨胀波后的气体状态,B、C 两区的交界面称为中界面。激波的压缩作用会使实验气体的参量发生相应的变化。由于激波运动速度非常快,因此经过激波压缩后的实验压缩气体参量只能在短暂的时间内保持不变,相应的流动也只在短暂时间内保持不变。

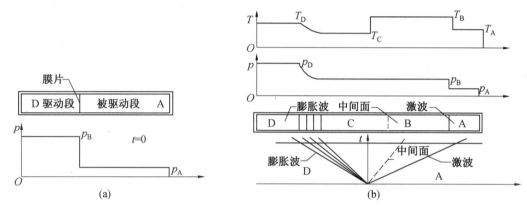

图 5.22　激波管

激波管在压力传感器动态性能校准上的应用有以下几点。

①测量压力传感器的自振频率。由于压力传感器在阶跃压力作用下会产生振荡,因此对压力传感器在阶跃压力作用下产生的输出信号分析就能得到传感器的自振频率。

②测量压力传感器的动态灵敏度。压力传感器的动态灵敏度可以表示为

$$S = \frac{K}{\Delta p} \tag{5.34}$$

式中　S——动态灵敏度;

　　　K——压力传感器输出电量的稳定值,它可以是电流,也可以是电压;

　　　Δp——输入阶跃压力值。

③测量压力传感器的上升时间和延长时间。上升时间 t_r 表示传感器输出从稳定值的 10%上升到稳定值的 90%(过阻尼系统)所需的时间,或从稳定值的 10%上升到稳定值的 100%(欠阻尼系统)所需的时间;延长时间 t_s 表示从输入阶跃压力作用到传感器到传感器有信号输出时的时间差。

④测量腔室对传感器的影响。压力传感器在实际使用时常常需要使用连接件与被测压力源连接,连接管的直径大小和长短都会对传感器的输出响应产生影响,导致传感器测量出的结果与真实结果相差甚远。利用激波管可以很方便地模拟这种影响,以便对传感器的测量结果进行修正。

⑤测量不同介质对传感器的影响。

⑥测量压力传感器的动态输出幅值误差。

⑦测量传感器的通频带特性。

⑧测量传感器的瞬间过压性能。

3. 动态压力校准装置简介

根据动态压力校准目的和对象的不同,需要利用各种不同的装置,因此逐渐产生了各式各样的动态压力校准装置。无论是哪一种动态压力校准装置,一般都是由两大部分构成的:一部分是激励源(也就是动态压力发生器),它的作用是产生所需要的压力波形;另一部分是测量系统,用来监测压力波形或波形特征量。下面介绍一些目前较常用的几种动态压力校准装置。

(1)阶跃类动态压力校准装置。

测量系统的时域特性通常是以阶跃响应的某些特征值来表示的。同时,阶跃信号还具有相当宽的有效频带,可以在试验中激发传感器,从而得到传感器的频域特性。因此,阶跃压力发生器在压力传感器动态校准中得到了广泛的应用。

①激波管。激波管是一种经典的动态压力校准装置,它可以产生上升时间非常短的阶跃压力,其校准频率上限能够达到 1 MHz 以上。激波管装置是目前广泛使用的动态压力源,它产生的阶跃压力波前沿上升时间可在 0.1 μs 以内,其平台压力可以在有限的时间内(一般是 10 ms)保持恒定,并且幅值可以利用起始参数和激波速度计算得出,不过准确度大约只有 6%。同时,激波管的校准压力不是很高,一般在 10 MPa 左右,个别高压激波管的压力幅值可以达到 100 MPa,很难进一步提高校准压力幅值,即使成功了,也需要大量的费用。由此可知,激波管有两处不足:一是其压力较低,对于 500 MPa 以上的高压传感器,即便是高压激波管,其试验压力也只是传感器量程的 1/5;二是由于激波管产生的激波压力平台时间较短,因此不能获得传感器在 100 Hz 以下的频响特性,且大多数动态压力信号的低频分量占据绝大部分的信号能量,因此无法获得传感器的低频特性是一个严重的缺陷。

激波管的工作原理是在高压室和低压室充入不同压力的气体,利用自然破膜法或控制破膜法刺破膜片,破膜之后激波管内会发生气体流动,高压室内的气体膨胀进入低压室形成入射激波。激波的波阵面前后压力突变,形成正阶跃压力;入射波到达低压室端面后被反射,形成反射阶跃压力。激波管主要由五个部分组成,即激波管主体、测速系统、控制台、数据采集系统和数据处理系统,如图 5.23 所示。

激波压力符号定义如下:

p_1——破膜前低压室压力,也就是入射激波的波前压力;

p_2——入射激波压力;

p_4——破膜前高压室压力;

p_5——反射激波压力。

其中,p_2 和 p_5 可以看成校准压力,对于等截面空气激波管,它们与 p_1 和入射激波马赫数 Ms 的关系如下。

入射激波阶跃压力为

$$\Delta p_2 = p_2 - p_1 = \frac{7}{6}(Ms^2 - 1)p_1 \tag{5.35}$$

反射激波阶跃压力为

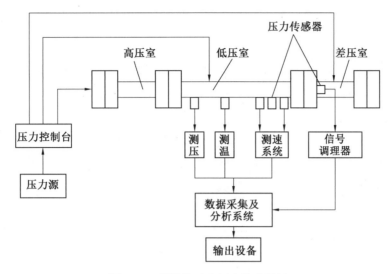

图 5.23　激波管动态压力校准装置

$$\Delta p_5 = p_5 - p_1 = \frac{7}{3} p_1 (Ms^2 - 1)\left(\frac{2 + 4Ms^2}{5 + Ms^2}\right) \tag{5.36}$$

其中,激波马赫数为

$$Ms = \frac{v}{a} \tag{5.37}$$

式中　v——激波速度,m/s。

v 可以采用测量激波通过一段固定距离的时间间隔来确定,即

$$v = \frac{L}{t} \tag{5.38}$$

式中　L——两个测速探头之间的距离,m;

　　　　t——激波经过两个测速探头所用的时间,s。

a 表示空气中的音速,有

$$a = 331.45\,(T/273.15)^{1/2} \tag{5.39}$$

式中　T——工作介质的初始温度,K。

　　阶跃压力的幅值主要取决于马赫数、温度、激波速度、低压室压力和膜压比。

　　②快开阀式。快开阀式也是一种用于动态压力校准的阶跃压力发生器,其阶跃压力上升时间没有激波管快,但是有更高的压力值,并且由于压力平台保持时间在理论上可以无限长,因此其幅值可以精确测量且误差比激波管测量出的幅值小一个数量级,故快开阀式非常适用于高压传感器的频响特性和灵敏度的校准。国外这类装置的最大动态压力幅值可达 350 MPa,上升时间从几十微秒到几毫秒都有。国防科学技术工业委员会第一计量测试研究中心(CIMM)的快开阀式动态压力校准装置阶跃压力达到 1 000 MPa,平台压力恒定,上升时间小于 20 μs。

　　快开阀门动态压力校准装置原理图如图 5.24 所示。它利用液体作工作介质,在高压室和低压室之间用一预应力快速阀门隔开,高压室容积大于低压室的 1 000 倍,长度大于低压室的 40 倍。被校传感器安装在低压室。在校准时,快速打开阀门使低压室内压力迅速升高,加载于被校传感器。低压室压力和高压室压力达到平衡的时间(阶跃压力上升时间)取决于低压室的大小(即直径和长度)、液体的黏性及开阀速度。阀门开启前,低压室内的压力和大气压力大抵一致,阀门快速开启后低压室内的压力最终会达到稳定状态,由于具有足够长的稳定时间,因此其可以实现精确测量,其准确度仅取决于数字压力计的测量准确度。标准传感器放置在高压室,仅用于监测开阀前后的稳态压力。该装置的阶跃压力平台可在相当长的时间内保持稳定,因此用标准传感器测量开阀后的压力平台相当于静态测试,测量准确度完全取决于标准传感器和测试系统的准确度。快开阀门装置采用准确度为 0.05% 的锰铜压力计作为标准传感器,其阶跃压力幅值为快速开阀后的稳态压力减去开阀前低压室内的压力。

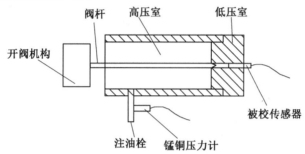

图 5.24　快开阀门动态压力校准装置原理图

　　另外,此装置也可以使用气体作为工作介质,此时则需要同时测量高压室和低压室内的压力,其校准压力范围从负压到 100 MPa,阶跃压力上升时间小于 1 ms。

　　(2)脉冲式动态压力校准装置。

　　①落(摆)锤式。此类装置是利用自由落体撞击密闭油缸上的活塞,在油缸内形成波形类似于半正弦的压力脉冲。它的特点是结构简单、动态压力幅值高(可以达到100 MPa)、脉冲宽度大多在 1~15 ms 范围内等,适用于高压传感器的准静态校准。一般情况下,此类装置产生的压力的频率成分在 1 kHz 以下。南京理工大学在此方面进行了大量的研究工作,由其研制的动态压力校准装置的测量范围为 20~800 MPa,相对扩展测量不确定度可达 0.5%(包含因子 $k=2$),压力脉宽为 1~12 ms。

　　②准 δ 函数式。准确地说,严格的 δ 函数(理想冲击函数)不可能实际产生,不过产生大幅值、窄脉宽的脉冲压力(即准 δ 函数)的方法还是较多的。利用高速冲击、高压放电、爆炸等方法都可以获得脉冲宽度较窄(微妙量级)、近似于 δ 函数的压力脉冲。

　　国内在此方面进行的研究工作有南京理工大学用叠氮化铅点火头在水中作为爆炸源产生水激波窄脉冲、太原机械学院用高速碰撞获得脉宽≤10 μs 的压力脉冲、用液电脉冲源校准压力传感器等。上面几个装置的优点是结构简单、处理数据方便、校准频率范围较宽,但是这些装置产生的压力脉冲波形难以确定,干扰也较大。因此,此类装置只适用于校准频响特性,不能校准幅值。

　　(3)周期型动态压力校准装置。

　　周期型动态压力发生器会产生频率和振幅可以调节的压力波,目前主要有谐振式、变质量式、变容积式、射流式等多种类型。谐振式正弦压力发生器在压力幅值较低的情况下可以产生波形质量很好的正弦波。换言之,当压力幅值或频率较大时,波形失真严重。活塞式正弦压力发生器属于变容积式,此类发生器只适用于产生较低频率的正弦压力(一般在 1 kHz 以下)。射流式动态压力发生器能够产生较宽频率范围的动态压力,但是其幅值较小。

①正弦压力校准装置。正弦压力校准装置是一种变质量、出口调制型动态压力发生器。其特点是体积小、产生的压力频率和幅值范围较宽、正弦压力频率大于 5 000 Hz 且连续可调,压力峰—峰值为 0.05~4 MPa。

正弦压力校准装置使用压缩气瓶作为供气系统,再通过减压调压系统和计算机系统控制供气压力值。动态压力发生器的驱动装置是步进电机或交流伺服电机系统,在压力室内成对安装标准传感器和被校传感器以保证能够感受相同的压力。测控系统用于采集测试数据及对动态压力发生器进行限制。测试系统以计算机为中心,配合数据采集板和放大器来完成信号调理及数据采集。控制系统的作用是对压力调节系统及动态压力发生器的驱动电机进行控制。校准软件主要是对测试数据进行分析,最终得到被校系统的幅频特性和相频特性。

动态校准可以分成两种方式:一种是当进行系统校准时,主机测量标准传感器的输出信号,被校系统测量被校传感器的输出信号,主机与被校系统通信,处理二者的数据,得到动态校准结果;另一种是当进行传感器校准时,主机同时测量标准传感器和被校传感器的输出信号。考虑到现场应用方便,可以在装置上加装静标功能,标准压力可以由精密压力计测得。

②大气数据仪表动态压力校准装置。随着现代航空技术的发展,机载大气数据计算机已经广泛地应用于各种型号的飞机,尤其是大机动、高性能的军用战斗机的迅速发展,使得机载大气数据计算机在飞机飞行中测量的大气参数必须准确、快速、可靠。换言之,机载大气数据计算机需要具有良好的动态响应特性(包括幅频和相频特性),以保证军用战斗机在高速飞行或大机动作战飞行中的火控系统、飞控系统和自动驾驶仪的控制精度。因此,要想研制、生产出具有足够动态响应能力的机载大气数据计算机,就必须相应地研制出大气数据动态校准设备。大气数据动态校准设备一般由计算机、总压(p_t)和静压(p_s)压力函数发生器、精密大气参数测试仪、气压函数控制器及精密电源等组成。该系统的工作原理是利用比较法进行校准。接通电源后,中央计算机会发出指令,然后气压函数控制器和气压函数发生器开始工作并为被校大气数据仪表提供标准的超低频动态压力源。系统中的精密大气参数测试仪用来测试静态压力,标准动态压力传感器用来测量动态压力幅值。通过比较被校大气数据仪表和标准动态压力传感器测试出的数据,可以得到校准结果,最终经由计算机计算后打印、绘图、输出。

上面提到的气压函数控制器也是由几个部分组成,其中包括多通道数据采集系统及分析系统、信号发射系统、可进行 24 000 步细分的大功率步进电机、压力控制系统等组成部分。在理论上,由于使用了步进电机,因此大气数据仪表校准装置的频率校准下限可以达到无限低的状态,在实际应用中可达 0.001 Hz。

系统中的精密大气参数测试仪的重复性误差优于 ±0.005%。这是一种以单片机为核心,采用温控式高精度振动筒压力传感器作为压力基准的精密智能压力测试仪表。温控式高精度振动筒压力传感器的控制温度为 55 ℃,控制精度优于±0.3 ℃。精密智能压力测试仪表不仅可以为大气数据动态校准装置提供高精度的大气压力基准,还可以根据需求提供高度、空气速度、静压、总压、马赫数等参数。

③驻波管式正弦压力校准系统。驻波管式正弦压力发生器是一种以声学谐振为原理的正弦压力发生器。驻波管式正弦压力发生器如图 5.25 所示,空气通过起振器的环形喷嘴,以一定的速度冲击共振器的圆形锐边,由此产生的周期扰动使得共振器内部的空气柱振荡。当共振器开口端受到一个周期性的扰动时,会产生一个从右往左的入射正弦波;当入射正弦波运动到活塞面时,便产生一个相同频率相同幅值的从左往右的反射正弦波。入射正弦波与反射正弦波叠加后成为一个在驻波管内任一点做相同频率振动的驻波(入射正弦波与反射正弦波同频同幅,传播方向相反)。

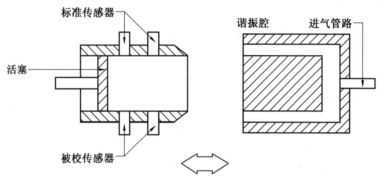

图 5.25　驻波管式正弦压力发生器

因此,可以得到空气柱的振动频率为

$$f = \frac{na}{4l}, \quad n = 1, 3, 5, \cdots \tag{5.40}$$

式中　n——振荡阶数;

　　　a——声速,m/s;

　　　l——共振腔长度,m。

当外界有扰动时,若其扰动频率接近空气柱的固有频率,则空气柱的压力振荡值最大。移动活塞可以调节共振腔的长度,以此改变振荡频率。调节起振器和共振器的距离或改变喷口的供压都是用来改变振荡阶数的常用手段。

驻波管式正弦压力发生器的优点是可以产生失真度很小的正弦波,但其压力幅值较低。由国防科学技术工业委员会第一计量测试研究中心研制的驻波管式正弦压力发生器的压力频率范围为 176～5 000 Hz,压力峰—峰值为 0～39 kPa。

④高频正弦压力校准系统。高频正弦压力校准系统主要有三个组成部分,分别是共振腔、压电激振器和膜片。经过信号发生器产生并放大的信号被送到压电激振器,随后压电激振器推动膜片产生振动,最后在共振腔内形成压力振荡。当振动的波长和频率与共振长度满足 $\lambda n = 2l$ 时,压力振荡幅值达到最大,最大值为

$$f = \frac{cn}{2l} \tag{5.41}$$

式中　f——压力振荡速率,Hz;

c——液体介质的声速,m/s;

n——整数;

l——共振腔的长度,m。

使用激光干涉仪可以测量出压力振荡幅值的大小。激光干涉仪的实验原理是当仪器内液体的压力发生变化时,它的折射率也随之发生变化;当测试光束通过一个折射率变化的液体时,它的光程也会发生变化。测试光束和参考光束进行干涉时会产生干涉条纹,只要测量出一个压力周期内的干涉条纹的数量就可以知道压力的峰-峰值。在测试前,激光干涉仪需要通过静态加压进行标定。由于光电系统的频响特别高,产生的误差可以忽略不计,因此可以在动态测量时使用静态标定的数据。

一般的驻波管式正弦压力校准系统一般用于校准气体低频正弦振荡的频率和幅值,而高频正弦压力校准系统可以用于校准高频正弦振荡的频率和幅值,所以这两种校准系统计算振荡频率的公式是不一样的。

5.3　压力检测不确定度评定

5.3.1　基本概念

本节首先介绍在压力测量过程中常见的一些基本概念。

(1)量值。

量值一般是由一个数乘以测量单位所表示的特定量的大小。通常情况下,任何可以测量的量都可以由数值和计量单位组合而成。

(2)量的真值。

量的真值是与给定的特定量的定义一致的值,真值是无法通过测量得到的。

(3)约定真值。

对于给定目的具有一定不确定度并赋予特定量的值,有时该值是约定采用的,通常用某个量的多次测量结果的平均值来确定其约定真值。

(4)测量结果。

测量结果是由测量所得到的赋予被测量的值。在给出测量结果时,除需要说明它是示值、未修正测量结果还是已修正测量结果外,还需要表明它是否是几个值的平均值。在测量结果的完整表述中必须包含测量不确定度,必要时还要说明有关影响量的取值范围。

(5)测量准确度。

测量准确度表示测量结果与被测量真值之间的一致程度。特别应注意的是,不要用"精密度""精度"来表示"准确度"。精密度是反映在规定的条件下各独立测量结果间的分散性。

(6)实验标准偏差。

对同一被测量做 n 次测量,表征测量结果分散性的量可以表示为

$$s(q_i) = \sqrt{\frac{1}{n-1}\sum_{k=1}^{n}(q_{ik}-\bar{q_i})^2} \tag{5.42}$$

式中　$s(q_i)$——第 i 个测量点的实验标准差；

　　　　q_{ik}——第 i 个测量点，第 k 次测量结果；

　　　　$\bar{q}_i$——第 i 个测量点，n 次测量结果的算数平均值；

　　　　$q_{ik}-\bar{q}_i$——残差，可以记作 v_{ik}。

　　式(5.42)称为贝塞尔公式，常用于计算单点测量结果的标准差 $s(q_i)$。而 $s(\bar{q}_i)=$ $s(q_i)/\sqrt{n}$ 称为平均值的实验标准差，它与 $s(q_i)$ 的自由度是相同的，都是 $n-1$。在不确定度的评定中，一般把平均值 $\bar{q}_i$ 作为测量结果的最佳估计值，把 $s(\bar{q}_i)$ 作为由重复性引入的 A 类标准不确定度。

　　(7)测量的不确定度。

　　不确定度可以合理地表征被测量之值的分散性，是与被测结果相联系的参数。在表述测量结果时，为保证其完整性，应包括测量不确定度。

　　测量不确定度可以利用标准差或其倍数，或是说明置信水平的区间的半宽度。不确定度通常由多个分量组成，因此每个分量都需要进行不确定度的评定。具体的评定方法可以分成 A、B 两类。A 类评定方法是用对观测列进行统计分析，以实验标准差表征不确定度；B 类评定方法是以估计的标准差表征不确定度。

　　(8)标准不确定度。

　　标准不确定度是以标准偏差表示的，绝对标准不确定度用 u 表示。

　　(9)相对不确定度。

　　相对不确定度是指合成标准不确定度除以测量结果 y 的绝对值（假设 $y\neq0$），相对标准不确定度用 u_r 表示。

　　(10)合成标准不确定度。

　　合成标准不确定度是当测量结果是由若干个其他量的值求得的时，按其他各量的方差和协方差算得的标准不确定度，用 u_c 表示，相对值用 u_{cr} 表示。

　　(11)扩展不确定度。

　　扩展不确定度是确定测量结果区间的量，用标准差的倍数表示。扩展不确定度代表有较大的置信区间的半宽度。扩展不确定度用 U 表示，其相对值用 U_r 表示。

　　(12)包含因子。

　　包含因子是为求得扩展不确定度而对合成不确定度所乘的数字因子。包含因子用 k 表示，置信概率为 p 时的包含因子表示为 k_p。

　　(13)自由度。

　　自由度是在方差的计算中，和的项数减去对和的限制数，它反映了相应实验标准差的可靠程度，记作 v。对被测量做 n 次独立测量，其自由度 $v=n-1$。

　　(14)置信概率。

　　置信概率与置信区间或统计包含区间有关，其概率值为 $(1-\alpha)$，α 为显著性水平。当测量值服从某一分布时，它落在某区间内的概率 p 即其置信概率，置信概率在 $0\sim1$ 范围内。

（15）测量误差。

测量误差是测量结果与被测量真值之差，不可与不确定度混淆。

（16）修正值。

修正值是通过利用代数法与未修正测量结果相加，补偿系统造成误差的值，通常会用高一个等级的测量标准来校准测量仪器，以获得修正值。

（17）相关系数。

相关系数是表征两个变量之间相互依耐性的度量，其等于两个变量间的协方差除以各自方差之积的正平方根，用 $\rho(X,Y)$ 表示，其估计值用 $r(X,Y)$ 表示，且有

$$r(X,Y)=\frac{s(X,Y)}{s(X)s(Y)} \tag{5.43}$$

式中　$s(X)$、$s(Y)$——X 和 Y 的标准差。

相关系数的取值范围为 $[-1,+1]$。相关系数为 1 时，表示两个变量完全正相关；相关系数为 -1 时，表示两个变量完全负相关；相关系数为 0 时，表示两个变量毫无关系。

5.3.2　数学模型

本节会介绍在测量不确定度评定时用到的数学模型。

在实际测量过程中，被测量 Y 并不能直接测得，一般是由 N 个其他量 $X_1,X_2,\cdots,X_N$ 通过函数关系来确定的，即

$$Y=f(X_1,X_2,\cdots,X_N) \tag{5.44}$$

式中　Y——模型的输出量；

　　　$X_1,X_2,\cdots,X_N$——模型的输入量。

上式表示的函数关系称为数学模型或测量模型。

由 X_i 的估计值 x_i 可以得出 Y 的估计值 y_i，即

$$y=f(x_1,x_2,\cdots,x_N) \tag{5.45}$$

x_i 是不确定来源，通常是由测量仪器、测量人员、测量环境、测量方法、被测对象不完善等引起的。

被测量 Y 的最佳估计值 y 由以下两种方法可以求得。

（1）

$$y=\bar{y}=\frac{1}{n}\sum_{k=1}^{n}y_k=\frac{1}{n}\sum_{k=1}^{n}f(x_{1k},x_{2k},\cdots,x_{Nk}) \tag{5.46}$$

式中　y——取 Y 的 n 次独立观测值 y_k 的算数平均值，它的观测值 y_k 的不确定度都是相同的，且每个观测值都是根据同时获得的 N 个输入量 x_i 的一组完整的观测值求得的。

（2）

$$y=f(\bar{x}_1,\bar{x}_2,\cdots,\bar{x}_N) \tag{5.47}$$

式中

$$\bar{x}_i=\frac{1}{n}\sum_{k=1}^{n}\bar{x}_{ik}$$

它是独立观测值 x_{ik} 的算数平均值。

上述两种方法中，当 f 是线性函数时，式（5.46）与式（5.47）的计算结果相同；但当 f

是非线性函数时,则有可能得到不同的结果。相较而言,经式(5.46)计算得出的结果更为优越。

5.3.3　不确定度评定的步骤

测量不确定度的评定步骤如下。

(1)确定被测量和测量方法。

测量方法应当包括测量原理、测量仪器及测量和数据处理等。

(2)建立满足测量不确定度评定所需的数学模型并找出所有影响测量不确定度的输入量。

(3)确定各输入量的标准不确定度。

根据输入量标准不确定度评定方法的不同可以分成 A 类和 B 类。

A 类评定方法是指通过观察列进行统计分析,并以实验标准差表征标准不确定度。所有不属于 A 类评定方法的都是 B 类评定方法。

(4)确定对应于各输入量的标准不确定度分量 u_i。

假设输入量 x_i 的标准不确定度为 $u(x_i)$,则它的标准不确定度分量为 u_i,有

$$u_i = c_i u(x_i) = \frac{\partial f}{\partial x_i} u(x_i) \tag{5.48}$$

式中　c_i——灵敏系数,既可以由实验测得,又可以经数学模型对 x_i 求偏导数算得,在数值上它等于当 x_i 变化一个单位量时,被测量 y_i 的变化量。

(5)各标准不确定度分量进行合成,得到合成标准不确定度 u_c,有

$$u_c = \sqrt{\sum_{i=1}^{N} u_i^2} \tag{5.49}$$

称为不确定度传播规律。

(6)确定被测量 y 可能值分布的包含因子。

被测量的分布情况可能不同,导致置信概率和测量工作的不同,因此需要用不同的方法来确定包含因子 k。

(7)确定扩展不确定度 U。

扩展不确定度 $U = k u_c$,当包含因子 k 是由置信概率 p 得到的时,扩展不确定度可以表示成 U_p。

(8)给出测量不确定度评定报告。

5.3.4　评定方法

本节将介绍在测量不确定度评定中常用的方法。

根据前面的介绍可知,不确定度评定方法可以分为 A、B 两类。

1. 不确定度的 A 类评定方法

A 类评定方法是指通过一组观察列进行统计分析,并以实验标准差表征其标准不确定度的方法。

在重复性条件或复现性条件下进行 n 次独立测量,得出观测结果 x_k,根据前面提到

的可知随机变量 x 的期望值的最佳估计为

$$\bar{x}_i = \frac{1}{n} \sum_{k=1}^{n} x_{ik} \tag{5.50}$$

测量结果 $\bar{x}_i$ 的 A 类标准不确定度就是测量平均值的实验标准方差 $s(\bar{x}_i)$，它与测量结果 x_{ik} 的实验标准差的关系是

$$u(\bar{x}_i) = s(\bar{x}_i) = \frac{s(x_i)}{\sqrt{n}} \tag{5.51}$$

对于压力测量来说，常用的测量不确定度的评定方法有贝塞尔公式和极差法。相对而言，贝塞尔公式更为重要。

（1）贝塞尔公式。

$$s(x_i) = \sqrt{\frac{1}{n-1} \sum_{k=1}^{n} (x_{ik} - \bar{x}_i)^2} = \sqrt{\frac{n \sum\limits_{k=1}^{n} (x_{ik})^2 - (\sum\limits_{k=1}^{n} x_{ik})^2}{n(n-1)}} \tag{5.52}$$

式中，$s(x_i)$ 与 $s(\bar{x}_i)$ 的自由度一样，均为 $v = n-1$。

（2）极差法。

$$s(x_i) = \frac{R}{C} = u(x_i) \tag{5.53}$$

$$R = x_{ik\max} - x_{ik\min}$$

式中　C——极差系数。

在式(5.53)中，极差系数 C 及自由度 v 见表 5.10。

表 5.10　极差系数 C 及自由度 v

n	2	3	4	5	6	7	8	9
C	1.13	1.64	2.06	2.33	2.53	2.70	2.85	2.97
v	0.9	1.8	2.7	3.6	4.5	5.3	6.0	6.8

在重复性条件下测量的不确定度通常要比其他条件下测出的不确定度更为客观，并且还具有统计学的严格性的优点，其缺点就是需要经过充分的重复性测量。此外，在测量过程中，各观测值是相互独立的。

格拉布斯测量异常值剔除法适用于一组测量值中只有一个粗差的情况，且被剔除的测量值的置信水平为 5%。一旦测量值符合下式，则测量值会被剔除，即

$$|x_k - \bar{x}| > sG \tag{5.54}$$

式中　s——单点测量实验标准差；

　　　G——统计学中的格拉布斯数。

试验次数与格拉布斯数 G 的关系见表 5.11。

表 5.11　试验次数与格拉布斯数 G 的关系

n	3	4	5	6	7	8	9	10	11	12
G	1.155	1.481	1.715	1.887	2.020	2.126	2.215	2.290	2.355	2.412

2. 不确定度的 B 类评定方法

对于不同于 A 类评定方法的不确定度评定可以称为 B 类评定。

B 类标准不确定度评定的信息来源主要有以下几种。

(1)以前观测获得的数据。

(2)经生产部门提供的技术说明文件。

(3)经校准证书、鉴定证书或其他文件提供的数据、准确度等级等。

(4)经手册或某些资料给出的参考数据及其不确定度。

(5)对有关测量仪器特性和技术资料的了解及经验。

B 类标准不确定度的评定方法主要有以下几种。

(1)已经知道扩展不确定度 U 和包含因子 k 的数值。

这种情况下可知扩展不确定度 $U(x_i)=ks(x_i)$,则标准不确定度 $u(x_i)=U(x_i)/k$。

(2)已经知道扩展不确定度 U_p 的大小和置信概率 p 是正态分布的。

除另有说明外,已知估计值 x_i 在置信概率为 p 时的置信区间的半带宽 U_p,一般是按正态分布来考虑评定其标准不确定度 $u(x_i)$,即

$$u(x_i)=\frac{U_p}{k_p} \tag{5.55}$$

特别地,在压力测量中,一般 $p=95\%$,此时 $k_p=1.960$。

(3)已经知道扩展不确定度 U_p、置信概率 p 及有效自由度 v_{eff} 的 t 分布。

如果已知估计值 x_i 在置信概率为 p 时的置信区间的半带宽 U_p,并且还知道有效自由度 v_{eff},则估计值需要按照 t 分布进行处理,即

$$u(x_i)=\frac{U_p}{t_p(v_{\text{eff}})} \tag{5.56}$$

(4)在重复性限或复现性限条件下求出标准不确定度。

在规定的测量条件下,经测量后得知两次测量结果之差的重复性限 r 或复现性限 R 时,若没有特别的要求,则可以求出测量结果的标准不确定度,即

$$u(x_i)=\frac{r}{2.83} \tag{5.57}$$

或

$$u(x_i)=\frac{R}{2.83} \tag{5.58}$$

(5)已经知晓置信区间和概率分布求标准不确定度。

假设被测量 X_i 的估计值 x_i 分散区间的半宽为 a,且 x_i 落在 $[x_i-a,x_i+a]$ 的概率为 1,则通过对它的分布的估计,可以计算出标准不确定度 $u(x_i)=\frac{a}{k}$,k 的大小与它的分布状态相关。一般在重复性条件下进行多次测量,对其结果取算术平均值估计为正态分布,把数据修约、示值的分辨率、按级使用的仪器的最大允许误差等估计为矩形(均匀)分布,两相同矩形分布的合成一般会估计成三角分布。综上所述,在缺乏任何其他信息的条件下,一般会选择估计成矩形分布,当一直被研究的 X_i 的可能值出现在 a_- 到 a_+ 中心附近的概率大于出现在接近区间的边界时,则需要选择三角分布。

包含因子 k 在三种分布下的值分别为正态分布 $k \approx 2$，矩形分布 $k = \sqrt{3}$，三角分布 $k = \sqrt{6}$。

（6）以"等"使用的仪器的不确定度。

某些测量仪器证书上会明确给出不确定度"等"别，如压力标准装置的鉴定证书，这类情况下的不确定度计算应采用正态分布或 t 分布。由于在分析测量结果的不确定度时已经考虑过上一级标准引起的不确定度，因此此时不再需要考虑上一级标准不确定度的影响，只需考虑长期稳定性的影响。

（7）以"级"使用地仪器的不确定度。

与上面提到的类似，某些测量仪器的证书上会明确给出准确度级别，如工作用压力计的检定证书，这类情况下的不确定度评定需要按检定规程规定的该级别的最大允许误差来进行。假设最大允许误差为 $\pm A$，一般选择用矩形分布来求解，得出示值允许误差引起的标准不确定度分量为

$$u(x) = \frac{A}{\sqrt{3}} \tag{5.59}$$

由于上式并没有包含上一级标准引起的不确定度，因此在必须要考虑上一级标准的不确定度影响条件下，还需要考虑这一项不确定度的分量。与上面提到的不同，这里不需要考虑因仪器长期稳定性而引起的不确定度（因为可以认为仪器的示值允差中已经包含了仪器长期稳定性的影响）。在使用过程中，只要在仪器的使用范围内就可以不用考虑因环境因素引起的不确定量分量。

B 类标准不确定度分量的自由度 ν_i 与标准不确定度 $u(x_i)$ 的关系为

$$\nu_i \approx \frac{1}{2} \times \left[\frac{\Delta u(x_i)}{u(x_i)} \right]^{-2} \tag{5.60}$$

从式（5.60）中可以看出，B 类标准不确定度分量的自由度越大，不确定度的可靠程度越高。

因此，在不确定度的 B 类评定中，除要设定概率分布外，还要设定评定的可靠程度。$\Delta u(x_i)/u(x_i)$ 与 ν 的关系见表 5.12。当不确定度的评定存在严格的数字关系（如因数据修约引起的不确定度计算、数字压力计量化误差等）时，自由度可取 ∞；当计算不确定度的数据来源于校准证书、检定证书或手册等较为可靠的资料时，自由度可取较高值，一般 $\nu = 20 \sim 50$；当计算不确定度的数据并无可靠来源，带有一定的主观判断时，自由度一般取值较低。

表 5.12 $\Delta u(x_i)/u(x_i)$ 与 ν 的关系

$\Delta u(x_i)/u(x_i)$	0	0.10	0.20	0.25	0.30	0.40	0.50
ν	∞	50	12	8	6	3	2

3. 合成标准不确定度的评定

在前面提到的数学模型 $y = f(x_1, x_2, \cdots, x_N)$ 中，当 $X_i = x_i$ 时，把灵敏系数 c_i 定义为

$$c_i = \frac{\partial y}{\partial x} \tag{5.61}$$

也有一些压力测量过程中会用到相对不确定度，这时又可以把灵敏系数 c_{ri} 定义为

$$c_{ri} = \frac{x_i}{y}\frac{\partial f}{\partial x_i} \tag{5.62}$$

灵敏系数一般是由数学模型推导而来的,有时也可以通过实验来确定。在计算灵敏系数时,如果数学公式较为复杂,则可以使用数值法进行计算,即用 x_i 计算出 y,然后再用 $x_i + \Delta x$ 计算出 $y + \Delta y$,Δx 相对于 x_i 是一个很小的增量,则式(5.61)和式(5.62)可以写成

$$c_i \approx \frac{\partial y}{\partial x_i} \tag{5.63}$$

$$c_{ri} \approx \frac{\partial f}{\partial x_i}\frac{x_i}{y} \tag{5.64}$$

当所有的输入量彼此独立或互不相关时,合成标准不确定度为

$$u_c^2(y) = \sum_{i=1}^{N} u_i^2(y) = \sum_{i=1}^{N} c_i^2 u^2(x_i) \tag{5.65}$$

$$u_{cr}^2(y) = \sum_{i=1}^{N} u_{ri}^2(y) = \sum_{i=1}^{N} c_{ri}^2 u_i^2(x_i) \tag{5.66}$$

$u_i(y) = c_i u(x_i)$ 称为不确定度传播定律。$u_i(y)$ 是输入估计值 x_i 的估计方差 $u^2(x_i)$ 所形成的估计值 y 的合成标准不确定度 $u_c(y)$ 的分量。合成标准不确定度的自由度称为有效自由度,记作 ν_{eff},有

$$\nu_{eff} = \frac{u_c^4(y)}{\sum\limits_{i=1}^{N} \dfrac{u_i^4(y)}{\nu_i}} \tag{5.67}$$

4. 扩展不确定度评定

扩展不确定度有两种表示方式,即 U 或 U_p。前者表示标准差的倍数,后者表示置信概率为 p 的区间的半宽。

扩展不确定度 U_p 可由合成标准不确定度 $U_p(y)$ 和置信概率的包含因子 k_p 的积得到,即

$$U_p = k_p u_c(y) \tag{5.68}$$

包含因子 k_p 与被测量 Y 的分布有关,在压力测量中一般取 $p = 0.95$,因此对 Y 可能值的分布做正态分布的估计时,$k_p = t_p(\nu_{eff})$ 的常用值见表 5.13。当自由度足够大时,可近似认为 $k_{0.95} = 2$。

表 5.13　置信概率 $p = 0.95$ 时,t 分布条件下自由度 ν 与 $t_p(\nu_{eff})$ 的关系

ν	1	2	3	4	5	6	7
$t_p(\nu)$	12.71	4.30	3.18	2.78	2.57	2.45	2.36
ν	8	9	10	11	12	13	14
$t_p(\nu)$	2.31	2.26	2.23	2.20	2.18	2.16	2.14
ν	15	16	17	18	19	20	25
$t_p(\nu)$	2.13	2.12	2.11	2.10	2.09	2.09	2.06
ν	30	35	40	45	50	100	∞
$t_p(\nu)$	2.04	2.03	2.02	2.01	2.01	1.984	1.960

扩展不确定度 U 也可以由合成标准不确定度和包含因子 k 的乘积得到,即

$$U = ku_c(y) \tag{5.69}$$

当被测量 Y 与合成标准不确定度 $u_c(y)$ 表征的概率分布近似于正态分布且合成标准不确定度的有效自由度较大时,可以按照正态分布来处理,故在压力计量中一般取包含因子 $k=2$,置信概率近似于 0.95。当 y 可能值的分布不是正态分布,而是服从其他分布时,则不可以按照上面所提的方法计算 U 或 U_p。

如果测量结果的修正值较小,则可以不用对示值进行修正,只需在合成扩展不确定度中直接加上修正值即可。

5. 测量不确定度的报告和表示

测量结束后需要给出完整的测量结果,其中包括测量不确定度。报告应尽可能详细且简明,以便使用者正确使用测量结果。

当用合成标准不确定度报告测量结果的不确定度时,应该先说明被测量 Y 的定义,再给出被测量 Y 的估计值 y、合成标准不确定度 $U_c(y)$ 及单位或相对扩展不确定度 $U_r(y)$,必要时还应给出有效自由度 n_{eff}。

当用扩展不确定度报告测量结果的不确定度时,也要先说明被测量 Y 的定义,再给出被测量 Y 的估计值 y、扩展不确定度 U 或 U_p 及单位或相对不确定度 U_r。对于扩展不确定度 U,要给出包含因子 k,U_p 则是要给出置信概率 p,必要时还应给出有效自由度 n_{eff}。

对于国际比对等比较重要的测量,不确定度报告的内容还应包含以下几方面:

(1)输入量与输出量的函数关系及灵敏系数 c_i;

(2)修正值和常数的来源及其不确定度;

(3)输入量 X_i 的实验观测数据及估计值 x_i,标准不确定度 $u(x_i)$ 的评定方法及其量值、自由度,并将其列成表格;

(4)对所有相关输入量给出协方差或相关系数及其获得方法;

(5)测量结果的数据处理程序。

报告合成标准不确定度或扩展不确定度的有效数字最多是 2 位。最终报告不确定度时,其末位后面的数可能要采取进位而非舍去。对于输入量和输出量的估计值,需要将其修约至与其不确定度的位数一致。

对于不确定度报告中使用符号的含义,必要时需要用文字来说明,也可以使用它们的名称代替符号或是同时采用。

第6章 气体成分检测技术

6.1 气体成分检测概述

人类所处的大气环境中,气体成分较为复杂:有主要成分氮气和氧气,标准状态下体积占比分别为 78.09% 和 20.94%;有次要成分氩气和二氧化碳;有痕量成分氖气、氦气、氪气、一氧化碳、氙气、二氧化氮、二氧化硫等。空气平均分子量为 28.966。大气的常见组分见表 6.1。

表 6.1 大气的常见组分

成分	体积分数/%
氮气	78.09
氧气	20.94
氩气	0.93
二氧化碳	0.031 8
氖气	0.001 8
氦气	0.000 52
氪气	0.000 1
一氧化碳	0.000 01
氙气	0.000 001
二氧化氮	0.000 000 1
二氧化硫	0.000 000 02

上述大气成分较为适宜人类从事生产生活,但在不同的工作环境下,气体成分会有较大差异。正常人一天吸入约 10 m^3 的空气,吸收其中的氧气可以维持人体各个系统的正常运转。有毒有害的气体进入工作生活场所的空气中,会对其中人员的身体健康造成直接危害。

研究或表示一种化学物质的毒性时,常用"剂量—反应"关系,经口或皮肤进行试验,测定毒物引起动物反应的剂量或浓度,直到实验动物死亡为止,常以 mg/kg 表示,即平均为每千克致死动物体重所需毒物的毫克数。常用指标有以下几种。

(1)半数致死量或浓度(LD_{50} 或 LC_{50})。

半数致死量或浓度(LD_{50} 或 LC_{50})表示在规定时间内,通过指定感染途径,使一定体重或年龄的某种动物半数死亡所需毒素的计量或浓度。数值越小,表示外源化学物的毒性越强；数值越大，则毒性越低。

(2)绝对致死量或浓度(LD_{100} 或 LC_{100})。

绝对致死量或浓度(LD_{100} 或 LC_{100})表示使一组实验动物全部死亡的毒素的计量或浓度。

(3)最大耐受量或浓度(LD_0 或 LC_0)。

最大耐受量或浓度(LD_0 或 LC_0)表示整组染毒实验动物全部存活的毒素的最大计量或浓度。

(4)最小致死量或浓度(MLD 或 MLC)。

最小致死量或浓度(MLD 或 MLC)表示使整组染毒实验动物仅个别死亡的毒素的计量或浓度。

(5)急性阈剂量或浓度(Lim_{ac})。

急性阈剂量或浓度(Lim_{ac})表示一次染毒就对实验动物造成伤害的毒素的最小计量或浓度。

(6)慢性阈剂量或浓度(Lim_{ch})。

慢性阈剂量或浓度(Lim_{ch})表示在长期多次染毒后才对实验动物造成伤害的毒素的最小计量或浓度。

(7)慢性"无作用"剂量或浓度。

慢性"无作用"剂量或浓度表示长期多次染毒却未对实验动物造成伤害的毒素的最大计量或浓度。

当毒素通过各个生理屏障进入人体后，若能经过代谢转化完全排出，就不会出现中毒反应。但若毒素剂量超过人体解毒能力上限，就会扰乱机体功能的正常运转，进而出现中毒反应。中毒机理可分为以下五类。

(1)干扰酶催化过程。

酶的催化在机体维持生命过程中起重要作用，毒素会使酶失活，从而影响机体的正常生命活动。

(2)阻断氧气吸收转运过程。

当空气中其他气体体积分数上升时，氧气体积分数相对降低，这就会导致机体因吸氧不足而窒息。氨气等刺激性气体会灼伤呼吸道和肺部，使肺部水中充血，影响呼吸过程，阻碍气体交换。一氧化碳与血红蛋白的亲和力比氧气强 200～300 倍，一旦一氧化碳与血红蛋白结合，就使其失去正常的运输氧气的能力，从而使机体缺氧窒息。

(3)干扰 DNA 或 RNA 的合成。

毒素影响遗传物质的复制与转录过程，使遗传信息出现错误，从而导致基因表达出错甚至致癌。

(4)刺激腐蚀局部组织。

一些刺激性气体会灼伤腐蚀黏膜，从而影响机体的正常运转。

(5)过敏反应。

初次接触一些毒素会引起机体的免疫反应，产生抗体，再次接触该毒素会引起过敏反应。不同部位的过敏反应不同，如出现在皮肤上导致荨麻疹、出现在消化道上导致呕吐腹泻、出现在呼吸道上导致支气管痉挛窒息等。

因此,气体成分的检测对人们的安全生产生活起着重要作用。气体成分检测后需要以浓度的方式表示出来,下面介绍气体各成分浓度的表示方法。

在不同气相条件下采集到的气体样本状态不同,为与国际标准进行对比,换算出相应的有毒有害气体浓度,需要先进行空气体积的换算。因此,在采集气体样本的同时,记录气体温度和大气压力,根据气态方程换算得到标准状态下的气体体积,即

$$V_0 = \frac{V_t T_0 p}{T p_0} = V_t \times \frac{273 \times p}{(273 + t) \times 101.3} \tag{6.1}$$

式中　V_0——换算为标准状态下的气体样本体积,L;

　　　　V_t——气温为 t(℃)、压力为 p(kPa)时的气体样本体积,L;

　　　　T_0、p_0——标准状态下的气温(273 K)和气压(101.3 kPa)。

空气污染物有以下三种表示方法。

(1)体积表示法。

体积表示法以每立方米空气中所含污染物的毫升数表示,单位为 mL/m³,即百万分之一,该表示法主要用于气态污染物,国外常采用此表示法,单位写作 ppm(目前我国已废弃)。

(2)质量体积表示法。

质量体积表示法以每立方米空气中含有污染物的毫克数表示,单位为 mg/m³,该表示法可用于气态污染物和气溶胶状态污染物,是我国法定计量单位之一。

(3)个数、体积表示法。

个数、体积表示法以每立方厘米空气中所含分子、原子或自由基的数表示,单位为 N/m³,该表示法用于极低浓度的污染物。

我国空气污染物质量浓度法定计量单位 mg/m³ 与国外常用空气污染物浓度单位 ppm 的换算关系为

$$1 \text{ mg/m}^3 = \frac{M \times 1 \text{ ppm}}{22.4} \tag{6.2}$$

式中　M——污染物的分子量;

　　　　22.4——1 mol 气体在标准状态下的体积,L。

空气中的氧气、二氧化碳及氮氧化物等成分在采集样本气体时容易混进样本中,如果不去除这些成分,将使检测结果受到影响,有些成分去除不及时还会与要检测的目标气体发生反应。此外,样本气体中还容易混合一些灰尘、悬浮颗粒等杂质。对于灰尘、悬浮颗粒等杂质,常用滤纸、陶瓷过滤管、静电吸附等物理方式进行去除;对于其他气体成分,常用化学方法进行过滤。

(1)过滤氧气、臭氧。

贵金属常用作高效的脱氧剂,一般将钯、铂等贵金属掺入分子筛或硅胶中作为活性成分,与样本中的氧气反应进而去除样本中的氧气。但当样本气体中含有硫或氯时,则不采用该方法。除贵金属外,还有铁系脱氧剂和铜系脱氧剂。实验室常用化学溶液进行脱氧,如采用 1,2,3-三羟基苯与氢氧化钾溶液反应脱氧(可能有副产品一氧化碳产出)、采用

黄磷粉与铜氨溶液反应脱氧(可能有黄磷蒸气和氨气混入样本气体,需要再处理去除)。

(2)过滤二氧化碳。

二氧化碳的水溶液呈弱酸性,实验室条件下常用碱性溶液与之反应去除。常采用氢氧化钾溶液进行吸收,因为碳酸钾在水中的溶解度比碳酸钠高,所以不常使用氢氧化钠溶液进行二氧化碳的吸收。分子筛和硅胶也可用于二氧化碳的去除。

(3)过滤氮氧化物。

大气中的氮氧化物多为汽车尾气中的一氧化氮和二氧化氮。硫酸亚铁溶液或硝酸硫酸混合液常用来吸收一氧化氮,浓硫酸和高锰酸钾常用来吸收二氧化氮。若样本气体中主要检测的目标气体是碱性气体,也可采用氢氧化钾吸收二氧化氮。

(4)过滤氨气。

氨气溶于水后水溶液呈弱酸性,可用硫酸进行中和吸收。

(5)过滤氯气、二氧化硫。

氯气、二氧化硫溶于水后水溶液呈酸性,可用碱性溶液氢氧化钾溶液中和吸收,同时氯气、二氧化硫具有强氧化性,也可用碘化钾溶液进行置换吸收。

(6)过滤一氧化碳。

用氯化亚铜氨性溶液吸收。

(7)过滤氯化氢。

可用碱性氢氧化钾和氢氧化钠溶液中和吸收。

(8)过滤硫化氢。

由于硫化氢溶于水生成弱酸氢硫酸,因此可用碱性氢氧化钾溶液吸收。

(9)过滤不饱和烃。

用饱和溴水吸收。

6.2　热导型气体检测

6.2.1　检测原理

热导型气体检测是利用各种气体导热系数与空气热导率的差异,以及气体导热系数与浓度的关系的原理实现各气体成分浓度的检测。

气体的导热系数通常与温度有关系。当温度升高时,分子运动速度加快,导热系数增大。但气体的导热系数与温度的关系较为复杂,且在工程计算中,多数材料在较大的温度范围内导热系数与温度近似呈线性关系,因此气体的导热系数与温度的关系近似表示为

$$\lambda_t = \lambda_0(1 + bt) \tag{6.3}$$

式中　λ_t——t (℃)的气体导热系数;

　　　λ_0——0 ℃的气体导热系数;

　　　b——该温度范围内气体导热系数温度系数。

λ_0和b均由实验测得。气体的导热系数值通常较小,但彼此相差不大,工程常用相对于空气的导热系数来表示。常见气体相对导热系数及其温度系数见表6.2。

表 6.2　常见气体导热系数及其温度系数

气体名	0 ℃时相对导热系数/(W·m·K^{-1})	0～100 ℃范围温度系数/℃$^{-1}$
空气	1.000	0.002 53
氢气	7.130	0.002 61
氮气	1.991	0.002 56
氧气	1.015	0.003 03
氩气	0.998	0.002 64
氨气	0.897	—
氯气	0.322	—
一氧化碳	0.964	0.002 62
二氧化碳	0.614	0.004 95
硫化氢	0.538	—
甲烷	1.318	0.006 55

为简化计算,对于混合气体的导热系数,可以粗略地用各气体成分导热系数的平均值代替,即

$$\lambda_c = \sum_{i=1}^n n_i \lambda_i \tag{6.4}$$

式中　λ_c——混合气体的导热系数;

　　　n_i——第 i 种气体组分的体积分数;

　　　λ_i——第 i 种气体组分的导热系数。

设某气体组分在空气中的体积占比为 n,该气体成分的导热系数为 λ,空气的导热系数为 λ_a,则混合气体的导热系数为

$$\lambda_c = \lambda_a(1-n) + \lambda n \tag{6.5}$$

由式(6.5)可得该气体成分在空气中的体积分数为

$$n = \frac{\lambda_c - \lambda_a}{\lambda - \lambda_a} \tag{6.6}$$

由式(6.6)可知,测出混合气体的导热系数 λ_c 即可得到混合气体中某气体成分的体积分数 n。

6.2.2　常见检测器

虽然按照式(6.6)的原理可以较为简单地得到混合气体中某种气体组分的体积分数,但是直接测量气体的导热系数较为困难。常利用热导池中的热敏元件将混合气体中某种气体组分体积分数变化引起的混合气体的导热系数的变化转化为热敏元件的电阻值变化。热导池示意图如图 6.1 所示。

当电流通过热敏元件时,由于热敏元件的电阻热效应,因此将电能转化为热能,电阻的产热功率与电流 I 的平方和电阻值 R 成正比,即

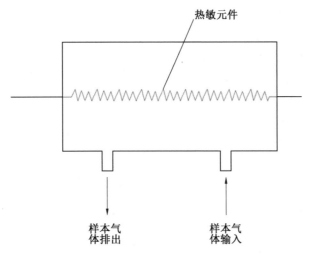

图 6.1　热导池示意图

$$P_1 = I^2 R \tag{6.7}$$

电阻在产热的同时,除自身温度的升高外,还通过缓慢通入热导池内的气体向周围环境散失热量。电阻温度一直上升,直到电阻的产热功率与热导池内气体的导热功率相等后,电阻温度保持不变,热导池内温度分布也保持不变,温度场为一系列以电阻为中心轴的同轴圆柱等温面。对任意半径为 r 的等温面,其导热功率为

$$P_2 = -\lambda_c \frac{\mathrm{d}t}{\mathrm{d}r} S \tag{6.8}$$

式中　S——半径为 r 的等温面的面积,$S = 2\pi r l$,l 为热导池的长度。

对任意半径为 r 的等温面,在热平衡状态下导热功率相等,则导热功率 P_2 与半径 r 无关。对式(6.8)变形得到

$$\lambda_c \mathrm{d}t = -\frac{P_2}{2\pi l} \frac{\mathrm{d}r}{r} \tag{6.9}$$

分别对式(6.9)的两边求积分,半径从电阻表面 $r = r_R$ 处到热导池壁 $r = r_W$ 处积分,温度从电阻温度 $t = t_R$ 到热导池壁温度 $t = t_W$ 积分,有

$$\int_{t_W}^{t_R} \lambda_c \mathrm{d}t = \int_{r_W}^{r_R} -\frac{P_2}{2\pi l} \frac{\mathrm{d}r}{r} \tag{6.10}$$

得到热导池通过气体热传导的散热功率为

$$P_2 = \frac{2\pi l \lambda_c (t_R - t_W)}{\ln \dfrac{r_W}{r_R}} \tag{6.11}$$

当热平衡时,电阻产热功率与热导池内气体散热功率相等,即

$$I^2 R = \frac{2\pi l \lambda_c (t_R - t_W)}{\ln \dfrac{r_W}{r_R}} \tag{6.12}$$

整理式(6.12)得到

$$t_R = t_W + \frac{\ln \dfrac{r_W}{r_R}}{2\pi l \lambda_c} I^2 R \tag{6.13}$$

同时,电阻作为一个热敏元件,满足

$$R = R_0(1 + at_R) \tag{6.14}$$

式中　R——电阻在温度为 t_R 时的电阻值;

　　　R_0——电阻在温度为 $0\ ℃$ 时的电阻值;

　　　a——电阻的温度系数。

将式(6.13)代入式(6.14)中,得到

$$\begin{aligned}
R &= R_0(1 + at_R) \\
&= R_0\left[1 + a\left(t_W + \frac{\ln\dfrac{r_W}{r_R}}{2\pi l\lambda_c}I^2R\right)\right] \\
&= R_0\left[1 + a\left(t_W + \frac{I^2R}{K\lambda_c}\right)\right] \\
&= R_0(1 + at_W) + \frac{aI^2RR_0}{K\lambda_c}
\end{aligned} \tag{6.15}$$

整理得到热导型气体检测设备即热导池的特性方程,有

$$R = \frac{R_0(1 + at_W)}{1 - \dfrac{aI^2R_0}{K\lambda_c}} \tag{6.16}$$

式中　K——与尺寸相关的热导池常数,$K = \dfrac{2\pi l}{\ln\dfrac{r_W}{r_R}}$。

从式(6.16)中可以看出,当热导池壁温为 t_W、电阻上通过的电流 I 为常数时,电阻的实时电阻值 R 只与分析的混合气体的导热系数 λ_c 有关。这样,测量电阻值便可进行混合气体各组分体积分数的分析。

常用的热敏材料有金属丝和半导体。利用金属丝做敏感元件的称为热电阻,利用半导体材料做敏感元件的称为热敏电阻。

(1)金属丝热电阻。

金属丝的热变电阻值随温度的变化而改变,可由下式计算得到,即

$$-\Delta R = R_0 - R_0(1 + \alpha\Delta t) \tag{6.17}$$

式中　R_0——金属丝初始电阻值,Ω;

　　　α——金属丝的电阻温度系数;

　　　Δt——温度的变化量,$℃$;

由式(6.17)可以看出,电阻值的变化与金属丝电阻温度系数成正比。电阻温度系数越大,仪器灵敏度越高。考虑到金属加工工艺和化学稳定性等因素,常采用高纯度的铂电阻丝、钨丝、钨铼丝等,金属丝直径范围为 $10\sim50\ \mu m$。金属丝具有稳定性好、零漂小、线性度好、寿命长的优点,不过也具有加工工艺复杂、互换性差等缺点。国标实用温标规定,在 $-259.34\sim630.74\ ℃$ 的温度范围内,将铂电阻作为标准仪器。但铂是贵金属,在测量精度要求不高时,可采用铜电阻。铜电阻价格便宜,但是稳定性、重复性不如铂电阻。铜电阻在 $-50\sim50\ ℃$ 内,测量精度为 $\pm0.5\ ℃$;在 $50\sim150\ ℃$ 内,测量精度为 $\pm1\%t$(t 为实

测温度的绝对值)。

(2)半导体热敏电阻。

半导体热敏电阻的半导体材料主要有钛酸钡正特性热敏陶瓷、碳化硅、金属氧化物三类。碳化硅半导体、金属氧化物半导体温度系数为负,其电阻阻值与温度的关系为

$$R = R_0 e^{B\left(\frac{1}{t} - \frac{1}{t_0}\right)} \tag{6.18}$$

式中　R——温度为 t 时的电阻,Ω;

　　　R_0——温度为 t_0 时的电阻,Ω;

　　　B——热敏电阻常数,热敏电阻温度系数为 $\alpha = -B/t^2$。

通常热敏电阻的温度系数比铂电阻温度系数大,所以半导体热敏电阻的灵敏度要比铂电阻灵敏度高很多。但是热敏电阻有以下缺点:二氧化碳、水蒸气的干扰;零点漂移;元件互换性、工艺较差。

在使用热导池测量热导型气体成分时,针对不同影响因素,有多种优化测量精度的方法。

(1)电阻丝参数。

由式(6.17)可知,电阻的初始值 R_0、材料的电阻温度系数 α 和稳定性都对测量的灵敏度和精度有较大影响。通过增大电阻丝的长径比、选用电阻率大的材料来增大 R_0,可以提高灵敏度。

(2)工作电流。

电流大小的稳定性影响到测量仪器的性能,一般在电路中设置保持电流恒定的稳流装置,以使热导池能热源工作稳定符合要求。

(3)热导池腔壁温度。

由式(6.16)可知,热导池壁的温度 t_w 波动将影响测量的精度。由电阻应变片测量应变时设置的温度补偿片的思想可以设置参考热导池,向其通入已知成分的气体,与通入待测气体的热导池置于相同的环境温度下,采用比较法抵消温度波动带来的影响。

(4)其他影响因素。

在热导池内,电阻丝产生的热量还能通过对流散热、热辐射、电阻丝传导三个方式散失掉。针对对流散热,可以降低气体流速和气室直径,降低对流散热的量和波动;针对热辐射,电阻丝和热导池壁温度相差不要过大,控制在 200 ℃ 以内可忽略热辐射的影响;针对通过电阻丝传导散失热量,可以提高电阻丝长径比,电阻丝截面积与表面积相差巨大,从而降低通过轴向传热相对径向传热的占比,忽略电阻丝热传导的热量散失。

6.2.3　测量电路

热导型气体检测是将混合气体导热系数变化转化为敏感元件电阻值的变化,工程中针对电阻值变化,常用电桥电路进行测量。

将两个性能相同的金属丝热电阻或半导体热敏电阻分别接在电桥两臂:一个置于通入样气的气室中,作为测量元件 R_1;另一个置于通入当地空气的气室中,作为补偿元件 R_2。测量时,测量元件和补偿元件上通过相同的电流,由式(6.7)可知,二者的产热功率相等。但是由于作为导热介质的气体成分不同,因此二者的散热功率不同,当各气室分别

达到热平衡时,测量元件和补偿元件的温度必然会有差别,这就会导致测量元件和补偿元件的电阻产生差异,电桥便会输出一个值。当多次破坏电桥平衡并再次平衡后,就会得到一系列电桥输出的与样本气体导热系数相关的电信号。根据仪器出厂前的标定结果可得到混合气体导热系数,从而计算得到混合气体中各气体成分的浓度。热导型气体检测双臂电桥电路如图 6.2 所示。

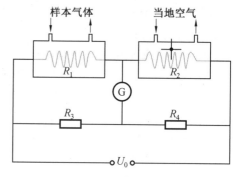

图 6.2　热导型气体检测双臂电桥电路

由式(6.7)可知,当测量元件周围样本气体的导热系数与补偿元件周围空气的导热系数相近时,两元件的电阻值也会较为接近,这就使得电桥输出的信号很微弱,测量仪器的灵敏度和分辨力会下降。一般在样本气体中,待测成分浓度过低时会出现这种情况,所以该方法不适用于低浓度情形。

6.3　载体热催化原理气体检测

6.3.1　检测原理

可燃气体(如甲烷等)在一定温度条件下,在催化剂(如铂、钯等)催化下可以进行无焰燃烧,生成二氧化碳和水,并释放一定的热量。反应释放的热量将置于反应环境内的热敏元件加热升温,热敏元件的阻值发生变化,根据阻值变化和可燃气体量的关系,便可得到混合气体内的可燃气体的浓度,有

$$可燃气体 + O_2 = CO_2 + H_2 + 热量\ Q$$

测量电路常采用双臂电桥,一臂接入热催化元件R_1,相邻臂接入补偿元件R_2,另外两臂接入电阻温度系数小的电阻R_3、R_4。将热催化元件R_1与补偿元件R_2置于通入待测气体的气室内。当温度升高后,电阻R_3、R_4较小的电阻温度系数可以提高电桥的稳定性。电桥上接有调零电阻R_0,在每次测量前进行电桥的调零稳定。为补偿热催化元件和补偿元件之间的热学性质的差异,减小电桥的零点漂移,在热催化元件上并联一个电阻r_1。常用载体热催化检测电桥原理图如图 6.3 所示。

电桥依靠恒流源提供稳定电流。在通入待测可燃气体前先进行测试设备预热和调零,在电阻的热效应下,元件温度升至 500 ℃左右,通过调零电阻R_0的调整,电桥处于平衡状态。稍后通入待测可燃气体,可燃气体与氧气在热催化元件

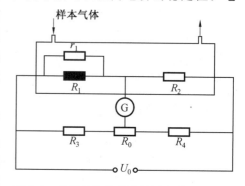

图 6.3　常用载体热催化检测电桥原理图

上发生反应,无焰燃烧产出气体和释放热量,这些热量被热催化元件R_1吸收,元件温度升高,阻值也同时升高。补偿元件R_2与热催化元件R_1工作在相同环境内,其阻值变化反映

了元件的工作环境的变化,这部分阻值的变化可以用于补偿环境变化对热催化元件R_1的阻值的影响。最后通过电桥电压输出得到阻值变化,用阻值变化计算热催化反应中释放的热量,结合可燃气体与氧气反应的化学关系式可推算出可燃气体的量,从而实现对可燃气体浓度的检测。

6.3.2　热催化元件

最早使用的热催化元件是纯铂丝,这种元件是一种纯铂丝螺旋圈。这种热催化元件结构简单、制造工艺简单、抗中毒能力强。但是在热催化反应时,其温度一般达到 900 ℃以上,铂丝会因升华而变细,仪器出现严重的零漂现象,工作寿命也缩短了。

随着技术发展,在铂丝表面涂载体和催化剂制成了载体热催化元件。载体材料常采用氧化铝,用于涂覆催化剂,增大反应接触面积,并把反应热量传递给铂丝,同时氧化铝高达 2 050 ℃的熔点能很好地保护内部的铂丝。常用的催化剂有铂、钯、钍等,它们可以加快可燃气体的氧化反应,降低其无焰燃烧的温度。涂覆催化剂的元件一般呈黑色,未涂覆催化剂的元件一般呈白色,所以工程上常用黑元件指代热催化元件,用白元件指代补偿元件。

6.3.3　特点

(1)元件的灵敏度。

元件灵敏度越高,催化可燃气体无焰燃烧时,电桥输出电压越高,单位为 mV。以甲烷为例,每测量 1% 体积浓度的甲烷,测量时电桥输出信号不低于 15 mV。

(2)元件稳定性。

元件连续催化可燃气体与空气反应,随着时间的推移,元件的活性会下降。一定工作时间里,元件活性下降越少,说明元件的工作性能越稳定,与不可燃气体反应率越低,受环境影响越小。此外,元件的稳定性还包括抗中毒性。当待测气体中含有硫、磷、铅、氯、硅等化合物时,元件进行催化反应会与这些化合物反应生成没有活性的物质,从而降低元件的活性。若毒物与催化剂活性表面化合较弱,则可以通过活化处理重新恢复活性,称为暂时性中毒,这类毒物有氯化物和硫化物等;若毒物与催化剂活性表面化合较强,则无法使催化剂恢复活性,称为永久性中毒,这类毒物有铅、硅等。

催化剂与毒物接触时间越长,毒物浓度越高,催化剂的中毒程度越深,其灵敏度下降越多,因此评价催化剂中毒程度常用的相对灵敏度是元件实时灵敏度与元件初始灵敏度的比值。在矿井瓦斯监测过程中,根据矿井内催化剂毒物的浓度和催化剂抗中毒性推算催化元件的使用寿命,到期及时更换,保证瓦斯监测设备正常工作。一般提高催化元件使用寿命的方法是提高催化元件本身的抗中毒性和过滤通入监测仪器气体的毒物。

(3)工作点。

在实际检测时,为保证能有较大的稳定的输出信号和较小的零点漂移,需要使元件工作在一定的电压或电流区间。我国相关元件工作点有 1.2 V、2.2 V、2.4 V 和 320 mA。当元件的工作电压或电流发生波动时,同一浓度的可燃气体测到的输出值就会有差别。在一定的工作区间内,可燃气体浓度和输出信号才近似呈线性关系,这个区间越宽越好,但目前只能在标准区间的±10％。

（4）输出特性。

在不同浓度的可燃气体中,元件的活性会呈现出不一样的结果。以甲烷体积浓度低于5％时,元件输出的电信号与甲烷的浓度呈线性关系;当甲烷体积浓度超过9.5％后,随着甲烷浓度的增大,元件输出的电信号逐渐减小,这是因为过高的甲烷浓度会使参与反应的氧气量出现短缺,反应不完全,放出的热量不足,导致测到的电信号偏低。甲烷浓度与载体热催化元件的输出特性曲线如图6.4所示。一般这种相同电信号对应两个不同浓度的现象称为元件的双值性。

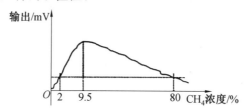

图 6.4　甲烷体积浓度与载体热催化元件的输出特性曲线

（5）催化元件的激活特性。

催化元件在高体积浓度(大于5.5％)的可燃气体氛围内工作数分钟后,其活性被激发,当离开高体积浓度可燃气体氛围数十小时后,催化元件的活性会恢复到初始值附近。在被激活的状态下,催化元件不能稳定地输出信号,需要多次调整电路。

（6）反应速度。

载体热催化设备在接触待测气体开始到其输出正确信号,需要一定的等待时间。这个时间长短就反映了设备的反应速度。载体热催化设备的反应速度越快越好,这个反应速度取决于热催化元件的时间常数大小和待测气体扩散到热催化元件上的速度。经研究发现,元件的时间常数与热容量成正比,热容量与表面积的3/2次方成正比,所以元件的时间常数会随着表面的增大而增大,并且当表面积增大时,元件会因为辐射和传导而散失更多热量,这样元件的升温量与可燃气体无焰燃烧释放热量的对应的升温量偏差更大,元件的反应速度变慢,测量结果偏差变大。为获得更快的反应速度,元件制造时会减小表面积,元件的时间常数与温度呈负相关关系,可燃气体浓度适当增加,无焰燃烧后温度更高,设备的反应速度会相应加快。同时,研究人员发现增大电流元件的时间常数减小,从而设备的反应速度也加快。

（7）高浓度可燃气体影响。

可燃气体的浓度有爆炸范围,当浓度在爆炸范围外时,即使有火源,可燃气体也不会爆炸;当浓度在爆炸范围内时,有火源点燃或温度达到着火点均能发生爆炸。载体热催化元件适用于在爆炸范围下限以下浓度的可燃气体的检测。当浓度过高,处在可燃气体爆炸范围内时,可燃气体燃烧迅猛产热量高,元件会因过高的温度而烧坏;当超过可燃气体爆炸范围上限浓度时,由于可燃气体浓度过高,因此相应氧气浓度会过低,燃烧不充分,会产生炭粒沉积,使催化剂受到影响,灵敏度下降。

6.4　气相色谱法

色谱一词最早由俄国植物生理学家和化学家米哈伊尔·茨维特从植物色素中分理出不同的色带的叶绿素而得名,后来将色谱柱分离技术与测定技术结合形成色谱分析法。根据流动相的不同,可分为气相色谱法和液相色谱法两种。气相色谱法在气体检测中发挥重要作用。

6.4.1　气相色谱仪

在分离柱工作温度范围呈气态的物质可以用气相色谱法测定,可以是气态物质和易挥发液态物质。气相色谱仪由分离部件和检测部件两部分组成,其结构如图 6.5 所示。在理化性质有微小差异的混合物质得到有效分离后,各组分被依次送入检测部件内进行定量测定。

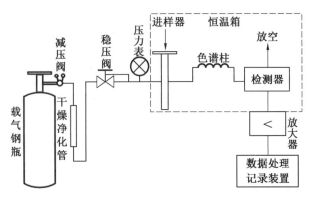

图 6.5　气相色谱仪结构图

流动相气体(又称载气)由高压瓶或气体发生器供给,经过减压阀、干燥净化管、稳压阀、流量计的减压、干燥、净化、稳压、测定流量后,送入汽化器。一份待测样品由微量进样器注入汽化器中,迅速汽化为蒸气。载气携带样品的蒸气一起进入色谱柱内,理化性质有差异的各组分会在色谱柱中以各不相同的速度向后流动。各组分依次进入监测期内,检测器将组分浓度或组分质量转换为电信号,电信号经阻抗转换和放大器作用送入数据处理器中进行数据处理和记录。

色谱柱内填充的固相物质不同会呈现不一样的与待测物质的作用力,载气通入速度不同也会影响待测混合物各组分分离结果,汽化器要在保证待测物质不热解的同时迅速汽化并与载气混合。以上因素在检测不同对象时要具体选择,以保证检测结果的准确。

6.4.2　色谱分离机理

色谱仪的核心部件是色谱柱,其内部填充了许多细小的固体颗粒。颗粒作为载体,涂覆了固定液或吸附剂。载气携带待测气体进入色谱柱,各组分与颗粒之间的分子作用力包括偶极力、诱导力、色散力,各组分不同的物理化学性质使其受到的作用力大小不同,综合起到吸引作用,使气体分子滞留在固体颗粒表面。同时,载气的气体分子与待测气体分子之间也有相互作用力,载气的初始速度使气体分子继续向后流动。两种作用综合结果使不同气体组分以不同速度继续向后流动,经过色谱柱内一段距离的持续作用,各组分从色谱柱流出有了先后顺序,后续流入检测器的依此顺序测量产生响应信号,最后响应信号—时间曲线中出现对应不同组分的峰值信号,即色谱峰。这样,待测气体中的各组分就完成分离检测了。

　　最后得到的响应信号—时间曲线称为色谱图。当待测气体各组分彼此完全分离后,色谱图上每一个色谱分就代表一种组分。一份待测样品汽化的蒸气被分离后,各组分并不会各自紧密聚集在一起,而是会因浓度梯度的作用而沿色谱柱轴向向前、后两个方向扩散。这样对于各组分进入到检测器中时的浓度会呈现先逐渐增大后逐渐减小的现象,相应的检测器响应信号也是先增大后减小,在色谱图上出现一个个山峰状曲线。规定各组分从进入检测器开始到出现响应峰值的时间为保留时间。分离条件不变时,各组分的保留时间基本不变。将待测样品的各个色谱峰的保留时间与标准物保留时间对比,可定性分析出待测样品中各组分具体是什么物质。根据色谱峰面积或峰值可定量分析各组分的占比。

　　在色谱学中的一个重要理论是塔板理论。该理论认为色谱柱可看作一个精馏塔,塔内有无数个小段,每段内一部分空间由固相占据,一部分由流动相占据,这样一小段又称一个塔板。当待测气体随载气进入色谱柱后,气体会在每个塔板上的两相间进行分配,即气相与固相之间多次发生溶解、逸出、再溶解、再逸出的过程,并假定这种分配过程很快就能达到平衡状态。在分配时,分配系数小的组分会先离开该塔板,分配系数大的组分会后离开该塔板,经过无数塔板的累积作用,即使各组分间分配系数差异很小,也能在最后流出整个色谱柱时有明显的时间差,达到有效分离的目的。

　　若图 6.6 所示的色谱图中,各色谱峰宽度增加,高度下降,峰与峰之间距离变近,色谱峰数目变多,则色谱图上各峰可能会重叠,达不到有效分离的目的。相对应的影响因素是色谱柱内固相物质的类型选择和载气速度的设定不合适、色谱柱长度过短、待测样品内组分过多等。一般用柱效率来描述色谱柱的分离效率,柱效率越高,分离时间越短,效果越好;反之,则分离时间越长,效果越差。根据塔板理论可知,当色谱柱长度一定时,塔板高度越小,塔板数越多,柱效率越高。

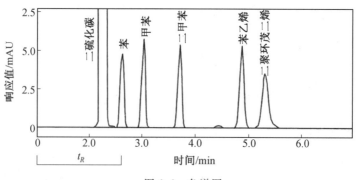

图 6.6　色谱图

　　色谱学中的另一重要理论是速率理论,该理论可从动力学角度来研究各种动力学因

素对柱效率的影响。核心表达式为

$$H=A+\frac{B}{u}+Cu \qquad (6.19)$$

式中　H——塔板高度；

　　　A——多径扩散因子（又称涡流扩散因子）；

　　　B——纵向扩散因子（又称分子扩散因子）；

　　　C——传质阻力因子；

　　　u——载气流速。

　　多径扩散因子 A 是由固相颗粒大小和均匀度决定的常数，颗粒越小，颗粒均匀度越好（即大小一致），A 的值越小。纵向扩散因子 B 是由色谱柱内的各组分浓度梯度决定的，流动相速度与载气流速正相关，载气流速 u 越快，$\frac{B}{u}$ 的值越小。传质阻力因子 C 是由涂覆在固体颗粒表面的固定液膜的厚度决定的，反映了固定液对格各组分流动的阻力作用，固定液膜厚度越薄，阻力越小，Cu 的值越小。

　　结合式（6.19）和图 6.7 可知塔板高度随流动相流速的变化规律。多径扩散因子 A 是色谱柱内填充的固相颗粒的特性反映，与流动相速度无关。在流动相速度较低时，纵向扩散因子 B 起主要作用，流动相速度越高，塔板的高度越小，相应的柱效率就会提高。在流动相速度较高时，传质阻力因子 C 起主要作用，流动相速度越高，塔板的高度越高，相应的柱效率就会降低。从图6.7中可以看出，存在一个最佳流动相速度，此时

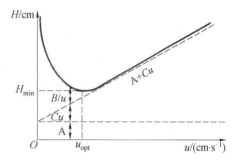

图 6.7　色谱学速度理论示意图

塔板高度最小。但在实际使用时，为兼顾分离时间的长短，会将流动相速度稍微提高，这样既不会明显降低柱效率，又缩短了分离测定的时间。

6.4.3　色谱柱

　　色谱柱可分为填充柱和毛细管柱两类。填充柱一般是内径为 2～4 mm、长度为 1～3 m 的长管，常用材料为不锈钢或玻璃，在管内填充固相颗粒。毛细管柱内径为 0.1～0.5 mm，长度达到数十米甚至数百米，常用材料为不锈钢、玻璃或石英，管内壁涂覆固定液。

　　色谱柱内的固定相有气固色谱固定相和气液色谱固定相两类。气固色谱固定相为活性吸附剂，常用活性炭、硅胶、分子筛、高分子微球等，用于分离甲烷、二氧化碳、一氧化碳、二氧化硫、氮气、氧气、硫化氢和四个碳原子以下的气态烃。气液色谱固定相是在惰性、大比表面积的载体上涂覆一层极薄的高沸点固定液。载体是一类多孔颗粒，其热稳定性和化学稳定性极好，常用硅藻土、非硅藻土、高分子微球三类。小而均匀的粒度的固相填充物有利于提高色谱柱的柱效率，载体常用 60～80 目或 80～100 目。根据泰勒筛的相关定义，载体颗粒的目数是指 1 in（1 in＝2.54 cm）长度上的筛孔数目，筛孔越多，颗粒粒径

越小。

分子筛一般为人工合成的水合硅铝酸盐或天然沸石,在结构上有许多孔径均匀排列整齐的微孔,根据孔径大小可用于大小和形状不同的气体分子的筛分。分子筛与气液色谱固定相的载体类似,但是分子筛属于气固色谱固定相,吸附能力来自其自身,而不是上面涂覆的固定液。当气体分子的分子动力学直径小于分子筛孔径时便可被吸附,同时被吸附的分子在表面形成分子作用的吸引场,分子不断浓聚吸附,使流体中该类分子不断减少从而从流体中分离,而且分子筛晶穴还有着较强的极性,可使这一吸附能力更具有选择性。

针对不同的有机物和无机物分子,根据分子内正负电荷重心重合与否分为极性分子和非极性分子:极性分子正负电荷重心不重合,电荷分布不均匀不对称;非极性分子正负电荷重心重合。极性分子常表现出对其他极性分子的吸引,而非极性分子则没有这种特性。这一电性作用使得极性分子组成的溶剂易溶于极性分子组成的溶剂,而难溶于非极性分子组成的溶剂;非极性分子组成的溶剂易溶于非极性分子组成的溶剂,而难溶于极性分子组成的溶剂。这一原理称为相似相溶原理。因此,常根据待测组分的性质,按相似相溶原理选择与其分子极性和化学结构相似的固定液。

有较强极性的分子常用强极性固定液,依靠两种分子间的定向力,使待测组分按极性从小到大的顺序流出色谱柱。若能形成氢键,则选择氢键型固定液,以氢原子作为媒介将两种分子以氢键形式固定,使得待测组分按与固定液形成氢键能力从小到大的顺序流出色谱柱。非极性组分选择非极性固定液,非极性分子相互靠近时瞬时极偶距间会产生微弱的吸引力,该力称为色散力,非极性组分依靠色散力使待测组分按沸点从低到高的顺序流出色谱柱。毛细管色谱柱内涂覆的固定液的选择原则与此类似。

毛细管柱内不需要载体,调配好的固定液从毛细管内流过,在毛细管壁上黏着一层固定液作为毛细管色谱柱的固定相。因为毛细管柱内无载体,所以该类色谱柱的柱效率不受多径扩散效应的影响。由于毛细管柱内径为 $0.1\sim0.5~mm$,因此在该尺度下固定液的厚度相对较厚,固定液对待测各组分的阻力也就较大,气相传质阻力项 Cu 对柱效率的影响不能忽视。毛细管色谱柱是目前使用较多的色谱柱。但是由于毛细管柱极大的长径比,因此不能与填充柱一样自行制备,需要购买商品柱使用。

1. 检测仪响应原理

色谱柱将待测样品分离成各组分后,各组分按从色谱柱流出的先后顺序流入检测器中,检测器将各组分的浓度或质量的信号转换成电信号并输出。常用的气相色谱分析检测器有热导池检测器、氢火焰离子化检测器、电子捕获检测器、光离子化检测器和专用于检测含磷含硫的火焰光度检测器五种。下面对这五种检测器的响应原理进行简要介绍。

2. 分离条件

影响色谱柱的分离效果的因素有色谱柱长度和内径、固定相、柱温、气化温度、载气类型及其流速、进样时间、进样量等。

色谱柱的长度和内径、固定相的选择对分离效果的影响在前文中已经阐述,此处不再赘述。色谱柱的温度升高使待测组分在气相和液相之间快速转换,传质速率加快,这会加快分离速度,提高分离效率。但温度升高也提高了组分在色谱柱纵向的扩散系数,这一结果又将降低分离效率。同时,温度过高会使固定液的选择性降低和挥发流失。因此,一般选择待测样品各组分的平均沸点或稍高于该平均沸点的温度。

样品被进样器送入汽化器内,汽化器内的高温使样品迅速汽化,但又不能使样品发生热解。汽化器内设置的汽化温度一般比色谱柱温度高 30~70 ℃。

针对选用的检测器的种类,考虑载气的类型。当使用热导池检测器时,为提高检测器的分辨力,提高载气与待测组分导热系数之间的差距,载气选用导热系数较高的气体,常用氢气或氦气;当使用氢火焰离子化检测器时,就不能使用会对检测器中的氢火焰造成影响,干扰了检测器中待测组分的化学电离过程了,而常使用氮气作为载气;当使用电子捕获检测器时,为提高灵敏度和线性度,常用氩气或氮气;当使用光离子化检测器时,选用分子易激发的气体,如氦气和氩气,同时要降低载气对电离电子的捕获的影响,如空气和二氧化碳能捕获电子降低响应大小。选择载气类型时应综合考虑,为提高检测效率和精度,采用氩气;为降低成本,采用空气;当使用火焰光度检测器时,常使用氢气、氦气或氮气。

载气的流速主要影响色谱柱的柱效率。通过图 6.6 可知,当载气流速逐渐增加,塔板高度逐渐降低,即柱效率逐渐增大,达到最小塔板高度后,继续增加载气流速,塔板高度反而增高,柱效率下降。为减少分离时间,常采用比最佳载气流速稍高的流速。

进样时要迅速,防止一部分样品已经在汽化器内汽化并随载气流入色谱柱开始分离,而仍有一部分样品还未汽化甚至未送入汽化器内,这样得到的色谱图上的色谱峰会变宽扩张,甚至色谱峰形状发生改变,从而使色谱仪的柱效率降低。采用"柱塞式"进样,即用注射器进样,针尖在穿过隔垫后迅速将样品泵入汽化器内,并迅速拔出注射器,注射器针头从插入到拔出的时间越短越好。

3. 定量分析法

由色谱仪的原理可知,进入检测器的各待测组分的量和与其对应的色谱峰的面积成正比,各待测组分在总的进样量中所占比例一定,即各待测组分浓度一定,所以各待测组分的浓度与预期对应的色谱峰的面积也成正比。这一正比关系是色谱分析法能进行定量分析的理论基础。常用的定量分析方法有外标法、内标法和归一化法三种。

(1)外标法。

外标法又称标准曲线法。用待测组分的纯物质配制一系列不同浓度的标准溶液或标准气体,用精确的进样器多次定量进样,要求每次进样量相同,记录不同样品量下测得的色谱图。用色谱峰面积与对应的样本浓度作图,可得到一条峰面积-浓度标准线图;若用峰高和对应样本浓度作图,可得到一条峰高-浓度标准线图。在实际实验时,条件相同,可用得到的色谱图的峰面积或峰高在标准线图上查找到对应的样本浓度。这一方法简单快捷,可校正各个影响因素对响应信号的干扰,但进样操作要求与绘制标准线图时的操作一样严格,相同的实验条件也较为难得。

(2)内标法。

内标法是与外标法相对而言的,比较的是同一次实验的结果。选取待测组分中没有,其色谱峰图位于被测组分色谱峰附近的纯物质作为内标物,将与待测组分浓度相近的内标物分别加入标准溶液和待测溶液中,内标物的浓度在标准溶液中与在待测溶液中一样。

分别进行色谱分析得到色谱图,将待测组分与内标物的色谱峰面积或峰高进行对比,可得到待测组分的浓度。虽然该方法可避免实验条件不同和进样量误差带来的影响,但是选取待测组分中不存在的内标物较为困难,因此该方法不常用。

(3)归一化法。

若待测样品中的各个组分都能在色谱图上出现响应的色谱峰,使用归一化法将较为简单地在一次进样实验中测出待测样品中各组分的质量浓度。设待测样品中各组分的质量为$m_1,m_2,m_3,\cdots,m_n$,则各组分的质量浓度为

$$p_i = \frac{m_i}{m_1 + m_2 + \cdots + m_n} \tag{6.20}$$

而各个组分的质量m_i等于质量校正因子f_w与峰面积S_i的乘积,即

$$p_i = \frac{f_{w(i)}S_i}{f_{w(1)}S_1 + f_{w(2)}S_2 + \cdots + f_{w(n)}S_n} \tag{6.21}$$

f_w可由色谱手册查到,也可由实验测得。校正因子分为绝对校正因子和相对校正因子两类。绝对校正因子为单位峰面积代表的组分的量,即$m_i = f_w S_i$,但因实际实验条件的限制,无法准确测得绝对校正因子,故实际进行定量分析时采用相对校正因子;相对校正因子是某种待测组分与某种基准物质在相同测量条件下测得的绝对校正因子的比值,这样可以抵消实验条件限制带来的绝对校正因子的测量偏差。针对热导池检测器,常用的基准物质为苯;针对氢火焰离子化检测器,常用的基准物质为正庚烷。当以质量表示待测样品组某种组分的量时,相对校正因子又称相对质量校正因子,即

$$f_w = \frac{f'_{w(i)}}{f'_{w(s)}} = \frac{m_i S_s}{m_s S_i} \tag{6.22}$$

式中　$f'_{w(i)}$——待测组分的绝对校正因子;

　　　$f'_{w(s)}$——某种基准物质的绝对校正因子;

　　　m_s、S_s——基准物质的质量和峰面积;

　　　m_i、S_i——待测组分的质量和峰面积。

在测校正因子时,可用峰高代替峰面积进行计算,则计算待测组分质量浓度时质量也用峰高代替。色谱手册中查得的校正因子为相对质量校正因子。从热导池检测器和氢火焰离子化检测器采用不同的基准物质可知,不同类型检测器的校正因子不能通用。

4. 定性分析法

实验室型的色谱仪既可用于定量分析,又可用于定性分析。工业色谱也只能用于定量分析。进行定性分析时要求在固定的实验仪器和操作流程下,用色谱峰的保留时间和保留体积确定待测组分的成分。保留时间是从样品进入检测器开始到出峰的时间;保留体积又称洗脱体积,是从样品进入检测器开始到出现某种组分浓度极大值时流出的溶剂的量。

在相同的实验条件下,待测样品中各组分的出峰时间是一定的。通过对比待测样品各组分的色谱峰和纯物质色谱峰,可知该待测样品中是否含有该物质。这种方法简单,但不同仪器测得的数据不能通用,同时保留时间对载气流速的波动较为敏感,载气流速不稳定时不建议采用此方法。

在大概知道待测样品中各组成成分时,为更进一步确定,可在样品中加入一种认为原样品中不存在的组分,进行色谱分析。若出现一个新的色谱峰,则表示原样品中不含新加入的组分;若某一原有的色谱峰增高或变宽,则表示原样品中含有新加入的组分。此时,为排除新加入组分与原样品中某组分有相同的保留时间而导致色谱峰重叠的可能,可换用固定液不同的色谱柱或在不同温度下再次进行色谱分析。

6.4.4 热导池检测器

热导池检测器与 6.2 节的热导型气体检测使用的热导池测量原理相同,如图 6.8 所示。利用混合气体的平均导热系数与各不同导热系数的组分在混合气体中的占比相关的原理,已知混合气体各组分导热系数、混合气体平均导热系数和载气导热系数,求解各组分在混合气体中占比。常用热敏元件将混合气体导热系数的变化转换成热敏元件阻值的变化。将两个相同的热敏元件接入惠斯通平衡电桥的两臂上,这两个热敏元件各自放入两个相同的热导池气室中:一个气室通入待测气体,该热敏元件作为测量元件;另一个气室通入载气,该热敏元件作为补偿元件。通电后由于电阻的热效应,因此四个热敏元件将会产热升温。同时,由于温度的变化,因此两个热敏元件的阻值也发生相应变化,电阻产生的热量通过通入的气体向热导池壁传导,当电阻的产热功率与气体的导热功率相等时,两气室内温度各自恒定,热敏元件的阻值也保持不变,电桥输出一个电压值。通过调整调零电阻将电桥平衡打破,气室内温度再次恒定,热敏电阻值再次变化至另一值,电桥输出另一个电压值,多次反复后得到一系列电桥输出的与样本气体导热系数相关的电信号。根据仪器出厂前的标定结果可得到混合气体导热系数,从而计算得到混合气体中组分的占比。

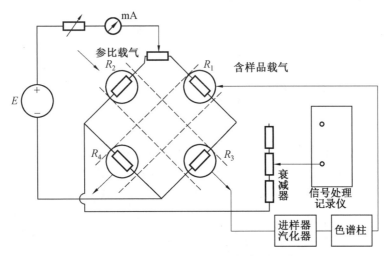

图 6.8 热导池检测器测量原理

在实际使用中,为保证检测器检测到的信号准确无误,能够用于对检测成分的定量分析,常在电桥四臂上接入四个相同的热敏元件:一对作为测量臂,另一对作为参比臂。色谱仪输入的载气先通入参比臂所在的两个热导池,流出的载气再进入汽化器内与汽化的待测组分进行混合,混合气体接着输入测量臂所在的另两个热导池,四个热导池放在恒温箱中。

在 6.2 节中介绍过,当测量元件周围样气的导热系数与补偿元件周围空气的导热系数相近时,两元件的电阻值也会较为接近,这就使得电桥输出的信号很微弱,测量仪器的灵敏度和分辨力会下降。而氢气的导热系数远高于其他气体,所以使用热导池检测器时常用氢气作为载气。氦气虽然导热系数也较高,但因成本高而不常采用。氮气作为载气时,若待测组分中有导热系数高于氮气导热系数,则检测结果会出现倒峰。

6.4.5 氢火焰离子化检测器

在待测组分进入氢火焰离子化检测器前,氢气与空气在火焰喷嘴处燃烧,氢氧火焰中生成了 H、O、OH、O_2H 等电中性自由基,加在收集极和发射极的 $200 \sim 300$ V 电场对这些电中性自由基无作用,不产生电信号。待测有机化合物随载气来到火焰喷嘴处发生燃烧,在高温下发生化学电离,生成正离子和负离子,在收集极和发射极之间的直流电场作用下,正负离子开始定向移动,汇聚成离子流,经过高阻产生电压降,微弱离子流再经过信号放大器,输出与在载气中待测有机化合物量相关的电信号,对电信号进行处理即可对待测组分定量分析。氢火焰离子化检测器结构图如图 6.9 所示。

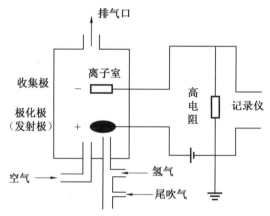

图 6.9　氢火焰离子化检测器结构图

由于各组分解离处带电离子的能力不同,因此检测器对不同组分产生的响应也不相同。对于烃类化合物在火焰中燃烧发生化学电离时,每一个碳原子均转化为相同的最基本响应单位——甲烷,再经过下面的反应过程与空气中的氧反应生成 CHO^+ 正离子和电子 e^-,即

$$CH + O \xrightarrow{\text{化学电离}} CHO^+ + e^-$$

氢火焰离子化检测器中的氢气作为燃烧气与空气中的氧气混合燃烧,产生的高温环境为待测有机物的化学电离提供了条件。当氢气的流量增大时,检测器内燃烧更加剧烈,待测有机物的化学电离生成的正负离子增多,输出的响应信号也增强,但继续增加氢气的流量,响应达到最大值后会减弱。常用作载气的氮气也有类似的效应,在一定范围内增加氮气的流量,输出响应也会增强,达到最大响应后会随氮气流量的增加而减弱。过大的气

体流量使火焰周围的气流速度过快,影响火焰的稳定燃烧,使待测有机化合物的电离效率和检测电极的收集正负离子的效率降低,从而导致输出响应不增反降。一般氢气的最佳流量为 40~60 mL/min,作为载气的氮气的最佳流量约为 30 mL/min。在进行检测时,要注意氢气使用的安全事项,谨防发生危险。

6.4.6　电子捕获检测器

电子捕获检测器是一种有选择性的离子化检测器。该检测器常利用放射源衰变时释放的 β 粒子轰击载气分子或待测组分的分子,产生大量正离子和低能热电子。由于正离子的移动速度小于电子的移动速度,因此二者重新结合的机会很小。在外加直流电压或脉冲电压下,电子和正离子在电场中向着相反的两极移动,形成电流。若在通入纯载气时电子捕获检测器得到一个电流信号,则该电流为基流。当载气中含有电负性化合物时,这些化合物会与 β 粒子轰击载气得到的电子相结合,从而使形成电流的电子数目减少,直接降低检测器检测到的电流的大小,相对于基流得到一个更小的信号,输出一个负值,在色谱图上出现负峰。在一定范围内,载气中该待测组分浓度越大,待测电负性组分越多,捕获的电子越多,电流大小相对基流下降越多,负峰面积就越大。电子捕获检测器基本结构图如图 6.10 所示。

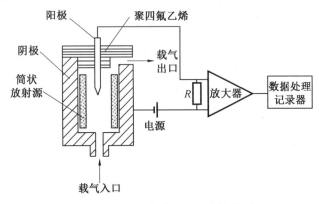

图 6.10　电子捕获检测器基本结构图

基于以上原理,电子捕获检测器可用于痕量检测,以及含有卤素、氧、硫、硝基、羟基、氰基、共轭双键体系的亲电基团的检测,同时对有机金属化合物的响应值很大,对烷烃、烯烃、炔烃的响应值很小。但在氮气载气中掺入少量一氧化二氮可提高检测器对甲烷、乙烷等成分产生加大响应,载气中掺入氧气也能提高检测器对卤化烃的响应。电子捕获检测器对水敏感,载气必须经过充分干燥和脱氧。在使用时,必须严格遵守放射源的安全使用和管理条例。

6.4.7　光离子化检测器

光离子化检测器具有极高的灵敏度,可检测低至亿万分之一、高至百分之一浓度范围内的挥发性有机化合物,在实际使用中常用于大气监测中挥发性有机污染物的检测。该检测器与电子捕获检测器类似,同样是将待测组分电离后形成电流,通过电流大小反映检测的组分的浓度大小,但是不使用放射源的光离子化检测器相对更加安全。光离子化检测器使用紫外灯发射高能光子,使待测组分吸收这些高能光子,从而发生电离或先激发后电离,得到正负离子。在外加的电场作用下,这些正负离子定向移动形成微弱的电流,正负离子的量影响了电流的大小,即光离子化电流的大小反映了待测组分的浓度。这些被电离出的正负离子在检测结束后可再次结合,还原成原来的待测组分,光离子化并不破坏待测组分,还可对待测组分继续进行其他检测研究。

6.4.8 火焰光度检测器

火焰光度检测器利用不同物质对应激发出不同波长光的原理检测物质,该方法属于光度法。由于该类检测器对含硫、磷原子的有机化合物的选择性和灵敏度高,因此常用该类检测器进行含硫、磷原子的有机化合物的痕量检测。待测的含硫、磷原子的有机化合物在富氢火焰中燃烧时,含硫的有机化合物会生成激发态的 S=S 分子,回到基态的同时发出波长为 394 nm 的特征光;含磷原子的有机化合物则会生成激发态 HPO 分子,回到基态的同时发出波长为 526 nm 的特征光。这些特征光的强度与待测组分的质量成正比,经过滤光片滤去杂光,剩下的光信号被光电倍增管转化为电信号后,经电流放大器放大和记录,该类检测器灵敏度可达几十库伦每克。同时,火焰光度检测器有机硫、有机磷的响应比碳氢化合物的响应高,响应值比可达 100 倍以上,因此可排除待测组分中的烃类的干扰信号,更加有利于对含硫、磷原子的有机化合物的检测。

6.4.9 氧气浓度检测

无色无味的氧气作为空气中的主要成分之一,对人类的生产生活过程具有十分重要的作用。人和动物维持生命的呼吸需要氧气,人类生活环境中氧气体积分数范围在 19.5%～23.5%,过高或过低都会使人体产生不适症状,甚至危及生命,工业生产中燃烧和氧化过程也需要消耗氧气。不同环境下的氧气浓度存在差异,准确把握环境中氧气浓度对人类进行高效安全的生产生活具有十分重要的意义。

6.5 电化学法

电化学法就是将氧气通入电解质,与阴阳两极发生氧化还原反应,反应过程中电子的得失导致电流产生,通过电流大小可推算出氧气量的方法。

1. 燃料电池测氧法

燃料电池又称伽伐尼电池,在电池内部充满电解液,并放入两个电极,铂或金作为阴极,铅或锌作为阳极,电解液常采用氢氧化钾。待测气体中的氧气透过聚四氟乙烯(PTFE)薄膜渗入氢氧化钾电解液中,氧气在阴极与电解液发生化学反应,即

$$O_2 + H_2O + 4e^- \longrightarrow 4OH^- \tag{6.23}$$

氢氧根离子在阳极与金属铅发生化学反应,即

$$Pb + 4OH^- - 4e^- \longrightarrow PbO_2 + 2H_2O \tag{6.24}$$

总化学反应式为氧气氧化阳极金属铅生成氧化铅,即

$$Pb+O_2 \longrightarrow PbO_2 \tag{6.25}$$

由式(6.23)和式(6.24)可以看出,一个反应得到电子,一个反应失去电子,在阴阳两极间接上负载及电表,可测出电流的大小,而该电流的大小又取决于从 PTFE 薄膜渗透过来的氧气的量。测出该电流的大小就可以得到氧气的量,从而可算出氧气在待测气体中的浓度。伽伐尼电池结构示意图如图 6.11 所示。

从以上原理中可以看出,这一检测方法不用外接电源,测试过程中阴极不参加反应,阴极消耗的水在阳极可以得到补充,电解液不会被消耗,仅消耗阳极金属铅,这是这一检测方法的优点之一。但是待测气体中的氧气是自由渗透过 PTFE 薄膜的,当大气压发生变化后,氧气的渗透量就会发生变化,从而对检测结果造成干扰。因此,在检测时需要进行气压校准,修正受到气压影响的检测结果。一般在仪器上加装压力传感器进行压力影响的补偿,或采用毛细管扩散控制机构来限制压力变化对检测结果的影响。

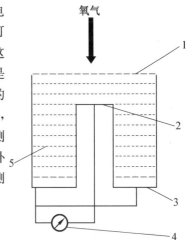

图 6.11　伽伐尼电池结构示意图
1—PTFE 薄膜;2—电流阴极;3—电池阳极;4—电表;5—电解质

2. 极谱电池测氧法

极谱电池的阴极采用铂和金制成的微电极,阳极采用银,电解液使用氯化钾溶液。为使阴极保持极化,促进氧化还原反应的进行,需要在电池两级加上电压,一般电压比 Ag/AgCl 电极电压高。阴极前采用防水透气的 PTFE 膜。氧气在阴极发生还原反应,即

$$O_2+H_2O+4e^- \longrightarrow 4OH^- \tag{6.26}$$

金属银在阳极发生氧化反应,即

$$4Ag+4Cl \longrightarrow 4AgCl+4e^- \tag{6.27}$$

在氧气参与的氧化还原反应中,得失的电子流动使电路中产生电流,氧气进入阴极的速度受到 PTFE 薄膜的扩散性控制,电流—电压曲线类似于一条极谱曲线,在低电压时有较小的残余电流,电压超过分解电压后电流随电压的升高而增大,因此这类检测法称为极谱电池测氧法。

从原理中可以看出,该方法能检测到氧气的关键在于氧气进入阴极发生还原反应,而氧气渗透进入阴极依靠 PTFE 薄膜与阴极金属之间的薄液层,氧气从膜外扩散进入,溶解进电解液后迅速发生还原反应。长时间的使用会使 PTFE 薄膜破裂,需要经常更换。为提高极谱电池的使用寿命,常在 PTFE 膜或硅橡胶膜两侧各沉积一层金和银,接上导线制成金属化膜电极,既起透气作用,又能作为电极使用。

3. 氧化锆氧量分析仪

氧化锆氧量分析仪利用氧化锆制成的氧浓度差电池输出与氧浓度相关的电信号来进行氧浓度测量。在氧化锆和氧化钙制成的固体电解质片两侧烧结上数微米尺寸的铂电极片,铂电极片为多孔结构,以金属铂丝为引出线,构成一个简单的氧浓度差电池。在

600～800 ℃时,氧浓度差电池内部的氧化锆成为氧离子的良好传递介质,多孔铂电极能够催化氧气分子发生解离得到电子生成氧离子,也能催化氧离子失去电子再生成氧分子。氧浓度差电池原理图如图 6.12 所示。

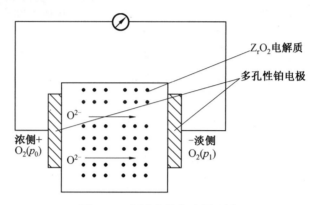

图 6.12　氧浓度差电池原理图

在氧浓度差电池的一次侧铂电极上通入空气作为参考气体,其中的氧气分压为 p_0,空气中氧气的体积占比一般为 20.6%;在氧浓度差电池另一侧铂电极上通入待测气体,其中的氧气分压为 p_1,氧气的体积占比一般为 3%～6%。在通入的气体中氧气浓度较高一侧,一个氧气分子在铂电极催化下得到电子生成两个氧离子,即

$$O_2 + 4e^- \xrightarrow{\quad Pt,600\sim800\ ℃ \quad} 2O^{2-} \tag{6.28}$$

高浓度侧生成的氧离子通过氧化锆电解质传递到低浓度一侧。在通入的气体中氧气浓度较低一侧发生逆反应,两个氧离子再失去电子生成氧分子,即

$$2O^{2-} \xrightarrow{\quad Pt,600\sim800\ ℃ \quad} O_2 + 4e^- \tag{6.29}$$

在氧离子传递和电子得失过程中,电路中便形成浓度差电动势 E,其大小可用涅恩斯特公式计算,即

$$E = \frac{RT}{nF} \ln \frac{p_0}{p_1} \tag{6.30}$$

式中　R——理想气体的气体常数,$R=8.314\ \mathrm{J/(mol \cdot K)}$;

　　　T——待测气体的热力学温度,K;

　　　n——参加反应的电子对数,氧气反应时,$n=4$;

　　　F——法拉第常数,$F=9.648\ 7 \times 10^4\ \mathrm{C/mol}$;

　　　p_0——参考气体中氧气的分压;

　　　p_1——待测气体中氧气的分压,也是氧气的体积占比。

为达到催化温度 600～800 ℃,氧化锆氧量分析仪一般配有加热保温装置。在温度 T 保持不变时,可通过电表测得的电动势计算出待测气体中的氧气分压 p_1。为保证仪器有较高的灵敏度,需要使被测气体不断流动更新,因此实际使用中,氧化锆氧量分析仪传感部分由一根氧化锆空心管制成,在空心管内外表面上烧结多孔铂电极,管内通入待测气体,管外通入空气,并将整根空闲管置于加热保温装置内。管状氧化锆传感器示意图如图 6.13所示。仪表应该加入温度补偿措施,减少温度变化对氧浓度差电动势的影响,保证仪表测量的准确性。温度保持在 850 ℃时,仪表的灵敏度最高。

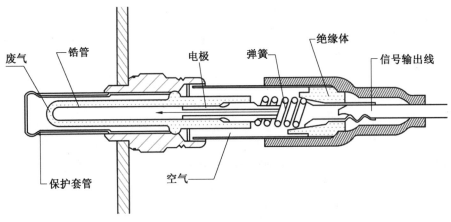

图 6.13　管状氧化锆传感器示意图

氧化锆氧量分析仪因其结构简单、测量准确、灵敏度高、反应迅速、可靠性好和维护方便等优点而得到了广泛的应用。

6.6　电　磁　法

1. 热磁效应氧气传感器

氧气具有顺磁性,即在磁场中氧气能被吸引或排斥。当温度升高时,氧气的磁性减弱,这是氧气的热磁效应。一般情况下,含氧混合气体中氧气的磁性最强,因此混合气体的磁性强弱取决于氧气。当混合气体进入设置有磁场和加热线圈的气室内时,顺磁性的氧气受到磁场作用发生流动,流动的氧气将加热线圈产生的一部分热量吸收并带出气室,这改变了加热线圈的散热功率,从而使加热线圈的平衡温度发生改变,加热线圈的阻值也相应发生变化。若该加热线圈接在惠斯通平衡电桥上,则通入的氧气会破坏电桥的初始平衡状态,从而输出一个与混合气体中的氧气量相关的电信号。

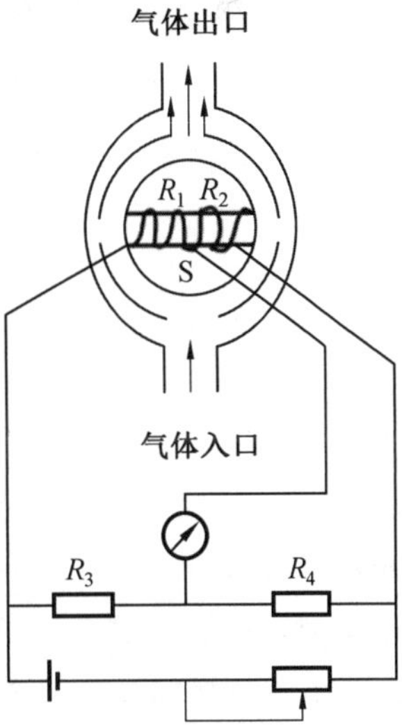

根据以上原理设计了热磁效应氧气传感器,其基本原理图如图 6.14 所示。环形气室两端有进出口,中间设有连通管。在连通管外绕有两组相同的加热电阻丝 R_1 和 R_2,并将这两组加热电阻丝接入惠斯通平衡电桥中,电阻丝 R_1 置于磁场中。当混合气体中不含有氧气时,连通管两端气压一致,连通管中无气体流动,加热电阻丝升温直至惠斯通电桥平衡,此时 $R_1 = R_2$。当混合气体中含有氧气时,氧气的顺磁性体现出来,受到电阻 R_1 周围的磁场作用向连通管中流动,进入连通管中的氧气被电阻丝加热升温,升温后氧气的顺磁性减弱,受到磁场的排斥作用,此时产生被称为“磁风”的气流,气流流速取决于混合气体中氧气的浓度。同时,气流流动改变了加热电阻丝的温度,从而使电阻的

图 6.14　热磁效应氧气传感器基本原理图

阻值发生变化,使电桥平衡被破坏,输出一个与氧气浓度相关的电压信号。

2. 顺磁测氧器

氧气的顺磁性导致氧气在磁场中会向磁场强度大的区域汇聚,使得磁场中磁感线密集区域的氧气浓度变大,气体密度增大;磁场中磁感线稀疏区域氧气浓度变小,气体密度减小。顺磁测氧器利用这个原理,设置了两个楔形永磁体,形成了一个不均匀的磁场。在磁场中悬吊一根水平杆,杆的两端各有一个充满氮气的石英小球,呈哑铃状。哑铃中间安装一个反光镜,在初始状态下,反光镜将光源发出的光反射到两块硅光电池上,硅光电池受到的光照强度一样,产生的电流大小相等。当含有顺磁性气体的混合气体充入这一不均匀磁场中时,顺磁性气体(氧气)会向磁感线密集区域汇聚。在相同状态下,氧气的密度比氮气的密度大。磁感线密集区域与稀疏区域的密度差使充入氮气的哑铃受到将其推离强磁场区域的力的作用,哑铃发生偏转,带动安装在哑铃上的反光镜偏转,这使得两块硅光电池上光照强度出现差异,两块硅光电池产生的电流大小也不同了。电流差异经过放大器的放大,输出一个与反光镜偏转角度相关的电流信号,偏转角度即哑铃偏转角度,哑铃偏转角度与混合气体中氧气的浓度相关,从而可以测出混合气体中氧气的浓度。

顺磁测氧器原理示意图如图 6.15 所示。顺磁测氧器性能稳定、寿命长、可连续工作。为保证测量精度,减少温度对气体密度的影响,从而减小温度对结果的影响,需要将整个测氧器置于恒温条件下,常用于煤矿束管监测系统。

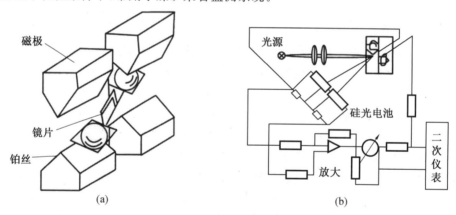

图 6.15　顺磁测氧器原理示意图

6.7　一氧化碳气体检测

一氧化碳通常情况下无色无臭无味,难溶于水,能够作为燃料燃烧,能发生歧化反应、变换反应、加氢反应、配位反应等,还能与有机物、金属氧化物等发生反应,在化工生产中应用广泛。

一氧化碳对生物具有毒性,其与血红蛋白的亲和力是氧气与血红蛋白的亲和力的 $230\sim270$ 倍,在血液中生成的碳氧血红蛋白又是氧合血红蛋白分解的 1/3 600,使得氧气输入和二氧化碳的输出受到了阻碍,这就会造成生物体内缺氧和二氧化碳潴留,生物便出现中毒症状。人体吸入致死的最低体积分数是 0.5%（在此情况下 5 min 即可死亡）。同时，一氧化碳在空气中的体积分数在 12.5%～74.2%时，遇到明火会发生爆炸。

因此，对工作场所一氧化碳浓度的检测至关重要。下面介绍集中常用的一氧化碳浓度检测方法。

6.7.1　气相色谱法

气相色谱法检测一氧化碳的过程中利用了一氧化碳能发生加氢反应用的性质。一氧化碳和氢气的混合气体在温度为 230～450 ℃、压力为 0.1～10 MPa、空速为 500～25 000 h^{-1}、碳氢之比不小于 3 的条件下，由镍触媒催化剂催化发生甲烷化反应，即

$$CO + 3H_2 \xrightarrow{\text{Ni 加热加压}} CH_4 + H_2O \tag{6.31}$$

检测甲烷的浓度即可得到一氧化碳的浓度。但是空气中一般含有二氧化碳，二氧化碳也可以发生加氢反应生成甲烷，即

$$CO_2 + 4H_2 \xrightarrow{\text{Ni 加热加压}} CH_4 + 2H_2O \tag{6.32}$$

因此，要注意通过保留时间将一氧化碳与二氧化碳各自对应的色谱峰区分开。

检测前用 100 mL 的注射器进行直接采样，在采样点反复几次吸入排出气体，最后一次抽满 100 mL 样本气体后，用橡胶帽封上注射器口。检测时，氢气作为载气，用六通阀和 1 mL 或 2 mL 的定量管进样，注射器中的待测气体经过 60～80 目的 TDX－01 碳分子筛柱分离后，混合气体进入转化炉中发生加氢反应，将一氧化碳和二氧化碳均转化为甲烷，最后通入氢火焰离子化检测器中测定个气体组分占比，色谱仪上组分顺序为一氧化碳、甲烷、二氧化碳。为避免操作误差，可重复进行多次进样。

定量分析采用外标法，将 1 mL 已知浓度的一氧化碳吸入 100 mL 注射器，用清洁空气将这份已知浓度的一氧化碳稀释成质量浓度为 0.02～0.5 mg/mL 的若干份一氧化碳标准气体。同样使用六通阀和同规格的定量管进样，为避免操作误差，多次测量色谱峰保留时间和峰高或峰面积，取平均，绘制峰高或峰面积与一氧化碳质量浓度标准曲线。求标准气体中一氧化碳质量浓度与标准气体一氧化碳对应峰高的比值，得到校正因子。计算一氧化碳质量浓度时，直接用其对应的色谱峰峰高乘以校正因子即可。

为保证镍触媒催化剂的活性，需要在测试前将转化炉温度保持在加氢反应温度下，并持续通气数小时。气相色谱法对一氧化碳的检出限为 0.2 mg/m^3。

6.7.2　红外吸收光谱法

红外光的波长范围在可见光和微波之间，波长为 0.75～1 000 μm。当一定频率的红外光照射分子时，分子中某些基团的振动频率与其照射到的红外光频率一致，红外光所携带的能量就会通过共振传递给这些分子基团，即通过分子偶极距的变化传递给分子，这些分子吸收能量，电子发生能级跃迁，这部分波长的红外光的透射量就会下降，在红外吸收光谱上就出现一个吸收峰，根据吸收峰的波长、强度和形状即可判断分子的类型。红外光谱法具有检测简单快速、连续自动检测和不破坏样品的优点。

针对红外光波长，可分为三个小的范围，分别是近红外光、中红外光和远红外光。近

红外光波长范围为 $0.75\sim2.5~\mu m$，主要用于含氢原子基团的定量分析；中红外光波长范围为 $2.5\sim25~\mu m$，是大多数有机物和无机离子的基频吸收带；远红外光波长范围为 $25\sim1~000~\mu m$，主要用于对异构体的研究。其中，中红外光引起的基频振动是红外光谱中吸收最强的振动，应用最为成熟和广泛。

红外吸收光谱常用透射率 T－波长 λ 曲线或透射率 T－波数曲线表示，横轴是波长 λ（单位为 μm）或波数（单位为 cm^{-1}）。中红外光对应的波数范围为 $4~000\sim400~cm^{-1}$。描述某物质对某一波长光的吸收强弱与该物质浓度的关系利用朗伯比尔定律，即

$$A=\lg\frac{1}{T}=Kbc \tag{6.33}$$

式中　A——吸光度；

T——透射率，是透射光强度 I 与入射光强度 I_0 的比，$T=I/I_0$；

K——摩尔吸光系数，其与入射光的波长和吸光物质的性质有关；

b——吸收层厚度，cm；

c——吸光物质的浓度，mol/L。

一般直接从红外吸收光谱上读出某个吸收峰的透射率 T，便可计算出吸光度 $A=\lg\frac{1}{T}$，根据朗伯比尔定律即可计算出该吸收峰对应的物质的浓度 c。

除使用朗伯比尔定律外，还可使用工作曲线法分析待测物浓度，该方法与气相色谱法定量分析的外标法类似。将某一物质标准样品配置成一系列浓度不同的待测气体，在同一吸收池测出需要的光谱带，以计算得到的吸光度 A 作为纵坐标，以该物质浓度 c 作为纵坐标，作出该物质的标准工作曲线。这一定量分析法不仅可以排除许多系统误差，还可以用于检测不服从朗伯比尔定律的物质。

一氧化碳的红外吸收峰在 $4.5~\mu m$ 附近，而二氧化碳的红外吸收峰在 $4.3~\mu m$ 附近，水蒸气红外吸收峰在 $3\sim6~\mu m$ 范围内。因此，为避免红外光谱上吸收峰出现重叠，排除二氧化碳和水蒸气对一氧化碳红外光谱检测的干扰，通常用冷阱或干燥剂去除待测气体中的水蒸气，并用窄带光学滤光片或气体滤波室将入射红外光限制在一氧化碳吸收峰附近范围内。国内生产的红外吸收光谱一氧化碳检测仪的最低检测限为 $0.13~mg/m^3$。

若不考虑取样、制样等引起的误差，主要考虑吸光度的测定误差，红外吸收光谱法的极限误差为 $\pm1\%$，而实际考虑其他误差后会更大，所以一般红外吸收光谱多用于定量分析和物质监测。

6.7.3　紫外－可见分光光度法

紫外－可见分光光度法的原理与红外吸收光谱法原理类似，利用物质的分子或离子对某一波长范围的光的吸收作用来对物质进行定性分析、定量分析和结构研究。研究的物质对某一波长的光的吸收强弱与物质浓度的关系也服从朗伯比尔定律。但紫外－可见分光光度法主要研究的波长范围为 $190\sim760~nm$，与红外吸收光谱法应用的波长范围形成补充。

然而，一氧化碳的吸收峰在 $4~500~nm$ 附近，不在紫外－可见分光光度法的应用波长

范围内,因此采用五氧化二碘将一氧化碳氧化成二氧化碳并生成碘单质,其化学反应式为

$$I_2O_5 + 5CO \xrightarrow{140\ ℃} 5\,CO_2 + 2I_2 \tag{6.34}$$

碘在紫外吸收光谱中的吸收峰在 297 nm 附近,碘对该波长的光的吸收量与其浓度服从朗伯比尔定律,这样可通过检测碘单质的量间接得到待测气体中一氧化碳的浓度。

五氧化二碘中一般含有游离碘,会影响检测结果,一般在实验前进行预加热,保温在 230 ℃附近,将游离碘蒸发成碘蒸气,再通入空气将碘蒸气吹出即可。在实际操作中,用经过清洁的空气携带待测气体在检测装置中流动。用注射器吸取一定量的待测气体从注入口进样。待测气体随空气沿管道进入恒温 140 ℃的恒温箱内的氧化管内,五氧化二碘被一氧化碳还原生成碘单质,碘单质在恒温箱以蒸气形式存在,并被空气吹出氧化管,进入小型气泡吸收管中。碘单质难溶于水,吸收管中加入了 10 g/L 的碘化钾溶液,碘单质与碘化钾溶液中的碘离子发生可逆反应,生成三价碘离子,即

$$I_2 + I^- \rightleftharpoons I^{3-} \tag{6.35}$$

形成的碘的水溶液在紫外一分光光度计下,以波长 297 nm 或 253 nm 扫描溶液,从而得到碘的质量浓度,最后间接得到待测气体中的一氧化碳的质量浓度。紫外一分光光度法对碘的最低检出限是 0.2 μg/mL。

6.8　定电位电化学法

定电位电化学法是将待测气体注入由电解槽、电解液、电极组成的电化学传感器中,令待测气体中需要检测的物质在电极上发生氧化还原反应,产生与待测物质浓度相关的扩散电流,从而得到待测物质在气体样品中的浓度。

定电位是指该方法中使用的电极有三个:敏感电极、对极和参比电极。敏感电极和对极上发生氧化还原反应,参比电极提供恒定电位,一般在 0.9~1.1 V。

测定时,待测气体中的一氧化碳经过渗透膜进入电解槽内,参比电极上提供比一氧化碳标准氧化电位高的电位,这促使一氧化碳在电解槽内发生氧化还原反应。一氧化碳在敏感电极上发生氧化反应,失去电子并生成二氧化碳,即

$$CO + H_2O \longrightarrow CO_2 + 2H^+ + 2e^- \tag{6.36}$$

氧气在对极发生还原反应,得到电子并生成水,即

$$1/2O_2 + 2H^+ + 2e^- \longrightarrow H_2O \tag{6.37}$$

这一得失电子的过程便在敏感电极和对极之间产生扩散电流 I。该电流信号经过放大和 A/D 转换,可直接输出一氧化碳的浓度。

该扩散电流 I 的大小与一氧化碳浓度、扩散层面积、薄膜扩散系数成正比,与扩散层厚度成反比,即

$$I = \frac{nFADc}{\delta} \tag{6.38}$$

式中　n——1 g 当量气体氧化时产生的电子数;

　　　F——法拉第常数,$F = 96\ 485.338\ 3$ C/mol$\pm 0.008\ 3$ C/mol;

　　　A——扩散层面积,cm^2;

D——薄膜扩散系数，cm^2/s；

c——一氧化碳浓度，mol/mL；

δ——扩散层厚度，cm。

若待测气体样本中混有颗粒物、水分等，则这些成分易附着、凝结在渗透膜上，影响一氧化碳的检测。因此，需要对待测气体样本进行滤尘、除湿等操作，消除其对检测效果的影响。

6.8.1 间接冷原子吸收法

原子吸收法是利用不同原子对不同波长光的吸收强弱不同而测定原子种类的方法，与红外吸收光谱法、紫外分光光度法类似。不同原子从其化合物中分解出来需要的温度不同，大多数原子化温度要求高温，高达数千摄氏度。而汞原子必须通过低温才可从化合物中分解出来，该低温范围为室温至几百摄氏度。

间接冷原子吸收法检测一氧化碳是利用一氧化碳将氧化汞还原成汞单质，由汽化的汞单质将汞灯发出的 253.7 nm 的紫外线吸收，测量紫外线的吸收量从而间接得到一氧化碳的用量。

待测气体经过除尘、除湿，以及除去二氧化硫、硫化氢和其他有机物等净化过程后，注入置换炉内，在置换炉内发生一氧化碳还原氧化汞的反应，即

$$CO+HgO \longrightarrow CO_2+Hg \tag{6.39}$$

生成的汞单质在加热状态下汽化为汞蒸气并输入吸收管内，低压汞灯发出的 253.7 nm 的紫外线被吸收管内的汞蒸气吸收，吸收管另一端的光电管接收到的光强度就会减弱，其光电流就会相应减小。光电流的变化与汞蒸气的量有关，汞蒸气由一氧化碳还原得到，这样即可间接通过光电流的变化得到待测气体中一氧化碳的浓度。图 6.16 所示为间接冷原子吸收法测试装置示意图。

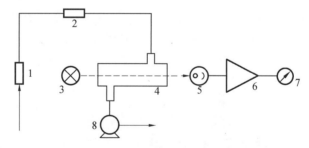

图 6.16　间接冷原子吸收法测试装置示意图

1—净化器；2—置换器；3—低压汞灯；4—汞吸收管；5—光电管；6—放大器；7—仪表；8—抽气泵

为提高检测精度，在检测待测气体前需要将已知浓度的标准一氧化碳气体注入该装置中测定出吸光度，与外标法类似。

6.8.2 检定管

用来检测气体的检定管是一根内部装填有检测试剂的细长玻璃管，根据检测原理的不同，分为比色式检定管和比长式检定管。

1. 比色式检定管

比色式检定管的管体一般内径约为 4 mm，长度约为 150 mm，管内装填有硅胶和指示剂，两端熔封便于保存。

在检测一氧化碳气体时，会有其他气体对检测结果产生干扰，因此需要不同使用环境装填内部的硅胶、指示剂和去除剂，常见的有三种类型的比色式一氧化碳检定管。一类检定管中指示剂前后有硅胶，两端有堵塞物将指示剂和硅胶固定，此类检定管检测一氧化碳时不能有乙烯、乙炔、丙烷以上的烃类有机物和能与二氧化氮共存的燃气产物的干扰；二类检定管中堵塞物之间是硅胶—指示剂—硅胶—指示剂—硅胶多层结构，此类检定管检测一氧化碳时不能有能与二氧化氮共存的燃气产物的干扰；三类检定管在二类检定管的结构基础上多装填了一层去除剂，形成硅胶—去除剂—硅胶—指示剂—硅胶—指示剂—硅胶多层结构，此类检定管检测一氧化碳时允许待测气体中含有体积分数为 300×10^{-6} 以下的能与二氧化氮共存的燃气产物。图 6.17 所示为三种比色式检定管结构示意图。

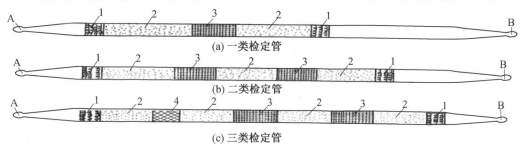

图 6.17　三种比色式检定管结构示意图
1—堵塞物；2—硅胶；3—指示剂；4—去除剂

比色式检定管中的指示剂是吸收了硫酸钯和钼酸铵溶液后干燥得到的硅胶颗粒，通入一氧化碳后，钯离子被还原为钯单质，即

$$PdSO_4 + CO + H_2O \longrightarrow CO_2 + Pd\downarrow + H_2SO_4 \tag{6.40}$$

但是钯单质为银白色，颜色显示不明显，因此硅胶颗粒中还吸收了钼酸铵溶液。钯单质与钼酸根反应生成钼蓝，钼蓝是以钼的混合价态形成的一系列氧化物和氢氧化物的混合物，其颜色通常为蓝色。一氧化碳体积浓度的不同，生成的钼蓝的量不同，相应的颜色显示也不同，有黄色、绿色、蓝绿色、蓝色等。

比色式检定管中的去除剂一般是由硫酸和铬酸配置成的水溶液干燥后制得的，用于去除一些能与二氧化氮共存的燃气产物。

比色式检定管与待测气体反应产生颜色变化后需要立即与标准比色板对比，读出所测一氧化碳的体积浓度。某型一氧化碳比色式检定管颜色与体积浓度的对应关系见表 6.3。

表 6.3　某型一氧化碳比色式检定管颜色与体积浓度的对应关系

一氧化碳体积浓度/($\times 10^{-6}$)	100	200	300	600	1 000
颜色	绿黄	黄绿	绿	蓝绿	蓝

使用二类和三类比色式检定管时,需要让一氧化碳将第一层和第二层的指示剂显出相同的指示颜色。若待测气体中存在乙烯,则靠近进气口的第一层指示剂将出现蓝色条纹,需要在第二层指示剂上读出一氧化碳浓度。比色式检定管标准色序一般是在 15 ℃时标定的,若测试时温度不在 15 ℃,则需要进行温度校正,可根据图 6.18 所示的比色式检定管一氧化碳体积浓度温度校正图进行校正。

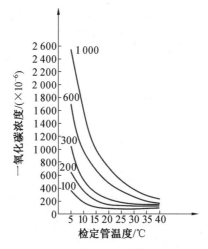

图 6.18　比色式检定管一氧化碳体积浓度温度校正图

2. 比长式检定管

比长式检定管的管体一般为内径约 3 mm、长度约 140 mm 的玻璃管,管中填充的指示剂的长度约为 60～80 mm,指示剂两端填充了硅胶,两端再用堵塞物将指示剂和硅胶固定,玻璃管两端熔封保存。

比长式检定管的指示剂是吸收了碘酸钾溶液和发烟硫酸后干燥制得的硅胶颗粒,颗粒直径一般为 250～350 μm。硫酸与碘酸钾反应生成五氧化二碘,五氧化二碘再被一氧化碳还原为碘单质进行显色,即

$$2KIO_3 + H_2SO_4 \longrightarrow K_2SO_4 + 2HIO_3 \tag{6.41}$$

$$2HIO_3 \longrightarrow I_2O_5 + H_2O \tag{6.42}$$

$$I_2O_5 + 5CO \longrightarrow 5CO_2 + 2I_2 \tag{6.43}$$

碘单质为棕色,通入待测气体,一氧化碳与指示剂充分反应后,读出指示剂变色的长度即可得到待测气体中一氧化碳的体积浓度。但检定管上一氧化碳体积浓度与变色长度是在 20 ℃下标定的,若测试温度不在 20 ℃,则需要进行温度校正。一氧化碳比长式检定管温度校正表见表 6.4。

表 6.4　一氧化碳比长式检定管温度校正表

实读浓度/($\times 10^{-6}$)	一氧化碳真实体积浓度/($\times 10^{-6}$)				
	0 ℃	10 ℃	20 ℃	30 ℃	40 ℃
1 000	800	900	1 000	1 060	1 140
900	720	810	900	950	1 030
800	640	720	800	840	910
700	570	640	700	740	790
600	490	550	600	630	680
500	410	470	500	520	560
400	340	380	400	420	440
300	260	290	300	310	320
200	180	200	200	200	210
100	100	100	100	100	100

使用检定管检测一氧化碳体积浓度时,先将检定管两端的熔封掰断,检定管一端插入采样器内,将待测气体通入到检定管内。比色式检定管检测结果对通气速度的敏感度相较于比长式检定管的敏感度低。比长式检定管以变色层长度来读取待测气体中一氧化碳的体积浓度,相较于比色式检定管比色读取一氧化碳体积浓度的方式,比长式的读数误差更小。

6.9　硫化氢气体检测

硫化氢在标准状况下是一种无色、有臭鸡蛋味的气体,属于易燃危化品,与氧气燃烧产生蓝色火焰并生成二氧化硫,与空气混合体积分数在 4.3% ~ 46% 时,遇明火、高热便能引起爆炸。同时,硫化氢有剧毒,属神经毒素,能抑制呼吸,体积浓度在 5×10^{-6} ~ 50×10^{-6} 的硫化氢对黏膜有强烈刺激性,体积浓度在 50×10^{-6} ~ 120×10^{-6} 的硫化氢可麻痹人的嗅觉、增加中毒风险,体积浓度高于 120×10^{-6} 的硫化氢可致人中毒。硫化氢在工业中也具有重要价值,常用于有机合成、金属精制、农药、医药、催化剂等领域。除工业生产中会存在硫化氢气体外,在潮湿缺氧环境(如下水道、化粪池、废井)下,也可由细菌产生硫化氢气体。因此,对硫化氢气体浓度的检测显得至关重要。除气相色谱法外,下面还将介绍几种常用的硫化氢气体浓度检测方法。

6.9.1　碘量法

碘量法是利用碘单质的氧化性或碘离子的还原性检测物质质量的方法。碘单质和碘离子的标准电位不高也不低,碘单质作为氧化剂可被中强还原剂还原,碘离子作为还原剂可被中强或强氧化剂氧化。根据滴定时使用的是碘液还是其他溶液,可分为直接碘量法和间接碘量法,间接碘量法又分为剩余碘量法和置换碘量法。在测定硫化氢气体时,由于硫化氢中硫的化学价为−2价,表现为强还原性,因此这里的碘量法采用碘液中的碘作为氧化剂参与反应。

测定硫化氢气体浓度常用间接碘量法中的剩余碘量法。用已知的过量碘滴定液与硫化氢吸收液充分反应后,用硫代硫酸钠滴定液滴定剩余的碘的量,从而求出待测的硫化氢的量。常用过量的乙酸锌溶液吸收硫化氢生成硫化锌沉淀,再由已知的过量碘溶液氧化硫化锌沉淀,剩余的碘由硫代硫酸钠滴定液滴定。基本反应为

$$H_2S + Zn(CH_3COO)_2 \longrightarrow ZnS\downarrow + 2CH_3COOH \tag{6.44}$$

$$I_2 + ZnS \longrightarrow ZnI_2 + S \tag{6.45}$$

$$I_2 + 2NaS_2O_3 \longrightarrow Na_2S_4O_6 + 2NaI \tag{6.46}$$

检测前将26 g硫代硫酸钠和1 g污水碳酸钠溶于1 L水中,煮沸冷却放置两周,取硫代硫酸钠溶液的上层清液进行标定。将0.000 2 g的无水重铬酸钾置于500 mL的碘量瓶中,加入25 mL水和2 g碘化钾,溶解后加入20 mL盐酸溶液(1+2)(注:1+2表示盐酸与水体积比为1∶2,下同)或硫酸溶液(1+8),塞上瓶塞摇匀置于暗处10 min。加入150 mL水后用硫代硫酸钠溶液滴定。接近滴定终点时,加入可溶性淀粉配置的5 g/L淀粉指示剂2~3 mL,使溶液从加入淀粉溶液后的蓝色变为亮绿色,此过程中重铬酸钾氧化碘化钾生成碘单质,碘单质与淀粉溶液反应显蓝色,碘单质后又被硫代硫酸钠消耗完,蓝色显色反应消失,显出三价铬离子溶液的亮绿色,滴定完成。同时,完成空白对照试验。重铬酸钾氧化碘化钾的反应方程为

$$K_2Cr_2O_7 + 6KI + 7H_2SO_4 \longrightarrow Cr_2(SO_4)_3 + 7H_2O + 3I_2 + 4K_2SO_4 \tag{6.47}$$

硫代硫酸钠标准溶液的浓度为

$$c = \frac{6m}{M(V_1 - V_2)} \times 10^3 \tag{6.48}$$

式中　　c——硫代硫酸钠标准储备溶液浓度,mol/L;

　　　　m——无水重铬酸钾晶体质量,g;

　　　　M——重铬酸钾的摩尔质量,$M = 294.2$ g/mol;

　　　　V_1——标定试验滴定所用的硫代硫酸钠溶液的量,mL;

　　　　V_2——空白对照试验所用的硫代硫酸钠溶液的量,mL。

确定了硫代硫酸钠标准储备溶液浓度后,用水稀释成浓度为0.02 mol/L和0.01 mol/L的硫代硫酸钠标准溶液备用。

将采集了待测气体的定量管用短节胶管连接到吸收装置中,在吸收器中加入50 mL乙酸锌溶液,开始吸收前用洗耳球在吸收器入口鼓动,使部分溶液充满玻璃孔板下部的空间。开始吸收,打开定量管活塞和针型阀,以300~500 mL/min的流量通入氮气20 min,使定量管气体中的硫化氢气体能被吸收器中的乙酸锌溶液充分吸收,最后关闭活塞停止通气。通气过程中要避免阳光直射。

将充分吸收待测气体中的硫化氢气体的吸收器取下,加入质量浓度为5 g/L的碘溶液10 mL,当硫化氢质量分数低于0.5%时,加入质量浓度为2.5 g/L的碘溶液10 mL;加入10 mL盐酸溶液(1+11)。用洗耳球在吸收器入口鼓动,使溶液充分混合,但不能吹出空气泡,以免碘液挥发。待充分反应后,将溶液移入250 mL的碘量瓶中,用浓度为

0.02 mol/L或 0.01 mol/L 的硫代硫酸钠标准溶液滴定,临近滴定终点,加入 5 g/L 的淀粉指示剂 1~2 mL,滴定到溶液的蓝色消失。同时,进行空白对照实验。

　　计算硫化氢在采样点的空气中的浓度,需要先根据式(6.48)将采样体积换算成标准状态下的采样体积 V_n。硫化氢气体的质量浓度 ρ 和体积分数 φ 分别按下面两式进行计算得到,即

$$\rho = \frac{M_{H_2S} c(V_1 - V_2)}{2V_n} \times 10^3 \tag{6.49}$$

$$\varphi = \frac{V_{H_2S} c(V_1 - V_2)}{2V_n} \times 10^3 \tag{6.50}$$

式中　ρ——硫化氢质量浓度,g/m³;

　　　M_{H_2S}——硫化氢气体的摩尔质量,g/mol;

　　　c——滴定时采用的硫代硫酸钠标准溶液浓度,mol/L;

　　　V_1——空白对照组使用的硫代硫酸钠标准溶液的量,mL;

　　　V_2——待测样品滴定时使用的硫代硫酸钠标准溶液的量,mL;

　　　V_n——采样体积校正到标准状态下的体积,mL;

　　　φ——硫化氢体积分数,%;

　　　V_{H_2S}——硫化氢气体在 20 ℃、101.3 kPa 下的摩尔体积,L/mol。

6.9.2　硝酸银比色法

　　硝酸银比色法常用于测定空气中的非金属及其化合物,硝酸银与硫化氢反应会生成硫化银沉淀。硫化银为黑色难溶物,一般不溶于水,但在热水中可形成黄褐色胶体溶液,有

$$2AgNO_3 + H_2S \longrightarrow 2HNO_3 + Ag_2S \downarrow \tag{6.51}$$

检测时需要配制吸收液、淀粉溶液、硝酸银溶液和硫代硫酸钠标准溶液。

　　将 2 g 亚砷酸钠溶于 100 mL 质量浓度为 50 g/L 的碳酸铵溶液中,并稀释至 1 000 mL,作为硫化氢气体的吸收液。用 1 g 可溶性淀粉溶于 10 mL 水中,再加 90 mL 沸水,同时边煮边搅拌 1 min,制成 10 g/L 的淀粉溶液。将 1 g 硝酸银溶于 90 mL 水中,再加 10 mL 硫酸,制成 10 g/L 的酸性硝酸银溶液。将 25 g 硫代硫酸钠和 0.4 g 氢氧化钠溶于 1 L 水中,通过滴定碘酸钾、碘化钾、冰乙酸混合溶液来确定硫代硫酸钠溶液质量浓度,用该硫代硫酸钠溶液稀释成 20 mg/mL 的硫化氢标准溶液。

　　为减少操作的误差,一般串联两个多孔玻板吸收管。各取 10 mL 吸收液放入管中,以 0.5 L/min 的流量向多孔玻板吸收管内通入样本气体 15 min,采气完毕后用胶套封住多孔玻板吸收管的进气口和出气口。此时需要设置空白对照,用多孔玻板吸收管装 10 mL吸收液置于与采集样本的吸收管同样的环境中,但不通入气体,后续检定操作与采样的吸收管一样,同样用以减少操作误差的影响。

　　取出吸收管里的吸收液前先充分摇晃,使吸收管中还未吸收的硫化氢充分吸收。分别从串联的两管中取出 5 mL 吸收液置于两个具塞比色管中,摇匀后等待比色。空白对照的吸收管也取出 5 mL 吸收液置于具塞比色管中摇匀等待比色。

制作标准的比色系列用来与待测具塞比色管比色。取 11 只具塞比色管,分别加入 0 mL、0.1 mL、0.2 mL、0.3 mL、0.4 mL、0.5 mL、0.6 mL、0.7 mL、0.8 mL、0.9 mL、1.0 mL的硫化氢标准溶液,均加吸收液至 5 mL,配制成 0 mg、2 mg、4 mg、6 mg、8 mg、10 mg、12 mg、14 mg、16 mg、18 mg、20 mg 的硫化氢吸收标准系列。各具塞比色管加入 0.2 mL 淀粉溶液、1 mL 硝酸银溶液摇匀,静置显色。吸收样本气体的吸收液和空白对照吸收液均进行相同操作。

用目视比色法将吸收样本气体吸收液和空白对照吸收液的颜色与标准比色系列进行比色,得到各自对应的硫化氢量,用样本气体硫化氢量减去空白对照组的硫化氢量,得到样本气体中含有的真实硫化氢的量。

计算硫化氢在采样点的空气中的浓度,需要先根据式(6.1)将采样体积换算成标准状态下的采样体积,最后将两个多孔玻板吸收管中硫化氢量的和除以标准采样体积即可得到空气中的硫化氢浓度。

本方法按采样 7.5 L 气体计算,最低检出限为 0.53 mg/m³。若空气中含有二氧化硫等硫化物,则会对检测造成干扰。

6.9.3 亚甲蓝光度法

在酸性溶液中,硫离子与对氨基二甲基苯胺溶液和三氯化铁溶液反应生成亚甲基蓝,不同浓度的硫离子反应后颜色深浅不一,用分光光度法在波长 670 nm 时测定溶液的吸光度可相应得到硫离子的量。常用乙酸锌溶液或氢氧化镉－聚乙烯醇磷酸铵溶液吸收待测气体中的硫化氢。

采用外标法测定硫化氢质量,需要绘制标准曲线。硫化氢标准溶液有两种配制方法:硫化氢悬浊液和硫化钠溶液。

在 500 mL 锥形瓶中加入 400 mL 水,塞上胶塞,用注射器注入 10 mL 硫化氢气体充分摇晃,再加入 100 mg 乙酸锌溶液摇匀,充分反应生成硫化锌沉淀,配制成硫化氢悬浊液,作为硫化氢标准溶液。将 0.5 g 硫化钠晶体与 1 g 氢氧化钠混合,在棕色试剂瓶中煮沸冷却,再加蒸馏水稀释至 500 mL,配制成硫化钠溶液,亦可作为硫化氢标准溶液,但是硫化钠溶液易氧化变质,需即配即用。配制完的溶液需要标定硫化氢的浓度,一般用酸性碘溶液与硫离子反应后,用硫代硫酸钠标准溶液滴定,用淀粉溶液作为指示剂。向硫化氢悬浊液中加入乙酸锌溶液至 500 mL,或向硫化钠溶液中加入 1 g 氢氧化钠后再用蒸馏水稀释至 500 mL,使硫化氢标准溶液中硫化氢质量浓度约为 3～4 mg/L。

绘制标准曲线时,一般设置 7 个浓度的比对值。取 7 只比色管编号为 1～7,用移液管向 6 只管中分别加入 0 mL、1 mL、2 mL、3 mL、4 mL、5 mL、6 mL 稀释后的硫化氢标准溶液,并向各管加入乙酸锌溶液再次稀释至 40 mL。置于 0 ℃ 或 20 ℃ 恒温水中10 min后,用移液管向各管加入 5 mL 二胺溶液,充分反应后加入质量浓度为 27 g/L 的三氯化铁溶液 1 mL,充分反应后再加入乙酸锌溶液稀释至 50 mL 摇匀,用 20 mm 比色皿在 670 nm波长处进行吸光度测定。最后以硫化氢质量浓度为横坐标,相应的吸光度为纵坐标,绘制出标准曲线。这样,便可以对采集的待测气体中的硫化氢吸收液采用同样的操作流程,与标准曲线对比后轻松得到待测气体中硫化氢气体的浓度。

与亚甲蓝光度法类似,还可以采用亚乙蓝光度法。在强酸性溶液中,同时有铁离子存在,硫离子与对氨基二乙替苯胺反应生成亚乙蓝,显色的溶液可在波长为 670 nm 处进行吸光度测定。该类方法采样体积在 60 L 时,最低检出限为 0.001 mg/m³。

6.9.4　乙酸铅反应速率双光路检测法

乙酸铅反应速率双光路检测法是利用乙酸铅与硫化氢反应生成硫化铅,检测硫化铅的生成速率来得到通入的待测气体中的硫化氢的浓度。

检测时,将待测气体通过 5% 的乙酸溶液进行湿润,湿润的待测气体按一定的流量流经乙酸铅纸带,待测气体中的硫化氢就会与乙酸铅反应生成硫化铅。硫化铅为黑色晶体,黑色晶体附着在纸带上就会出现黑斑,用光电检测器检测纸带上黑斑导致的纸带的色度变化,输出的电信号经采集和一阶导数处理得到与待测气体中硫化氢浓度相关的响应值。一般为提高检测精度,常采用外标法,即使用标准硫化氢气体标定和绘制标准曲线,将待测气体反应得到的响应值与标准曲线对比即可得到待测气体中硫化氢浓度。

该方法适用于天然气中的硫化氢质量浓度的测定,其检测范围约为 0.1～22 mg/m³。

6.9.5　检定管

检测硫化氢气体的检定管常用比长式检定管。活性硅胶中的指示剂采用醋酸铅,在待测气体通过检定管时,硫化氢气体与醋酸铅在氯化钡存在条件下反应生成硫化铅,在检定管中硫化铅显褐色,即

$$H_2S + Pb(CH_3COO)_2 \xrightarrow{BaCl} PbS \downarrow + 2CH_3COOH \tag{6.52}$$

检定管中褐色段长度与待测气体中硫化氢的浓度相关。与直接读取比长式检定管标注的刻度得知一氧化碳气体浓度的方式不同,确定硫化氢气体具体浓度时常采用外标法。根据测定的硫化氢的浓度高低,分为低浓度和高浓度两种检定管校验规定。低浓度标准曲线对于的硫化氢体积分数为 0.05×10^{-6}、0.10×10^{-6}、0.20×10^{-6}、0.40×10^{-6}、0.60×10^{-6}、0.80×10^{-6}、1.00×10^{-6};高浓度标准曲线对于的硫化氢体积分数为 0.5×10^{-6}、1.0×10^{-6}、2.0×10^{-6}、4.0×10^{-6}、6.0×10^{-6}、8.0×10^{-6}、10.0×10^{-6}。作出横坐标为浓度、纵坐标为变色柱长度的标准曲线,用实际测定得到的变色柱长度与标准曲线进行对比,即可得到待测气体中硫化氢的浓度。

6.10　氨气检测法

氨气是有强烈的刺激气味的无色气体,溶于水、乙醇和乙醚,工业上可通过哈伯法由氮气和氢气直接合成而制得。此外,还有天然气制氨气、重质油制氨气、焦炭制氨气三种方法,在高温时会分解成氮气和氢气,有还原作用,有催化剂存在时可被氧化成一氧化氮,用于制液氮、氨水、硝酸、铵盐和胺类等。吸入氨气会引发鼻炎、咽炎、喉痛,灼伤呼吸器官的黏膜而咳痰咳血,并能灼伤皮肤、眼睛,人吸入过多能引起肺水肿、抽搐、嗜睡、昏迷甚至

死亡。在中学化学中学过两种简易的实验室氨气检测方法:用湿润的红色石蕊试纸检验,试纸变蓝证明有氨气;用玻璃棒蘸浓盐酸或浓硝酸靠近,产生白烟证明有氨气。下面介绍几种适用于工业生产的环境氨气浓度定量检测方法。

6.10.1 纳氏试剂分光光度法

纳氏试剂是指碘化钾的强碱溶液,当氨气进入碘化钾的强碱溶液后,会反应生成红棕色络合物,该络合物在波长 410~425 nm 范围内会强烈吸光,且吸光度与氨气的量成正比。

需要绘制标准曲线,利用外标法测定氨气的质量浓度。相应氨氮标准工作溶液质量浓度为 10 μg/mL,用高纯度氯化铵 3.819 g 干燥后加水配置成 1 000 μg/mL 的氨氮标准储备溶液,可在 2~5 ℃下存放 1 个月。检测时取 5 mL 氨氮标准储备溶液加水至 500 mL 配置成标准工作溶液。

纳氏试剂有两种不同的配制方法:一是二氯化汞-碘化钾-氢氧化钾溶液,二是碘化汞-碘化钾-氢氧化钠溶液。其中,二氯化汞和碘化汞为剧毒物质,操作时要避免直接接触。向 2 g/mL 的碘化钾溶液中分多次加入 2.5 g 二氯化汞粉末,直到溶液呈深黄色或出现淡红色沉淀溶解缓慢时,充分搅拌并改为滴加饱和二氯化汞溶液,直到出现少量朱红色沉淀,不再溶解时停止。接着再加入 0.3 g/mL 的氢氧化钾溶液 50 mL,并稀释至 100 mL静置 24 h,取上层清液置于聚乙烯瓶中,加盖橡皮塞或聚乙烯盖密封储存,作为二氯化汞-碘化钾-氢氧化钾溶液的纳氏试剂,质保 1 个月。或将 7 g 碘化钾和 10 g 碘化汞溶于水,加入 0.32 g/mL 的氢氧化钠溶液 50 mL,并用水稀释至 100 mL,置于聚乙烯瓶中,加盖橡皮塞或聚乙烯盖密封储存,作为碘化汞-碘化钾-氢氧化钠,质保 1 年。

向 100 mL 水中通入样本气体后,加入 100 g/L 的硫酸锌溶液 1 mL 和 250 g/L 的氢氧化钠溶液 0.1~0.2 mL,将溶液 pH 值调至 10.5 左右,放置等待沉淀,取上层清液。向接收瓶内加入 20 g/L 的硼酸溶液 50 mL,冷凝管出口低于硼酸溶液液面。取 250 mL 样品于烧瓶中,加入 0.5 g/L 的溴百里酚蓝指示剂数滴,用 1 mol/L 的氢氧化钠溶液或盐酸溶液调整 pH 值至 6.0(溶液呈黄色)~7.4(溶液呈蓝色),加入 0.25 g 轻质氧化镁和数颗玻璃珠,连接氮球和冷凝管开始加热蒸馏,保持馏出速度为 10 mL/min,直至馏出 200mL后,加水至 250mL。

绘制标准曲线时,取 8 个 50 mL 的比色管,分别加入 0 mL、0.5 mL、1.0 mL、2.0 mL、4.0 mL、6.0 mL、8.0 mL、10.0 mL 的氨氮标准工作溶液,各比色管对应的氨氮质量分别为 0 μg、5.0 μg、10.0 μg、20.0 μg、40.0 μg、60.0 μg、80.0 μg、100.0 μg,加水至标线处,再分别加入 500 g/L 的酒石酸钾溶液 1 mL 摇匀。加入二氯化汞-碘化钾-氢氧化钾纳氏试剂 1.5 mL 或加入碘化汞-碘化钾-氢氧化钠纳氏试剂 1.0 mL 摇匀,静置 10 min后用 20 mL 比色皿在光度计上测量吸光度。以吸光度为纵坐标,以对应氨氮质量为横坐标,绘制出最终的标准曲线。为准确检测,减少各类溶液对结果的影响,需要用纯水进行相同的处理进行比色,作为空白对照组。

氨气质量浓度计算公式为

$$\rho_N = \frac{A_s - A_b - a}{bV} \tag{6.53}$$

式中　A_s——样品吸光度;

A_b——空白试验的吸光度;

a——标准曲线的截距;

b——标准曲线的斜率;

V——比色试样体积,mL。

6.10.2　靛酚蓝分光光度法

靛酚蓝分光光度法是用稀硫酸吸收氨气后,在亚硝基铁氰化钠和次氯酸钠环境中,与水杨酸发生反应生成蓝绿色的靛酚蓝燃料,可吸收波长为 697 nm 的光,吸光度与氨气的量成正比。

采用外标法确定氨气的质量浓度,绘制标准曲线需要配制标准工作溶液。首先配制标准储备溶液。在 105 ℃下将氯化铵加热干燥 2 h,称取 0.314 2 g 用水溶解,再稀释至 100 mL,得到质量浓度为 1 mg/mL 的标准氨储备溶液。使用时取标准氨储备溶液加水稀释成 1 μg/mL 的标注氨工作溶液。

浓硫酸用水稀释至 0.005 mol/L,作为氨气的吸收液。取 10 g 水杨酸和 10 g 柠檬酸钠加水溶解,再加入 2 mol/L 的氢氧化钠溶液 55 mL,并稀释至 200 mL,溶液此时呈淡黄色,可质保 1 个月。再取 1 g 亚硝基铁氰化钠溶于 100 mL 水中配成 10 g/L 的亚硝基铁氰化钠溶液,冷藏可质保 1 个月。用碘量法确定准备的次氯酸钠溶液的质量浓度,然后用 2 mol/L 氢氧化钠溶液将该次氯酸钠溶液稀释成 0.05 mol/L,冷藏可质保 2 个月。

绘制标准曲线时,取 7 只 10 mL 的具塞比色管,分别加入 0 mL、0.5 mL、1.0 mL、3.0 mL、5.0 mL、7.0 mL、10.0 mL 标准氨工作溶液,再分别加入 10.0 mL、9.5 mL、9.0 mL、7.0 mL、5.0 mL、3.0 mL、0 mL 吸收液,对应各具塞比色管里面含有氨 0 mg、0.5 mg、1.0 mg、3.0 mg、5.0 mg、7.0 mg、10.0 mg。分别向各管内加入 0.5 mL 水杨酸溶液混匀,再加入 0.1 mL 亚硝基铁氰化钠溶液和 0.1 mL 次氯酸钠溶液混匀。室温下静置 60 min,在波长 697 nm 的光下进行吸光度测量。以氨气质量浓度为横坐标,吸光度为纵坐标绘制标准曲线。

用吸收液充分洗涤样本气体,将吸收管内的溶液移入具塞比色管中,并用水冲洗吸收管,保证最终溶液定容到 10 mL。后续操作与绘制标准曲线相同。为消除水对光的吸收影响,用 10 mL 具塞比色管装入吸收液作为空白对照实验。

6.11　砷化氢检测

砷化氢是最简单的砷化合物,是一种无色剧毒的可燃气体,可溶于水和多种有机溶剂。砷化氢本身无臭,但当体积分数高于 0.5×10^{-6} 时,便会氧化产生大蒜味。常温下砷化氢化学性质稳定,当温度超过 230 ℃后,便会分解为砷和氢气。尽管砷化氢是能引起红细胞溶解的溶血性剧毒物,但是在半导体工业中起到了重要作用,因此准确检测砷化氢浓度对人员安全和工业生产都十分重要。

6.11.1　二乙氨基二硫代甲酸银光度法

溶于三乙醇胺—三氯甲烷中的二乙氨基二硫代甲酸银溶液吸收砷化氢后生成红色络合物,其颜色的深浅与砷化氢的量成正比,可以比色定量。

为保证测定的灵敏度和重现性,二乙氨基二硫代甲酸银吸收液的质量浓度一般配制为 $2\sim2.5$ g/L。常将 1.7 g 硝酸银和 2.3 g 二乙氨基二硫代甲酸钠溶于 100 mL 水中,充分搅拌冷却后,过滤出黄色沉淀,用常温纯水多次洗涤和干燥制成二乙氨基二硫代甲酸银,需避光保存。配制吸收液时取 0.25 g 二乙氨基二硫代甲酸银溶解于三氯甲烷中,并加入 1 mL 三乙醇胺,最后用三氯甲烷稀释配制成 100 mL 溶液,置于棕色瓶中避光冷藏。

由于测定采用的外标法,因此需要绘制标准曲线,配制砷标准储备液和砷标准溶液。

将三氧化二砷在 105 ℃温度下干燥 2 h 后,称取 0.66 g 溶于 5 mL 的 200 g/L 氢氧化钠溶液中,加入酚酞指示剂,用 1.04 mol/L 硫酸溶液滴定中和溶液,再加入该硫酸溶液 15 mL,加纯水配制成 500 mL 质量浓度为 1 mg/L 的砷标准储备液。绘制标准曲线前,取适量砷标准储备溶液,加水稀释至 1 μg/mL,制成砷标准溶液。

取 0 mL、0.5 mL、1.0 mL、2.0 mL、3.0 mL、5.0 mL、7.0 mL、10.0 mL 的砷标准溶液置于 8 个砷化氢反应瓶中,均加水至 50 mL。加入 9.39 mol/L 硫酸溶液 4 mL、150 g/L 的碘化钾溶液 2.5 mL、400 g/L 的氯化亚锡溶液 2 mL,混合均匀放置 15 min。取 8 只吸收管加入 5 mL 二乙氨基二硫代甲酸银吸收液,插入导气管,导气管中塞有乙酸铅浸润干燥的棉花,用于吸收硫化氢消除其对检测的干扰。向各反应瓶中投入预制的 5 g 无砷锌粒并立即塞紧瓶塞,谨防毒气泄漏。在室温下充分反应 1 h 后,用三氯甲烷将吸收液定量至 5 mL。于 1 h 内在波长为 515 nm 的光下进行吸光度检测。同时,设置三氯甲烷的空白对照组,以吸光度为纵轴、砷质量浓度为横轴绘制标准曲线。将采集到的样本气体用同样的方法通入吸收液中,处理后测定吸光度,与标准曲线对比即可得到样本气体中砷化氢质量浓度。

6.11.2　结晶紫—砷钼酸光度法

样本气体中的砷化氢气体被碘液吸收后,与钼酸铵、结晶紫反应生成结晶紫——砷钼酸,可在波长为 545 nm 处进行吸光度测定,吸光度与砷化氢的质量相关。

吸收用的碘液质量浓度为 0.1%,称取 1 g 碘和 1 g 碘化钾溶于水中,加水稀释至 1 000 mL 配制而成。由于采用外标法,因此需要绘制标准曲线,配制砷标准储备液和砷标准溶液。将三氧化二砷在 105 ℃温度下干燥 2 h 后,称取 0.66 g 溶于 5 mL 的 200 g/L 氢氧化钠溶液中,加入酚酞指示剂,用 1.04 mol/L 的硫酸溶液滴定中和溶液,再加入该硫酸溶液 15 mL,加纯水配制成 500 mL 的质量浓度为 1 mg/L 的砷标准储备液。绘制标准曲线前,取适量砷标准储备溶液,加水稀释至 1 μg/mL,制成砷标准溶液。

取 0 mL、0.5 mL、1.0 mL、2.0 mL、2.5 mL、3.0 mL、3.5 mL、4.0 mL 的砷标准溶液置于 8 个砷化氢反应瓶中,向各反应瓶中加 1 mol/L 的硫酸溶液 3.5 mL,滴加质量浓度为 0.3% 的高锰酸钾溶液并煮沸显红色,用质量浓度为 1% 的过氧化氢溶液将红色消退。再加入 4 mL 的浓度为0.4%的钼酸铵溶液、4 mL 的质量浓度为 0.5%的聚乙烯醇、4 mL 质量浓度为 0.05%结晶紫溶液,加热至微微沸腾后冷却,用水稀释至 25 mL。同时,设置空白对照组,在波长为 545 nm 处进行吸光度测定。以吸光度为纵轴、砷质量浓度为横轴绘制标准曲线。

　　将采集到的样本气体用同样的方法通入到吸收液中,处理后测定吸光度,与标准曲线对比即可得到样本气体中砷化氢质量浓度。该方法灵敏度较高,可用于空气中痕量砷化氢的检测。

6.12　氯气检测

　　氯气是一种具有强烈刺激性和强氧化性的剧毒气体。当人体处于氯气环境中时,氯气会强烈侵蚀人体黏膜,尤其眼部和呼吸道黏膜极易受到损害,造成急性结膜炎、呼吸困难等症状,甚至死亡。氯气密度比空气大,常温常压下呈黄绿色,可压缩为黄绿色油状液氯,可溶于水和碱液,易溶于有机溶剂。氯气在化工领域常用于与有机物反应生成氯乙酸、环氧氯丙烷、一氯代苯等,或与无机物反应生成次氯酸钠、三氯化铝、三氯化铁、漂白粉、溴素、三氯化磷等。氯产量也作为一个国家化学工业发展水平的重要标志。准确及时地监测氯气浓度对人身安全和工业生产具有重要意义。

6.12.1　甲基橙分光光度法

　　氯气吸收进含溴化钾、甲基橙的酸性溶液中,氯气的强氧化性将溶液中的溴离子氧化成溴单质,溴单质又能使甲基橙溶液的红色褪去,溶液最终的颜色与吸收的氯气量相关,用光度法可以准确确定吸收的氯气质量。

　　由于含溴化钾、甲基橙的酸性溶液不便于储存,因此常配制甲基橙吸收储备液。取0.1 g 甲基橙溶解于温度 50 ℃左右的 100 mL 水中,冷却至室温后加入无水乙醇 20 mL,再继续加水至 1 000 mL 配置成甲基橙吸收储备液,置于暗处可保存半年。吸收氯气前临时配制含溴化钾、甲基橙的酸性溶液,取甲基橙吸收储备液,向 250 mL 甲基橙吸收储备溶液中加入 2.68 mol/L 的硫酸溶液 500 mL,再加入溴化钾 5 g,混匀并加水稀释至1 000 mL 得到含溴化钾、甲基橙的酸性溶液。

　　由于采用外标法,因此需要绘制标准曲线。该检测法最后显色反应与溴有关,所以采用溴酸钾溶液最为对等氯气的标准溶液。称取 1.962 7 g 溴酸钾溶于水后稀释至500 mL,作为溴酸钾标准储备溶液,相当于每毫升中含有 5 mg 氯,置于暗处可保存半年。测定前临时配制溴酸钾标准溶液,取 10 mL 溴酸钾标准储备溶液,加水稀释至 1 000 mL,相当于每毫升中含有 50 μg 氯。

　　绘制标准曲线时,取 7 只 100 mL 容量瓶,均加入 20 mL 甲基橙吸收液,再向各容量瓶中加入 0 mL、0.2 mL、0.4 mL、0.8 mL、1.2 mL、1.6 mL、2.0 mL 的溴酸钾标准溶液,相当于各容量瓶中含有 0 μg、10 μg、20 μg、40 μg、60 μg、80 μg、100 μg 的氯,加水稀释混匀后静置 40 min。在波长为 507 nm 处进行吸光度测量,用水代替溴酸钾作为空白对照组,以吸光度为纵轴、氯质量浓度为横轴绘制标准曲线。

　　将样本气体以 0.2 L/min 的流量通入两个串联的多孔玻璃板吸收管,吸收管中装有 10 mL 的甲基橙吸收液,直至吸收液颜色有明显消退后可停止通气,若颜色不消退,通气时间可定为 60 min。当温度低于 20 ℃时,显色时间可适当延长或用 30 ℃左右的水浴恒温反应 40 min。游离的溴和二氧化硫对该检测方法有干扰。固定污染源有组织采样体积为 30 L 时,检出限为 0.03 mg/m³;固定污染源无组织采样体积为 5 L 时,检出限为 0.2 mg/m³。

6.12.2　碘量法

　　采样时用氢氧化钠溶液吸收氯气,生成次氯酸钠。测定时用酸性碘化钾溶液中的盐酸将次氯酸溶液中的氯气释放出来,氯气将碘化钾中的碘离子氧化成碘单质,加入淀粉指示剂,溶液显蓝色,接着用硫代硫酸钠溶液滴定使溶液的蓝色褪去,最后根据硫代硫酸钠的使用量计算氯气的量,从而得到氯气在样本气体中的占比。

　　用 4 g 氢氧化钠溶于水中并稀释至 1 000 mL 配置成 4 g/L 的氢氧化钠吸收液。取 1.19 g/mL 的优级纯盐酸溶液 100 mL 用水稀释至 1 000 mL,得到 1.2 mol/L 的盐酸溶液。称取 25 g 五水合硫代硫酸钠溶于水中,再加入 0.2 g 无水碳酸钠混匀后,用水稀释至 1 000 mL,储存于棕色玻璃瓶中,用前进行标定。标定需要用到碘酸钾标准溶液,将碘酸钾在 105 ℃温度左右干燥 2 h,称取 3.567 g 溶于水中,用水稀释至 1 000 mL,配制成 0.1 mol/L 碘酸钾标准溶液。

　　标定时,取 10 mL 碘酸钾标准溶液,置于 250 mL 的容量瓶中,加入 85 mL 水,再加 1 g 碘化钾振荡溶解,再加 1.2 mol/L 的盐酸溶液 10 mL 混匀。开始滴定,用配制的硫代硫酸钠溶液将容量瓶中溶液滴定至淡黄色后,加入 0.002 g/mL 的淀粉指示剂 5 mL,继续用硫代硫酸钠滴定至蓝色刚好褪去。记录硫代硫酸钠溶液的用量,按

$$c(Na_2S_2O_3) = \frac{0.100\ 0 \times 10.00}{V} \tag{6.54}$$

计算硫代硫酸钠标准溶液的浓度,单位为 mol/L,硫代硫酸钠溶液用量单位为 mL。得到硫代硫酸钠溶液的浓度后,用水稀释配制成 0.01 mol/L 硫代硫酸钠标准使用溶液。

　　采集样本气体时,用两个多孔玻板吸收管串联起来,并各装入 40 mL 4 g/L 的氢氧化钠溶液,以 0.5～1 L/min 的流量通气 20～30 min。若气体中含有固体颗粒物,则需加滤膜过滤。若废气高温高湿,则需要将采样设备加热至 120 ℃以保证水蒸气不会凝结成水滴。采样完毕,晃动吸收管,充分洗涤管内气体后,将两管吸收液转移至 100 mL 容量瓶中,并用水洗涤两吸收管,洗涤液也移入容量瓶中,加水至刻度线。

　　测定时,从容量瓶中取 25 mL 的吸收液于碘量瓶中,再加入 25 mL 水,加入 2 g 碘化钾溶解于其中,再加 8 mol/L 的盐酸溶液 10 mL,混匀静置后用硫代硫酸钠标准使用溶液滴定至淡黄色,加入 0.002 g/ml 的淀粉指示剂 5 mL,继续用硫代硫酸钠标准使用溶液滴定至蓝色刚好褪去。为保证测定的准确度,设置空白对照组。记录硫代硫酸钠标准使用溶液的用量,按下式计算样本气体中氯气的质量浓度,即

$$\rho(Cl_2) = \frac{(V-V_0) \times c \times 35.5}{V_{nd}} \times \frac{V_t}{V_a} \times 1\ 000 \tag{6.55}$$

式中 V——滴定样品硫代硫酸钠标准使用溶液的消耗量,mL;

      V_0——滴定空白对照组硫代硫酸钠标准使用溶液的消耗量,mL;

      c——硫代硫酸钠标准使用溶液的浓度,mol/L;

      V_{nd}——采样体积换算为标准状态(0 ℃,101 kPa)下的体积,L;

      V_t——试样溶液的总体积,mL;

      V_a——滴定时所取试样溶液体积,mL。

6.13 二氧化硫检测

二氧化硫是一种重要的化工原料,常用作有机溶剂、制硫酸、做漂白剂、生产农药杀虫剂和人造纤维等。在生产过程中会释放一些二氧化硫,这是一种常见的大气污染物,火山喷发也会释放大量二氧化硫。大气中的二氧化硫溶于大气中的水中形成酸雨,会酸化土壤,使农作物减产。二氧化硫对人体具有毒性,0.5×10^{-6} 体积分数的二氧化硫就会对人体造成潜在损害;燃烧煤能够闻到刺激性气味时,二氧化硫的体积分数已经达到 $1 \times 10^{-6} \sim 3 \times 10^{-6}$;当体积分数超过 400×10^{-6} 后,二氧化硫会使呼吸道溃疡病严重损伤肺部,进而令人窒息死亡。因此,在工业生产和日常生活中监控环境气体中的二氧化硫的体积分数至关重要。

盐酸副玫瑰苯胺光度法是用甲醛缓冲液吸收样本气体中的二氧化硫,生成稳定的羟甲基磺酸固定二氧化硫,测定时再用氢氧化钠将吸收液中的二氧化炉释放出来,与盐酸副玫瑰苯胺反应生成红色的络合物,最后颜色的深浅与吸收的二氧化硫的量相关,用分光光度法在波长为 575 nm 处测出络合物吸光度,即可测定出样本气体中二氧化硫的体积分数。

配制甲醛缓冲液时,先用 1.82 g 环己二胺四乙酸溶于 10 mL 的 40 g/L 氢氧化钠溶液中,用水稀释至 100 mL,冷藏保存。取 5.3 mL 甲醛和 2.04 g 邻苯二甲酸氢钾溶于 20 mL 该溶液中,再用水稀释至 100 mL,冷藏保存。测试前用水再稀释至原来的 1/100 得到甲醛缓冲液。

取 0.2 g 盐酸副玫瑰苯胺盐酸盐,溶于 100 mL 的 1 mol/L 盐酸中,取 20 mL 该溶液混入 200 mL 磷酸溶液中,磷酸溶液是用 82 mL 的 1.68 g/mL 磷酸加水稀释成 200 mL 制成的,再加水稀释成 250 mL 溶液。

由于采用外标法,因此需要绘制标准曲线和配制标准溶液。称取 0.15 g 片亚硫酸钠或 0.2 g 亚硫酸钠溶于 250 mL 的甲醛吸收液中,配置成二氧化硫储备液,标定其浓度后,用水稀释成 4 μg/mL 可作为二氧化硫标准溶液。标定时取 6 只 250 mL 碘量瓶分成 A、B 两组,分别向 A 组加入 10 mL 吸收液、向 B 组加入 10 mL 二氧化硫储备液,再各加90 mL 水、5 mL 冰乙酸和 25 mL 0.01 mol/L 碘液,静置后用浓度为 0.01 mol/L 的硫代硫酸钠溶液滴定,记录硫代硫酸钠的用量,分别计算出 A、B 两组的平均用量 V_A、V_B,按下式计算二氧化硫储备液的浓度,即

$$c = \frac{(V_A - V_B) \times M \times 32}{10} \times 1\,000 \qquad (6.56)$$

式中　V_A——滴定空白组硫代硫酸钠用量，mL；

　　　V_B——滴定二氧化硫储备液的硫代硫酸钠用量，mL；

　　　M——硫代硫酸钠溶液的浓度，$M=0.01$ mol/L；

　　　32——二氧化硫的摩尔质量；

　　　10——二氧化硫储备液的用量，mL。

绘制标准曲线时，取 14 只具塞比色管，向其中 7 只具塞比色管中各加入 0 mL、1.5 mL、2.0 mL、2.5 mL、3.0 mL、3.5 mL、4.0 mL 的二氧化硫标准溶液和 10 mL 吸收液，配置成相当于质量浓度为 0 μg/mL、0.6 μg/mL、0.8 μg/mL、1.0 μg/mL、1.2 μg/mL、1.4 μg/mL、1.6 μg/mL 二氧化硫标准比色系列溶液。再向各管中加入 1 mL 氨基磺酸溶液，摇匀静置充分反应后加入 1 mL 氢氧化钠溶液，并迅速把该溶液倒入另外 7 只具塞比色管中，管中装有 3 mL 盐酸副玫瑰苯胺溶液，塞好塞子摇匀后在20 ℃左右水浴反应15 min。取出具塞比色管在 575 nm 波长下进行吸光度测量，为减小测量误差，每只管测量三次。同时，以水作为空白参照进行吸光度测量，最终以吸光度为纵轴、二氧化硫浓度为横轴绘制标准曲线。

采样时用一只装有 10 mL 吸收液的多孔玻璃板吸收管以 0.5 L/min 的流量通气 15 min。同时，用一同样的多孔玻璃板吸收管装入 10 mL 吸收液带至采样点，不进行通气采集工作，其他操作与采样管一致，以此管作为空白对照管。与绘制标准曲线时的操作一样，对采集管和空白对照管进行吸光度测量，根据二者吸光度相减的结果在标准曲线上找出样本气体对应的二氧化硫浓度。以 0.5 L/min 的流量通气 15 min，采集 7.5 L 样本气体时，该方法的最低检出限为 0.6 μg/mL。

第7章　环境参数检测技术

7.1　噪声检测技术

随着社会和工业的发展,噪声愈加频繁地出现在人类生活和工作的环境中,如室内手机和计算机等电子设备产生的噪声、室外交通工具产生的噪声、生产车间内生产机器带来的噪声等,给人类生活和生产带来了很大的负面影响。人类若长期受到噪声的刺激,会导致听力受损甚至造成耳聋,还会带来心血管系统、神经系统和内分泌系统方面的疾病,极端情况下会导致人类死亡。除给人类的身体健康带来影响外,在工业生产的环境下,噪声还会降低工人的工作效率,并导致生产机器、设备的损坏,从而降低生产效率。但是,噪声也有可以利用的一面,如噪声除草技术、噪声诊病、噪声发电技术、噪声制冷技术和噪声除尘技术等。因此,随着现代工业的发展,科学家开始重视对噪声的研究,以减小噪声的危害并合理地利用噪声。噪声的检测是噪声研究过程中重要的环节,为噪声的研究提供了重要的科学依据。

7.1.1　噪声基本物理参数

物理学的观点认为噪声是由不同频率和强度的声波无规则地组成的不协调音,而音是波形规律的协调音。生理学的观点一般认为凡是人类不需要的、对人体有害的、阻碍人类生活和生产的声音都属于噪声。噪声是相对的,一段优美的音乐对正在休息的人来说就是噪声。因此,判断是否为噪声,要考虑到不同的人、时间、地点和目的等因素,从而无法得出确定、统一的结果。

随着工业的发展和对噪声的深入研究,以引起噪声性耳聋的概率为基础的听力保护标准和根据噪声影响大小制定的环境噪声标准逐渐形成,摆脱了单纯主观评价的不便。

1.声音的产生、频率、波长和声速

声音本质上是一种波。当物体在空气中振动时,周围的空气会发生疏密变化,形成疏密相间的纵波在空气中传播,这种纵波称为声波。因此,可以用频率、波长、声速和周期等参数来描述声音。

频率是指物体每秒振动的次数,记为 f,单位为 Hz。

周期是指物体振动一次所花费的时间,记为 T,单位为 s。

波长是指在一个周期内声波沿传播方向所传播的距离,或在波形上相邻的两个波峰或两个波谷之间的距离,记为 l,单位为 m。

声速是指声波每秒传播的距离,记为 c,单位为 m/s。

频率、波长和声速的关系为

$$c = f\lambda \tag{7.1}$$

2. 声功率和声功率级

声功率是指在单位时间内声源发射的总能量,单位为 W。在噪声检测中,声功率是指声源总声功率。声功率级的定义为声功率相对于常用基准声功率的分贝值,记为 L_W,单位为 dB。声功率级的计算公式为

$$L_W = 10\lg \frac{W}{W_0} \tag{7.2}$$

式中　　L_W——声功率级,dB;

　　　　W——声功率,W;

　　　　W_0——常用基准声功率,W,通常取 10^{-2} W。

3. 声强和声强级

声强是指在单位时间内,声波沿垂直于声波传播方向通过单位面积表面的能量,用 I 表示,单位为 W/m²。声强级是指声强相对于基准声强的分贝值,记为 L_I,单位为 dB。声强级的计算公式为

$$L_I = 10\lg \frac{I}{I_0} \tag{7.3}$$

式中　　L_I——声强级,dB;

　　　　I——声强,W/m²;

　　　　I_0——基准声强,W/m²,通常取 10^{-12} W/m²。

4. 声压和声压级

声压是指大气压受到声波扰动后,在大气压强上叠加一个声波扰动引起的压强变化,用 p 表示,单位为 Pa。正常人耳刚好能感受到的 1 000 Hz 的声音产生的声压称为基准声压,通常取 2×10^{-5} Pa。声压级是指声压相对于基准声压的分贝值,记为 L_p,单位为 dB。声强级的计算公式为

$$L_p = 10\lg \left(\frac{p}{p_0}\right)^2 = 20\lg \frac{p}{p_0} \tag{7.4}$$

式中　　L_p——声压级,dB;

　　　　p——声压,Pa;

　　　　p_0——基准声压,Pa。

5. 分贝

分贝是度量两个相同单位数量的比例的计量单位,主要用于度量声音的强弱,用 dB 表示。分贝的计算方法是某被度量的物理量(A_1)与一个相同的基准物理量(A_0)的比值取常用对数再乘以 10,即

$$N = 10\lg \frac{A_1}{A_0} \tag{7.5}$$

6. 噪声的频谱分析

通常情况下,声源发出的声音并不是单一频率的纯音,而是多种频率、不同强度的纯

音的叠加。噪声也是如此,将噪声的强度按频率的大小顺序展开,得到噪声强度与频率的函数,称为噪声的频谱分析或频率分析。噪声的频谱分析能了解噪声的成分和特性,为噪声的防控提供依据。

噪声频谱分析的方法是滤波,使噪声信号通过具有一定带宽的滤波器,以频率为横坐标、对应的声压级为纵坐标作出频谱图。

噪声频谱分析中常用的滤波器是等比带宽滤波器,它是指滤波带宽的上下截止频率(f_2和f_1)之比以 2 为底的对数为常数,即

$$\log_2 \frac{f_2}{f_1} = \text{const} \tag{7.6}$$

或

$$f_2/f_1 = 2^n \tag{7.7}$$

式中　n——常数。

频带宽度 $B = f_2 - f_1$,频带的中心频率 $f_0 = \sqrt{f_1 f_2}$。由上述各式可得到带宽与中心频率的关系为

$$\frac{B}{f_0} = 2^{\frac{n}{2}} - 2^{-\frac{n}{2}} = \text{const} \tag{7.8}$$

当 $n=1$ 时,称为倍频程;当 $n=1/3$ 时,称为 1/3 倍频程。由式(7.8)可知,每确定一个中心频率,便可确定相应的带宽。为保证频带间的频率连续,对中心频率做了明确的规定。

7.1.2　人对噪声的主观评价

人的听觉是很复杂的,不仅对不同声压有不同的感觉,而且对相同声压但不同频率的声压也有不同的感觉。例如,对于声压级都是 90 dB 的声音,频率高的比频率低的听起来更响。听觉区分声音的高低用音调来表示,它主要取决于声音的频率,但也与声压和波形有关。听觉区分声音的强弱用响度来表示,它主要取决于声压,但也与频率和波形有关。为量化听觉的这种主观感受,引入了响度和响度级的概念。

1. 响度和响度级

(1)响度。

响度的单位为宋(sone),记为 L_N,频率为 1 000 Hz、声压级为 40 dB 的声音定义为 1 sone,在此基础上声压级每增加 10 dB,响度增加 1 倍。若频率均为 1 000 Hz,则声压级为 50 dB 的声音响度为 2 sone,声压级为 60 dB 的声音响度为 4 sone。

(2)响度级。

根据人耳的听觉特性,引入响度级的概念。取 1 000 Hz 的纯音作为基准音,若某噪声听起来与基准音一样响,则该噪声的响度级等于基准音的声压级,响度级的单位为方(phon),记为 N。例如,某噪声听起来与频率为 1 000 Hz、声压级为 90 dB 的基准音一样响,则该噪声的响度级为 90 phon。

英国国家物理实验室鲁滨孙(Robinson)等召集大量典型听者,通过与基准音相比较的方法做了大量实验,得到了等响曲线,如图 7.1 所示。该曲线为国际标准化组织所采用,因此又称 ISO 等响曲线。

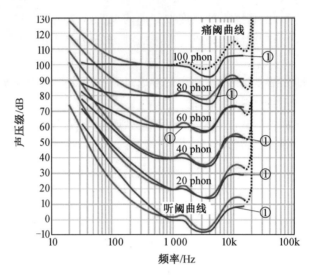

图 7.1 ISO 等响曲线

注:①是修改前的等响度轮廓线

图 7.1 中,横坐标为频率,纵坐标为声压级。图中同一条曲线上的各点虽然频率和声压级不同,但其响度是相同的。最下面一条曲线称为听阈曲线。最上面一条曲线称为痛阈曲线。从等响曲线上可以看出,在 1～5 kHz 的范围内,即使声压级有所下降,但响度是相同的,因此人对这一频率范围的声音敏感,对低于 1 000 Hz 的声音,人耳的灵敏度随频率降低而降低。声压强度 60 dB,频率为 100 Hz 的声音响度为 50 phon;声压强度 60 dB,频率为 200 Hz 的声音响度为 60 phon。由此可见,声压级相同但频率不同的声音响度差别很大。

根据响度和响度级的概念可知二者的关系为

$$N = 2^{(L_N - 40)/10} \tag{7.9}$$

或

$$L_N = 40 + 10 \log_2 N \tag{7.10}$$

对于一般噪声,其总响度的计算是先测量噪声的各频带声压级,再根据等响曲线和方-宋关系式得到各频带的响度,最后根据下式计算出总响度,即

$$N_t = N_m + F\left(\sum N_i - N_m\right) \tag{7.11}$$

式中 N_t——总响度,sone;

N_m——频带中最大的响度,sone;

$\sum N_i$——所有频带的响度之和,sone;

F——常数(对于倍频带、1/2 倍频带、1/3 频带分析仪分别为 0.3、0.2、0.15)。

2.声级计的计权网络

实际噪声往往包含很广的频率范围,而人耳对不同频率的声音有不同的灵敏度。在利用声级计(声学测量仪器)测量噪声时,输入信号是包含很广频率范围的噪声,但是要求声级计的输出信号最好是对数关系的声压级并且反应人耳特性的主观量度量级。为此,

声级计的设计人员在仪器中设计了一种特殊的滤波器——计权网络。噪声的声压级通过计权网络后已经不再是原本的声压级,而称为计权声压级或计权声级,简称声级。计权网络将噪声的某些频率成分进行衰减,使测量结果更符合人耳特性。常用的计权网络有 A、B、C、D 计权网络,如图 7.2 所示。

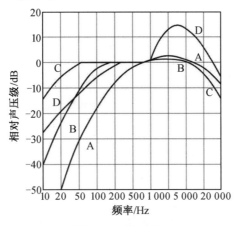

图 7.2　计权网络

A 计权网络是模拟等响曲线中 40 phon 曲线的倒置设计的,较好地模拟了人耳对低频段(1 kHz 以下)的声音不敏感,对 1~5 kHz 频率的声音敏感的特性。用 A 计权网络测量的声级称为 A 声级,计作 dBA。A 声级能较好地表征人耳的主观听觉,故得到了广泛的应用。

B 计权网络是模拟等响曲线中 70 phon 曲线的倒置设计的,对低频成分有衰减,但衰减程度比 A 计权网络低。

C 计权网络是模拟等响曲线中 100 phon 曲线的倒置设计的,在 50~5 000 Hz 频率范围内基本水平,令该频率的声音近乎同时通过,基本上不衰减,在该范围外衰减程度也比 A 和 B 计权网络低,因此 C 计权网络代表总声压级。

D 计权网络是对噪声参量的模拟,用于飞机噪声的测量。

3. 等效连续声级

噪声对人体的危害程度不仅与噪声的强度和频率有关,还与噪声的作用时间有关。为此,等效连续声级的概念被提出。根据我国工业企业厂噪声标准(GB 12348—2008)的规定,被测声源是稳态噪声时,采用 1 min 的等效声级;被测声源是非稳态噪声时,测量被测声源有代表性时段的等效声级,必要时测量被测声源整个正常工作时段的等效声级。

在规定的时间内,某一连续稳态声的 A 计权声压具有与时变的噪声相同的均方 A 计权声压,则这一连续稳态声的声级就是此时变噪声的等效连续声级,其数学表达式为

$$L_{eq} = 10\lg\left[\frac{1}{T}\int_0^T I(t)\,\mathrm{d}t/I_0\right] = 10\lg\left(\frac{1}{T}\int_0^T 10^{0.1L}\,\mathrm{d}t\right)\,\mathrm{dB} \qquad (7.12)$$

式中　T——某段时间的总和;

　　　$I(t)$——瞬时声强;

　　　I_0——基准声强;

L——某一间歇时间内的 A 声级。

由式(7.12)可以看出,等效连续声级与时间 T 有关,说明人处在非连续噪声环境中时间越长,受到的伤害越大。若每天工作时长为 8 h,不考虑低于 78 dB 的声音,则一天的等效连续声级可按下式近似计算,即

$$L_{eq} = 80 + 10\lg \frac{\sum_n 10^{\frac{n-1}{2}} T_{nd}}{480} dB \tag{7.13}$$

式中 T_{nd}——第 n 段声级一个工作日的总暴露时间(分)。

若一周工作 5 天,则每周的等效连续声级可按照下式近似计算,即

$$L_{eq} = 80 + 10\lg \frac{\sum_n 10^{\frac{n-1}{2}} T_{nw}}{480 \times 5} dB \tag{7.14}$$

式中 T_{nw}——第 n 段声级一个周的总暴露时间(分)。

4. 噪声污染级

对大量非稳态噪声研究发现,噪声的起伏对人体造成的影响比等能量的稳态噪声要大,并且与噪声暴露的变化率和平均强度有关。因此,需要在等效连续声级的基础上加上一项表示噪声变化幅度的量才能更好地体现实际污染程度,尤其是在平价航空和道路噪声污染级的情况下。现引入噪声污染等级(L_{NP})的概念,噪声污染等级是综合能量平均和变动特性(用标准偏差表示)的影响而给出的对噪声的评价量,其公式为

$$L_{NP} = L_{eq} + K\sigma \tag{7.15}$$

式中 K——常数,测航空和交通噪声污染级时取 2.56;

  σ——测定瞬时声级的标准偏差,有

$$\sigma = \sqrt{\frac{1}{n-1} \sum_{i=1}^{n} (\overline{L}_{PA} - L_{PAi})^2} \tag{7.16}$$

其中 n——测量次数;

  L_{PAi}——第 i 个瞬时 A 声级;

  $\overline{L}_{PA}$——声级算数平均值,即 $\widetilde{L}_{PA} = \frac{1}{n} \sum_{i=1}^{n} L_{PAi}$ 。

5. 昼夜等效声级

噪声在夜间对人的影响比白天严重。为此,昼夜等效声级的概念被提出。昼夜等效声级是以平均声级和一天中的作用时间为基础的公众反应评价量。考虑到人们在夜间对噪声比较敏感,该评价量是通过增加对夜间噪声干扰的补偿来改进等效等级 L_{eq} 的,也就是对所有在夜间出现的噪声级均以比实际数值高 10 dB 来处理,其计算公式为

$$L_{dn} = 10\lg \left[\frac{16 \times 10^{0.1L_d} + 8 \times 10^{0.1(L_n + 10)}}{24} \right] \tag{7.17}$$

式中 L_d——白天等效声级,时间是 6:00~22:00,共 16 h;

  L_n——夜间等效声级,时间是 22:00 至次日 6:00,共 8 h。

6. 噪声评价曲线

噪声评价曲线又称 NR(noise rating number)曲线,是国际标准化组织(ISO)推荐使

用的一组噪声评价曲线,适用于评定各类建筑空间等环境噪声等级和工业噪声等级,也可以用来评定机械设备的噪声等级。

图 7.3 所示为噪声评价曲线,图中曲线族的每条曲线代表一个 NR 值,该值与 1 000 Hz 的声音对应的声压级相等。将某噪声频谱曲线代入噪声评价曲线,频谱曲线与噪声评价曲线相切的最高 NR 曲线的值即该噪声的 NR 值。

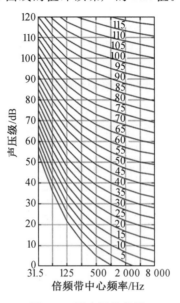

图 7.3　噪声评价曲线

各类建筑室内允许噪声级见表 7.1,可供设计参考。

表 7.1　各类建筑室内允许噪声级

建筑物类别	NR 值	A 声级/dBA
广播录音室、播音室配音室	15～20	20～25
音乐厅、剧院、电视演播室	20～25	25～30
电影院、演讲厅、会议厅	25～30	30～35
办公室、设计室、阅览室、审判厅	30～35	35～40
餐厅、宴会厅、体育馆、商场	35～40	40～50
候机厅、候车厅、候船厅	40～45	45～55
洁净车间、带机械设备的办公室	50～60	55～65

噪声评价数在数值上与 A 声级的关系近似为

$$NR = L_A - 5 \text{ dB} \tag{7.18}$$

7.1.3　噪声测量仪器

1. 传声器

传声器是一种将声音信号转换为电信号的传感器。在整个噪声测量系统中,传声器是采集噪声信息的首要环节,其性能的优劣将直接对测量结果造成影响。一个理想的传声器应具备以下优良特性。

①传声器的尺寸应尽可能地比所测声音的波长小,以减少测量过程中的声反射和绕射现象。

②应具有良好的时域响应特性和频率响应特性。

③应具有较高的灵敏度和分辨率。

④应是一个低噪声的线性系统,避免从声场中吸收过多的能量而干扰声场。

⑤不易受到环境因素的影响。

按照工作原理,传声器可分为电容式、电动式、压电式等类型。电容式传声器是噪声测量中应用最为广泛的一种类型。

(1)电容式传声器。

电容式传声器主要由振膜、背极、绝缘体、阻尼孔、内腔、毛细孔等构成,如图 7.4 所示。振膜与背极分别作为极板构成一个电容器,此电容器与一个大电阻值的电阻 R 和高压极化电压串联。当没有声音通过振膜时,振膜与背极间距保持不变,电容值不变,所以电路中将没有电流流动,电阻 R 上的输出电压为 0 V。当声音通过振膜时,振膜发生形变导致电容器电容值发生改变,电路中将有电流通过,此时可在电阻 R 上检测到输出电压。当振膜震动时,会发生共振,为消除振膜的共振,可在背极中加工阻尼孔,当振膜震动时阻尼孔内流过气流,产生阻尼效应以消除振膜的共振。为防止振膜因压力过大而破裂,在传声器壳体上加工毛细孔来平衡

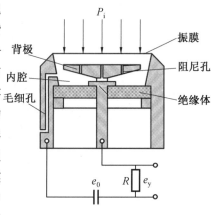

图 7.4　电容式传声器

振膜两侧的压力。电容式传声器具有良好的幅频响应特性,其幅频响应曲线上平直部分的范围为 10 Hz~20 kHz。电容式传声器具有灵敏度高、动态范围宽、频率响应良好、瞬态响应和稳定性优越等优点,因此大多数的声级计采用的是电容式传声器。

(2)电动式传声器。

电动式传声器又称动圈式传声器,主要由振膜、动圈、磁铁、壳体、阻尼罩等构成,如图 7.5 所示。动圈与振膜固连,当振膜受到声压的作用时,振膜带动动圈一起震动,使动圈切割磁铁产生的磁感线,动圈中即可检测到与震动速度成正比的感应电动势。电动式传声器具有结构简单、性能稳定、无须电源供电、输出阻抗小、固有噪声小的特点,因此广泛应用于专业和业余录音。但当电动式传声器受到外部磁场干扰时,会产生磁感应噪声。

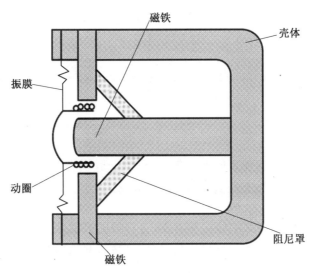

图 7.5　电动式传声器

（3）压电式传声器。

压电式传声器主要由膜片、压电片、壳体、绝缘体、后极板、均压孔、输出端等构成，如图 7.6 所示。压电片由压电材料制成，压电材料在沿一定方向上受到外力的作用而变形时，其内部会产生极化现象，同时在它的两个相对表面上出现正负相反的电荷，这种现象称为压电效应。当振膜受到声压的作用产生位移，同时使压电片产生形变时，即可在压电片上获得电压输出。

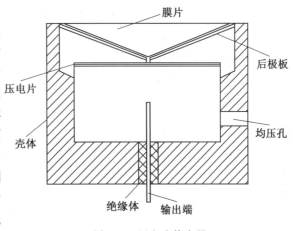

图 7.6　压电式传声器

2. 传声器的技术指标

（1）灵敏度。

传声器的灵敏度是指传声器输出电压与作用在膜片上的声压之比，通常用灵敏度级 L_s 来表示。灵敏度级 L_s 的计算公式为

$$L_s = 20\lg \frac{u/p}{u_0/p_0} \mathrm{dB} \tag{7.19}$$

式中　u——传声器输出电压；

　　　p——作用在膜片上的有效声压；

　　　u_0、p_0——基准电压、基准声压，通常取 $u_0/p_0 = 1\ \mathrm{V/Pa}$。

由于噪声测量仪器必然会引起声场散射，因此灵敏度又分为声场灵敏度和声压灵敏度。声场灵敏度是指输出电压与传声器放入声场前所在位置的声压之比；声压灵敏度是指输出电压与传声器放入声场后实际作用在声级计上的声压之比。当传声器尺寸远小于声波波长时,两个灵敏度基本相同;当传声器尺寸远大于声波波长时,声场灵敏度将大于声压灵敏度。

(2)频率响应特性。

传声器的频率响应特性指传声器对不同频率的声音输入有放大或衰减。理想的传声器在 20 Hz～20 kHz 范围内幅频响应曲线为水平直线,表示该传声器能真实地呈现这一频率范围内的声音。

(3)动态范围。

传声器动态范围是指在规定的谐波失真条件(一般规定 0.5%)下,其所承受的最大声压级与绝对安静条件下传声器的等效噪声级之差。

(4)指向性。

传声器的指向性是指在某一特定频率下,传声器的灵敏度随声波入射方向的变化而发生变化的特性。传声器的指向性可以分为全指向性、双指向性、心形指向性、超心形指向性和强指向性。

(5)输出阻抗。

传声器的输出阻抗是指传声器的交流内阻,通常在频率为 1 000 Hz、声压约为 1 Pa 时测得。

3. 声级计

声级计是噪声测量中最常用的仪器。声级计按照一定的频率计权和时间计权测量声压级,可以模拟人耳对声波反应速度的时间特性,因此声级计是一种主观性的电子仪器。

按照国家标准 GB/T 3785.1—2010 和国际电工委员会(International Electrotechnical Commission,IEC)标准 IEC 61672−1:2013,声级计按照精度分为 1 级声级计和 2 级声级计。1 级声级计和 2 级声级计的技术指标有相同的技术指标,但 1 级声级计的频率范围为 10 Hz～20 kHz,工作温度范围为−10～50 ℃;2 级声级计的频率范围为 20 Hz～8 kHz,工作温度范围为 0～40 ℃,且 2 级要求的最大允差大于 1 级。

按用途分类,声级计可分为积分式声级计和脉冲式声级计。积分式声级计用于测量一段时间内不稳态噪声的等效声级;脉冲式声级计用于测量脉冲噪声。

4. 声级计的结构与工作原理

声级计主要由传声器、前置放大器、衰减器、放大器、计权网络、均方根值检波器等构成。

(1)传声器。

传声器将噪声的声压转换为交变的电压信号。

(2)前置放大器。

电容传声器的电容量很小,内阻很高,为使电容传声器与后级衰减器或放大器相匹配,需要在电容传声器后加入前置放大器进行阻抗变换。

(3)衰减器。

衰减器可将信号进行衰减,以提高测量范围。

（4）放大器。

放大器将信号放大到合适的功率。

（5）计权网络。

信号进入计权网络进行滤波，使该信号能正确地反应人耳的主观感受。计权网络上可外接滤波器，可对信号进行频谱分析。

（6）均方根值检波器。

滤波后的信号经过衰减器、放大器进入均方根值检波器，均方根值检波器将交流信号整流为直流信号，以驱动指示表头。

7.1.4　噪声测量方法

1. 测试环境对噪声测量的影响

许多环境因素会对噪声声源带来影响。为保证测量结果准确可靠，在测量噪声时必须考虑这些因素的影响并采取相应的措施消除或减少这些影响。

2. 本底噪声的影响

本底噪声是指在测量噪声时与被测噪声无关的环境噪声。在实际测量时，可以从声级计测量的总测量结果中除去环境噪声的影响。除去方法可以按照下式进行分贝相减计算，即

$$L_{Ps} = 10 \lg (10^{L_{Pt}/10} - 10^{L_{Pe}/10}) \, dB \tag{7.20}$$

式中　L_{Ps}——被测声源声压级；

　　　L_{Pt}——总声压级；

　　　L_{Pe}——本底噪声声压级。

分贝相减计算也可用图表进行，图 7.7 所示为减去本底噪声的修正曲线。

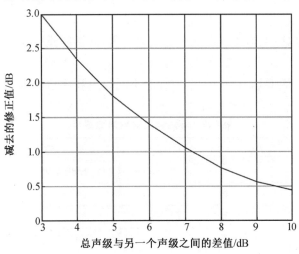

图 7.7　减去本底噪声的修正曲线

3. 声音反射的影响

在噪声测试时,若声源附近有面积较大的反射体,则声音的反射会给噪声测量结果带来影响。根据《声环境质量标准》(GB 3096—2008)规定,在一般户外测量时,传声器安装位置应距反射物 3.5 m 以上,距地面高度 1.2 m 以上。为扩大接收到声音的范围,传声器也允许安装在高层建筑上。在噪声敏感建筑物户外测量时,传声器应该安装在距墙壁或窗户 1 m 处,且距地面高度 1.2 m 以上;在噪声敏感建筑物室内测量时,传声器安装位置应距墙面和其他反射面至少 1 m,距窗户约 1.5 m 处,距地面 1.2~1.5 m。

4. 其他环境因素的影响

风、气流、磁场、温度、湿度、是否有积雪等环境因素均会给测试结果带来影响。户外测量时一定要使用防风罩。若测试环境中风力(风速 5 m/s 以上)或气流过大,会造成声级计附近气压波动,给测量结果带来很大的误差,此时应停止测量。

5. 环境噪声测量方法

环境噪声测量包括城市区域环境噪声测量、道路交通噪声测量、航空噪声测量、工业企业噪声测量等。我国根据不同的测试环境出台了相应的国标,对测试方法做出了规定。根据城市不同区域的使用功能和环境质量要求,对城市做出了以下五类声环境功能区划分。

0 类声环境功能区:康复疗养院等需要特别安静的区域。

1 类声环境功能区:以住宅、医疗卫生、文化教育、科研设计、行政办公为主要功能,需要保持安静的区域。

2 类声环境功能区:以商业金融、集市贸易为主要功能,或居住、商业、工业混杂,需要维护住宅安静的区域。

3 类声环境功能区:以工业制造、存储物流为主要功能,需要防止工业噪声对周围产生严重污染的区域。

4 类声环境功能区:交通干线两侧一定距离之内,需要防止交通噪声对周围环境产生严重影响的区域。

《声环境质量标准》(GB 3096—2008)针对不同的声环境功能区规定了环境噪声等效声级限值,见表 7.2。

表 7.2　环境噪声等效声级限值

声环境功能区类别		时段	
		昼间/dBA	夜间/dBA
0 类		50	40
1 类		55	45
2 类		60	50
3 类		65	55
4 类	4a 类	70	55
	4b 类	70	60

7.1.5　声环境功能区域噪声测量方法

1. 定点监测法

定点监测法需要在各个声环境功能区设置至少一个监测点,监测点的位置应距地面高度为声场空间垂直分布的可能最大值处,且应保持长期不变。每次监测至少进行 24 h 的不间断监测,并得出每小时、昼间、夜间的等效声级和最大声级。各个监测点独立评价,以昼间等效声级和夜间等效声级作为评判该区域噪声是否达标的依据。

2. 普查监测法

0~3 类声环境功能区普查监测要求将被监测声功能区域划分为 100 个以上等大的正方形网格区域,监测点应设置在每个网格中心且监测应在户外进行。监测时间为昼间工作时间和夜间 22:00~24:00(节假日除外)。每个监测点应测量 10 min 的等效声级,同时记录噪声的主要来源。将所有网格中心监测到的等效声级做算术平均运算,得到该区域的平均等效声级,以该平均等效声级作为评判该区域噪声是否达标的依据。

3.4 类声环境功能区普查监测

4 类声环境功能区普查监测要求根据交通干线两侧的敏感建筑物分布情况将交通干线划分为典型路段,在典型路段的边界或最靠近路段边界的噪声敏感建筑外设置一个监测点,这些监测点应远离站台、码头等,以防止这些地方的噪声干扰。应分别监测昼间和夜间的等效声级和交通流量。

不同的交通类型,测量时间存在差异。铁路、城市轨道交通(地面段)、内河道两侧,昼、夜各测量不低于平均运行密度的 1 h 值,若城市轨道交通(地面段)的运行车次密集,测量时间可缩短至 20 min。高速公路、一级公路、二级公路、城市快速路、城市主干路、城市次干路两侧,昼、夜各测量不低于平均运行密度下 20 min 测得的数据量。

4. 工业企业厂界噪声测量方法

根据工业企业声源、周围噪声敏感建筑物的布局及毗邻的区域类别,在工业企业厂界布设多个测点,其中包括距噪声敏感建筑物较近及受被测声源影响大的位置。一般情况下,测点选在工企业厂界外 1 m、高度 1.2 m 以上。分别在昼间、夜间两个时段测量。夜间有频发、偶发噪声影响时,同时测量最大声级。被测声源是稳态噪声,采用 1 min 的等效声级;被测声源是非稳态噪声,测量被测声源有代表性时段的等效声级,必要时测量被测声源整个正常工作时段的等效声级。

7.2　烟雾检测技术

火灾每年都会给人类社会和生态环境带来巨大破坏。距中国消防协会统计,2019 年全年共接到消防报警 23.3 万起,死亡 1 335 人,受伤 837 人,直接财产损失高达 36.12 亿元。为及时发现火灾和扑灭火灾,人类根据火灾发生时各种参量研发了各种各样的火灾探测器。

发生火灾时往往伴有烟雾、光、热量、声音和气味的产生。在起火的初期,由于温度较低,因此物质大多处于阻燃阶段,材料不完全燃烧造成大量的烟雾产生,烟雾浓度是早期判别火灾发生的重要特征之一。由于烟雾有很大的流动性,能很快充满建筑物内各个角落,容易检测,因此烟雾检测技术在火灾探测中应用十分广泛。烟雾检测技术可以检测环境内的烟雾浓度,若检测值超过安全值,则火灾自动报警系统会发出警报,提醒工作人员有火情发生,减少生命财产损失。

7.2.1　火灾烟气的成分与特性

1. 烟气的成分

燃烧或热解作用产生的悬浮在气相中的固体和液体微粒称为烟或烟粒子,含有烟粒子的气体称为烟气。烟气主要由气相燃烧产物,未燃烧的气态可燃物,未完全燃烧的液、固相分解物和冷凝雾微小颗粒组成。燃烧状况可分为明火燃烧、热解和阴燃,不同的燃烧状况下产生的烟气具有不同的特性。明火燃烧时有大量炭黑生成,这些炭黑均为微小固相颗粒,分布在火焰和烟气中;热解是指可燃物在高温作用下析出聚合物单体、部分氧化物、聚合链等,典型温度为 $600 \sim 900$ K,部分成分在低蒸气压的作用下凝聚成液相颗粒,形成白色烟雾;阴燃是无明火燃烧,典型温度范围为 $600 \sim 1\ 100$ K,生成的烟气中含有的大量可燃气体和液体颗粒平均直径约为 1 mm。

2. 烟雾颗粒的平均直径

烟雾颗粒的平均直径是指在保持原来粒子群的某个特征量不变的情况下,用一个假想的尺寸均一的粒子群代替原来的实际的粒子群。常用的平均直径包括索太尔平均直径、体积平均直径和质量中间直径。其中,索太尔平均直径是最常用的粒子平均直径。

3. 索太尔平均直径

假设存在一个尺寸均一的粒子群代替实际的粒子群时,能保持总体积和总表面积的比值不变,则这个假想的粒子群的直径称为索太尔平均直径。设实际粒子群的总体积为 V_{pr},总表面积为 S_{pr},粒子直径为 D,粒子数量为 dN,则有

$$V_{pr} = \frac{6}{\pi} \int_0^{D_{max}} D^3 \, dN \tag{7.21}$$

$$S_{pr} = \pi \int_0^{D_{max}} D^2 \, dN \tag{7.22}$$

总体积与总表面积的比值为

$$\frac{V_{pr}}{S_{pr}} = \frac{\int_0^{D_{max}} D^3 \, dN}{6 \int_0^{D_{max}} D^2 \, dN} \tag{7.23}$$

设假想的粒子群粒子总数为 N,总体积为 V,总表面积为 S,则有

$$V = N \frac{\pi}{6} SMD^3 \tag{7.24}$$

$$S = N\pi SMD^2 \tag{7.25}$$

因此可得到索太尔平均直径为

$$\mathrm{SMD} = \frac{\int_0^{D_{\max}} D^3\,\mathrm{d}N}{\int_0^{D_{\max}} D^2\,\mathrm{d}N} \tag{7.26}$$

若已知粒子尺寸分布函数,则可通过式(7.26)计算索太尔平均直径。

4. 烟雾颗粒的尺寸分布

火灾烟雾颗粒的尺寸大部分在 $0.01\sim10\ \mathrm{mm}$,获得烟雾颗粒尺寸分布的基本方法是求出某一尺寸带中粒子所占的质量(或体积、表面积、粒子数目)百分数。如此获得的尺寸分布类似于无线电中的频率分布或频谱分布,因此利用该方法获得的烟雾粒子尺寸分布称为烟谱。常用的分布函数包括罗辛—拉姆勒(Rosin—Rammler)分布函数、正态分布函数、对数分布函数和上限对数正态分布函数等。

(1)罗辛—拉姆勒分布函数。

罗辛—拉姆勒分布函数是由 Rosin 和 Rammler 于 1993 年在研究磨碎煤粉的颗粒尺寸分布时提出的。随后的研究表明,烟雾颗粒的尺寸分布也可用该分布函数来表示。罗辛—拉姆勒分布函数如图 7.8 所示。

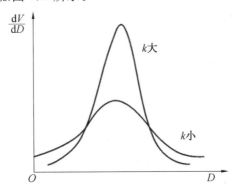

图 7.8　罗辛—拉姆勒分布函数

罗辛—拉姆勒分布函数的表达式为

$$V(D) = 1 - \mathrm{e}^{\left(-\frac{D}{\bar{D}}\right)^K} \tag{7.27}$$

式中　$V(D)$——直径小于 D 的颗粒的累积体积百分率;

$\bar{D}$——特征尺寸参数,表示小于这个数值的颗粒占总体积的 63.21%。

k——分布参数,k 值越大,颗粒分布越窄,k 值越小,颗粒分布越宽。

对式(7.27)求导得到罗辛—拉姆勒分布函数的体积频度分布表达式为

$$\frac{\mathrm{d}V}{\mathrm{d}D} = \left(\frac{k}{\bar{D}}\right)\left(\frac{D}{\bar{D}}\right)^{K-1}\mathrm{e}^{-\left(\frac{D}{\bar{D}}\right)^k} \tag{7.28}$$

$$\mathrm{d}V = \frac{\pi}{6}D^3\,\mathrm{d}N \tag{7.29}$$

$$\frac{\mathrm{d}N}{\mathrm{d}D} = \frac{6}{\pi D^3}\left(\frac{k}{\bar{D}}\right)\left(\frac{D}{\bar{D}}\right)^{K-1}\mathrm{e}^{\left(-\frac{D}{\bar{D}}\right)^K} \tag{7.30}$$

（2）正态分布函数。

烟雾颗粒的尺寸正态分布函数为

$$\frac{\mathrm{d}N}{\mathrm{d}D} = \frac{1}{\sqrt{2\pi}\sigma} \mathrm{e}^{-\frac{1}{2}\left(\frac{D-\bar{D}}{\sigma}\right)^2} \tag{7.31}$$

式中　$\bar{D}$——尺寸参数,等于颗粒群的数目中位径;

　　　σ——分布参数,σ越小,分布越窄,σ越大,分布越宽。

正态分布函数是对称函数,而实际烟雾颗粒的尺寸分布很少是对称的,因此正态分布函数在实际中很少应用。

（3）对数正态分布函数。

对数正态分布是非对称曲线,其表达式为

$$\frac{\mathrm{d}N}{\mathrm{d}D} = \frac{1}{\sqrt{2\pi}D\ln\sigma} \mathrm{e}^{-\frac{1}{2}\left(\frac{\ln D - \ln\bar{D}}{\ln\sigma}\right)^2} \tag{7.32}$$

（4）上限对数正态分布函数。

上限对数正态分布函数常用于描述喷雾液滴尺寸分布,其表达式为

$$\frac{\mathrm{d}N}{\mathrm{d}D} = \frac{D_{\max}}{\sqrt{2\pi}D(D_{\max}-D)} \mathrm{e}^{-\frac{1}{2}\left(\frac{\ln\frac{aD}{D_{\max}-D}}{\sigma}\right)^2} \tag{7.33}$$

式中　$D_{\max}$——实际被测颗粒群的最大颗粒直径(一般根据经验估算);

　　　a——尺寸参数。

部分可燃物在明火燃烧和热解时产生烟雾颗粒的平均直径见表 7.3。

表 7.3　部分可燃物在明火燃烧和热解时产生烟雾颗粒的平均直径　　单位:nm

可燃物	杉木	聚氯乙烯(PVC)	软质聚氨酯塑料(PU)	硬质聚氨酯塑料(PU)	聚苯乙烯(PS)	聚丙烯(PP)	有机玻璃(PMAA)
热解	$0.75\sim0.8$	$0.8\sim1.1$	1.0	1.4	1.6	1.6	0.6
明火燃烧	$0.47\sim0.52$	$0.3\sim0.6$	0.6	1.3	1.2	1.2	1.2

5. 烟雾浓度参数

烟雾浓度可用于判断烟量大小、能见度和危害程度,是烟雾的重要特性之一。烟雾浓度包括粒子数浓度、质量浓度、减光率、光学密度和减光系数。

（1）粒子数浓度。

粒子数浓度是指单位体积内烟雾粒子数的个数,单位为 m^{-3}。

（2）质量浓度。

质量浓度是指单位体积内烟雾的质量。测量烟雾颗粒质量浓度的常用方法是过滤已知体积的烟气中的烟雾颗粒,并对烟雾颗粒进行称重。质量浓度的单位为 $\mathrm{g/m^3}$。

（3）减光率。

减光率是指光束穿过烟雾后光强度的衰减百分数。光束穿过烟雾时,烟雾粒子对光束存在吸收和散射,入射光束穿过一定距离的烟雾后,其光强度有衰减。衰减率与烟雾浓

度成比例,因此可用减光率表征烟雾浓度。减光率 $S(\%)$ 的计算公式为

$$S = \left(1 - \frac{I}{I_0}\right) \times 100\%$$ (7.34)

式中　I——穿过烟雾后的光强度,W/m^2;

　　　I_0——入射光光强度,W/m^2。

(4) 光学密度。

光学密度 $D(dB)$ 是指穿过烟雾后的光强度与入射光强度之比的常用对数的 10 倍,其表达式为

$$D = 10\lg\frac{I}{I_0}$$ (7.35)

(5) 减光系数。

减光系数 $m(dB/m)$ 是指入射光光功率与穿过 1 m 的烟雾后光功率之比的常用对数的 10 倍,其表达式为

$$m = \frac{10}{d}\frac{P_0}{P}$$ (7.36)

式中　d——入射光束经过的烟雾距离,m;

　　　P_0——入射光光功率,W;

　　　P——穿过一定距离烟雾后的光功率,W。

减光系数与减光率之间的关系为

$$m = \frac{10}{d}[1 - \lg(10 - 0.1S)]$$ (7.37)

应注意的是,利用减光率、光学密度和减光系数来表征烟雾浓度时,不同的光波长会得到不同的浓度值。

7.2.2　火灾烟雾探测器类型与工作原理

烟雾是由比空气分子大得多的颗粒物悬浮在空气中形成的。烟雾探测器是一种检测环境烟雾浓度的传感器,可以将烟雾浓度信号转换为电信号,也是世界上应用最为广泛的火灾探测器。烟雾探测器主要包括离子感烟式探测器、光电感烟式探测器、吸气式感烟火灾探测器和图像型感烟火灾探测器。

1. 离子感烟式探测器

离子感烟式探测器结构简图如图 7.9 所示,离子感烟式探测器主要由电离室、放射源和外置电压组成。放射源一般采用半衰期长(433 年)、成本低的镅241,放射性元素镅241可将电离室中的纯净空气电离,电离室内充满了被电离的正负离子。在电离室的两侧极板中加入外置电压,在电场的作用下电离室内会形成离子流(呈现电阻特性)。电离室分为外电离室和内电离室,二者在电路中串联,外电离室的结构使烟雾很容易进入,内电离室的结构使烟雾很难进入、空气容易进入。采用这种串联结构是为了减少环境温度、气压、湿度变化对离子流的影响,提高探测器的准确度和稳定性。当环境中没有烟雾时,$V_1 + V_2 = V$;当环境中有烟雾产生时,烟雾进入外电离室,烟雾颗粒将吸附正负离子,同

时阻挡镅 241 释放的射线,削弱镅 241 的电离能力,减小外电离室的离子流(相当于电阻阻值增加)。则外电离室电压 V_1 增加到 V_{11},增加值 $\Delta V = V_{11} - V_1$。ΔV 经过放大、A/D 变换、信号处理与判断后输出,以此达到烟雾浓度检测的目的。

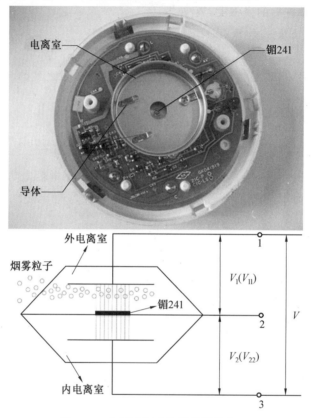

图 7.9　离子感烟式探测器结构简图

2. 光电感烟式探测器

烟雾颗粒和光的相互作用有两种形式:一是吸收入射光线,再以相同的波长向不同的方向辐射出去,不同的方向辐射强度不同,这种作用形式称为散射;二是烟雾颗粒可以将光的辐射能转换为热能、化学能或不同波长的二次辐射,这种作用形式称为吸收。烟雾颗粒通过这两种形式使入射光产生衰减。光电感烟式探测器是利用烟雾颗粒对光线的吸收和散射作用来探测烟雾的装置。若发光元件向烟雾射出一束光,则通过在光路上检测烟雾对光线的衰减作用来探测烟雾的方法称为减光探测法,通过在光路外检测由烟雾对光线散射产生的光能来探测烟雾的方法称为散射探测法。

光电感烟式探测器主要由发光元件和受光元件组成。为消除外界环境因素的影响,发光元件和受光元件安装在暗室中。烟雾能轻易通过暗室,光线则无法进入暗室,这种光电感烟式探测器称为点型光电感烟探测器。若发光元件和发光元件安装在大范围的空间内,对收发元件之间的光束进行检测,则这种光电感烟式探测器称为线型光束感烟式探测器或光束对射感烟式探测器。

不同颜色的烟雾与光线的作用形式也有区别。在可见光和近红外光谱范围内,对于黑烟,光衰减以吸收为主;而对于灰、白烟,光衰减则以散射为主。

(1)散射型感烟式探测器。

散射型感烟式探测器是利用散射探测法设计的翼展点型光电感烟式探测器。之所以不采用减光型探测法,是因为受光元件长期受到光线照射,离光源近容易造成老化且使用寿命短。散射型感烟式探测器的工作原理为:受光元件探测入射光线光路外的光线强弱,若光路中无烟雾,则受光元件无法探测到散射光;若光路中有烟雾,则受光元件能探测到的散射光光强。散射型感烟式探测器根据受光元件探测散射光的角度可分为前向散射型和后向散射型。

① 前向散射型。由烟雾颗粒散射模型可知,散射光角度越大,散射光强度越小。前向散射型感烟式探测器即根据这一特性被研发。前向散射型感烟式探测器中受光元件探测与平行光束成锐角的散射光光强,其结构如图 7.10 所示。

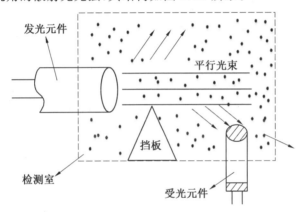

图 7.10　前向散射型感烟式探测器结构图

火灾发生时,烟雾颗粒进入探测器内,光束遇到烟雾颗粒发生散射,受光元件探测到散射光后,其阻抗发生变化而产生光电流。由此即可将烟雾信号转变成电信号,结合烟雾探测算法探测器可判断是否发出火灾警报。

黑烟对光有较强的吸收能力,黑烟造成的散射光光强较弱。相对于黑烟,灰烟造成的散射光光强更强。因此,对不同颜色的烟雾颗粒,前向散射型感烟式探测器的灵敏度不同,这一特点给设计烟雾探测算法带来了困难。针对这一问题的解决办法是调整好光波长、散射角与烟雾颗粒直径之间的关系,使探测器对不同的烟雾都有较平稳的响应。

② 后向散射型。后向散射型感烟式探测器结构图如图 7.11 所示。

由烟雾颗粒光散射模型可知,散射光随散射角度的增大而减小,但散射角为钝角时,不同颜色的烟雾颗粒造成的散射光光强较为一致。根据这一特点研发的后向散射型感烟式探测器能解决前向散射型感烟式探测器对不同颜色烟雾灵敏度不同的问题。尽管散射角为钝角的散射光光强较弱,导致受光元件上产生的光电流较弱,但可通过在探测器中加入信号放大电路将电信号放大。

不同直径的烟雾粒子对光的散射能力不同,为得到稳定的输出信号,可在探测器的发光点安装两个不同波长的光源,如此针对不同大小的烟雾粒子受光元件均能接收到较强的散射光。除此方法外,探测器可只安装一个光源,而安装两个受光元件:一个受光元件

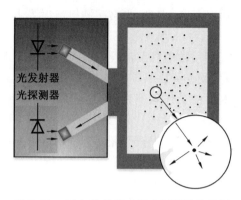

图 7.11　后向散射型感烟式探测器结构图

安装在较大直径烟雾颗粒的最大散射光方向,另一个受光元件安装在较小直径烟雾颗粒的最大散射光方向上。最终将两个受光元件的信号相加,即可使探测器对不同直径的烟雾颗粒产生稳定的输出信号。

(2) 红外光束感烟式探测器。

红外光束感烟式探测器是根据减光探测法原理所设计的光束对射感烟式探测器,一般应用在大型仓库、大型厂房等内部空间大、无遮挡的场所,其结构如图 7.12 所示。

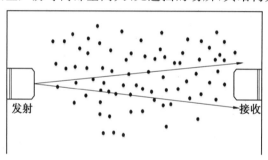

图 7.12　红外光束感烟式探测器结构图

光源和受光元件安装在同一光路上,当火灾发生时,由于烟雾颗粒对光线的散射和吸收,因此受光元件接收到的光强度降低,电信号也随之降低。当电信号降低到一定的阀值后,探测器发出警报。

穿过烟雾后的光强度 I 的计算公式为

$$I = I_0 e^{-KL} \tag{7.38}$$

式中　I——穿过烟雾后的光强度,W/m^2;

　　　I_0——光源强度,W/m^2;

　　　K——介质的消光系数或衰减系数,m^{-1};

　　　L——光源到受光元件的距离,m。

消光系数为表征烟雾或非火灾气溶胶消光性的重要参数,可表示为比消光系数(单位烟雾质量浓度的消光系数)K_m 与烟雾质量浓度 M_s 的乘积,即

$$K = K_m M_s \tag{7.39}$$

式中　K_m——单位烟雾质量浓度的消光系数或比消光系数,g/m^2;

M_s——烟雾质量浓度,g/m^3,即单位体积内烟雾的质量。

比消光系数与光源波长、烟雾颗粒的平均直径、密度和折射率有关。实验研究表明,常见木材和塑料明火燃烧时所产生的烟雾的 K_m 值约为 $7.6\ g/m^2$,热解时所产生的烟雾 K_m 约为 $4.4\ g/m^2$。

根据《火灾自动报警系统设计规范》(GB 50116—2013) 规定,此类感烟火灾探测器不应安装在有大量粉尘和水雾滞留、可能产生蒸气和油雾、正常情况下有烟滞留、安装位置因振动而产生较大位移的场所。

3. 吸气式感烟火灾探测器

对于一些低温、需要进行隐蔽探测、需要进行火灾早期探测、不宜人员进入的场所,如计算机机房、核电站、集成电路车间、制药车间、通信设施等,这些重要场合希望更早发现火灾,对火灾探测器的灵敏度要求高,此时应采用高灵敏度吸气式感烟火灾探测器(High Sensitivity Smoke Detection,HSSD)。相比于应用在工业和民用建筑内的感烟火灾探测器,吸气式感烟火灾探测器能在烟雾被人肉眼发现前更早地探测到火灾的发生。

普通的感烟火灾探测器要在火灾发展到有大量烟雾产生,烟雾经过较长时间弥漫到探测器探测范围内才会发出警报,这种探测方式比较被动。普通的感烟火灾探测器往往存在灵敏度低的问题,安装高度往往限制在 12 m 以下。而吸气式感烟火灾探测器主动吸取空间内的空气进行检测,内部安装有激光发生器件和高灵敏度的接收器,是普通的感烟火灾探测器灵敏度的成百上千倍,其探测时间很短,能为及时灭火提供宝贵时间。

HSSD 主要由吸气泵、管网、烟雾颗粒探测器、过滤器、控制电路和信号处理电路等组成,如图 7.13 所示。环境内的空气在吸气泵的作用下通过管网上的抽样孔被吸入检测室,控制电路可以控制吸气泵进行控制以控制管内气流速度。为防止空气中的灰尘或其他杂质进入检测室内干扰检测和损坏器件,在检测室入口处设置了过滤器进行隔离,一般能过滤掉直径 $20\ \mu m$ 以上的杂质。

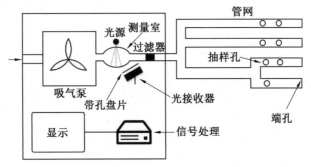

图 7.13　吸气式感烟火灾探测器

HSSD 按探测灵敏度分类,可分为普通灵敏度、中等灵敏度和高灵敏度三种。HSSD 探测灵敏度见表 7.4。

表 7.4 HSSD 探测灵敏度

类别	灵敏度 /(obs·m⁻¹)	管道直径 /mm	管网内气流速度 /(m·s⁻¹)
普通灵敏度	$\leqslant 0.8\%$	25	$1 \sim 3$
中等灵敏度	$0.8\% \sim 2\%$	25	5
高灵敏度	$> 2\%$	25	5

吸气式感烟火灾探测器有两种工作方式：浓度计原理 HSSD 和激光粒子计数原理 HSSD。

（1）浓度计原理 HSSD 探测器。

浓度计原理 HSSD 探测器的检测室内包括光源（一般为疝气闪光灯）、带孔盘片和光接收器，检测室内壁涂有黑色吸光材料，带孔盘片可将光线集中到光接收器上。检测室内检测烟雾的原理与散射型烟雾探测器类似，当检测室内没有没有烟雾颗粒时，光源产生的光线无法被光接收器接收。若检测室内存在烟雾烟雾颗粒，则光接收器能接收到烟雾可以造成的散射光而产生光电流脉冲，测量光电流脉冲数量即可测得烟离子数量。浓度计原理 HSSD 探测器的性能参数见表 7.5。

表 7.5 浓度计原理 HSSD 探测器的性能参数

性能参数	值
标准灵敏度	$0.1\%/m$
最高灵敏度	$0.05\%/m$
吸气气流速度	5 m/s
每根吸气管长度	$\leqslant 100$ m
吸气管数量	$\leqslant 4$ 个
管网总长度	$\leqslant 200$ m
吸气管管径	20 mm 左右
抽样孔数量	$\leqslant 25$ 个
抽样孔孔径	3 mm 左右
疝气闪光灯工作电压	2 kV 以下
疝气闪光灯闪光频率	20 次 /min

浓度计原理 HSSD 探测器的缺点是疝气闪光灯的工作寿命较短，往往只有两年；过滤器偶尔会造成堵塞，需要定期更换；烟雾粒子会在检测室内沉积，产生干扰信号，造成误报。为此，人们研发了基于激光粒子计数原理 HSSD 探测器。

（2）激光粒子计数原理 HSSD 探测器。

激光粒子计数原理 HSSD 探测器主要由激光器、物镜、吸光器、聚焦镜和光接收器等组成，其结构图如图 7.14 所示。

从结构图中可以看出，气流进出检测室方向、激光光束方向和光接收器接收方向两两

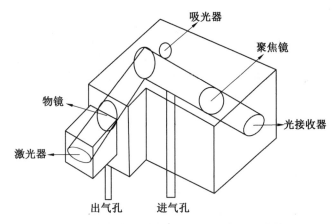

图 7.14　激光粒子计数原理 HSSD 探测器结构图

垂直,空气样本从进气孔进入检测室进行检测并从出气孔中流出。当检测室内没有烟雾颗粒时,激光器发射的激光透过物镜,最终聚焦在在检测室壁透孔,形成一个约 $100~\mu m$ 的焦点。该焦点散射到检测室外,散射光最终被检测室外的吸光材料吸收,因此光接收器不会接收到任何光信号。当检测室内有烟雾粒子存在时,激光光束被烟雾粒子反射,该检测器的结构使该反射光很容易被光接收器接收到,并产生一个电脉冲输出信号,该脉冲信号被作为一个烟粒子计数。典型的光电脉冲输出信号如图 7.15 所示。

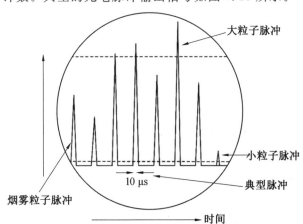

图 7.15　典型的光电脉冲输出信号

在有较多烟雾粒子存在的情况下,在计数脉冲存在期间,计数器对其他的计数脉冲无法产生响应而造成漏计粒子数,实际的烟雾颗粒数量与检测到的粒子数量的统计关系为

$$C = Pe^{QtC} \tag{7.40}$$

式中　　C—— 实际烟雾粒子数量,个 $/cm^3$;

　　　　P—— 检测到的烟雾颗粒数量,个 $/cm^3$;

　　　　Q—— 气流量;

　　　　t—— 计数时间。

C 是 P 的双值函数,不能直接解出。上式可用 P 代替指数中的 C 来得到近似解。在低粒子浓度情况下,即 $QtC < 0.01$ 时,C 可认为等于 P。

激光粒子计数原理 HSSD 探测器的性能参数见表 7.6。与浓度计原理 HSSD 探测器相比,激光粒子计数原理 HSSD 探测器采用的是普通固态半导体激光器,比疝气闪光灯具有更高的使用寿命。在结构方面,激光粒子计数原理 HSSD 探测器的特殊结构使探测室内不会受到外界杂质的污染,也不需要加装过滤器,探测器工作性能更加稳定。

表 7.6　激光粒子计数原理 HSSD 探测器的性能参数

性能参数	值
标准灵敏度	0.1%/m
最高灵敏度	0.005%/m
吸气气流速度	3～6 m/s
单根吸气管长度	≤100 m
吸气管数量	≤4 个
管网总长度	≤200 m
吸气管管径	20 mm 左右
抽样孔数量	≤40 个

该探测器所能探测的烟雾粒子浓度范围有限,若每秒通过检测室的粒子数目超过 5 000 个,则会出现多个烟雾粒子的散射光重合的情况,重合的散射光会造成计数脉冲过大,计数器会认为这是一个大粒子脉冲而将其剔除,从而造成计数错误。这一特性决定了这种探测器在洁净的环境中极其适用。

4. 图像型感烟火灾探测器

图像型火灾探测器是基于数字图像处理技术的一类火灾探测器,可分为图像型感烟火灾探测器、图像型火焰火灾探测器和图像型感温火灾探测器。图像型火灾探测器利用视频对目标区域进行火灾监控,结合相应的图像识别算法对视频中的图像进行分析,判断是否有火灾发生(烟雾、火焰、温度),进而提取该信息的特征参数,若该特征参数超过预定阈值,则探测器发出火灾警报。相比于其他的火灾探测器,图像型火灾探测器具有以下优点。

①火灾图像信息直观且多样。

②反应速度快,火灾发生后在 2～3 s 内发出警报。

③不易受外界环境干扰,火灾检测准确度高。

④自动处理火灾现场信息的能力强。

由于火灾发生初期往往有烟雾产生,因此图像型烟雾探测器得到应用。图像型感烟火灾探测器可分为空气采样激光图像感烟探测器和光截面感烟火灾探测器。

(1)空气采样激光图像感烟探测器。

①激光图像感烟探测原理。

在材料伴有焰火的燃烧中,燃烧产生的大多数烟雾炭黑颗粒具有不同程度的聚集现象,并且聚集的聚合物总体上显示出自相似的结构,在统计平均规律表现为无规分形。例如,碳氢燃料燃烧产生的火焰中,炭黑颗粒的粒径大小基本相同(10～50 nm),形状为球形,随后这些分散的颗粒迅速聚集结合,形成粒径大小约为 0.1～3 mm 的新炭黑颗粒。此外,国内外很多研究表明,燃烧产生的烟雾颗粒聚集产生的聚集物具有分形外貌。

　　火灾产生的烟雾颗粒都是通过粒径约 30 nm 的均匀细颗粒的聚合而形成的,呈现出链状结构,具有明显的分形外貌。而粉尘颗粒的外形不存在链状结构,粒径较大(一般大于 10 mm)且分布无规律。

　　火灾产生的烟雾颗粒在粒径大小及分形外貌上与粉尘颗粒具有明显的区别,这为图像识别技术识别烟雾颗粒提供了理论依据。图 7.16 所示为烟雾颗粒激光图像分析,光源一般是波长为 635 nm 的激光,激光束穿过烟雾发生散射,散射光被 CCD(Charge-Coupled Device)成像装置接收。CCD 成像技术利用电耦合元件(CCD 图像传感器)将光学影像转化为数字信号,最后对这一接收到的信号进行分析。

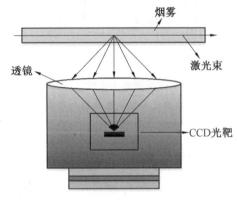

图 7.16　烟雾颗粒激光图像分析

　　对 CCD 成像技术获得的图像经过一定的算法分析后不仅能获得环境中颗粒的粒径大小、周长和面积,还能获得颗粒的形状特征。相比于其他的烟雾火灾探测器,此探测器获取的烟雾信息更为丰富。根据图像分析结果设置烟雾颗粒与粉尘的粒径分界值,统计在分界值以下的颗粒百分比即可区分烟雾颗粒和粉尘颗粒,从而排除探测器探测过程中粉尘的干扰。

　　②空气采样激光图像感烟探测器。

　　合肥科大立安安全技术有限公式生产的 LIAN-LVD101 型空气采样激光图像感烟探测器结构图如图 7.17 所示。此探测器主要由吸气泵、检测室、显示模块和编程模块等组成。吸气泵通过铺设在环境中的管网将空气样本吸入检测室进行检测,CCD 图像成像装置得到空气样本的图像,处理模块对该图像进行处理和分析,处理模块计算得出烟雾粒子浓度并与阈值比较,最终判断是否报警。

　　(2)光截面感烟火灾探测技术。

　　光截面感烟火灾探测技术通常应用于内部空间广阔的场合。此技术利用烟雾颗粒对光线的吸收,根据烟雾吸收光线在 CCD 成像装置上形成的光斑影像视频信号,并结合识别和预测等算法实现对火灾的识别。如图 7.18 所示,光截面感烟火灾探测系统主要由红外发光阵列、视频切换器、信号处理系统等组成。红外发光阵列发射线性光束,CCD 成像装置接收线性光束。

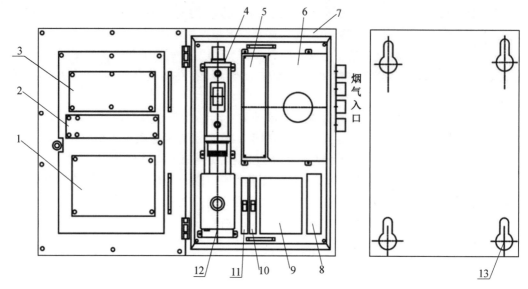

图 7.17　空气采样激光图像感烟探测器结构图

1—探测模块;2—LED 显示模块;3—控制模块;4—检测室;5—稳流腔;6—风机;

7—箱体;8—电池;9—电源模块;10—主电开关;11—备点开关;12—摄像机;13—安装孔

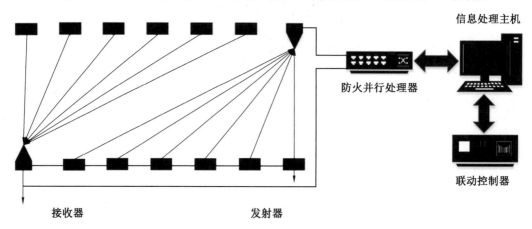

图 7.18　光截面火灾探测系统

该系统的具体工作过程如下。

①红外发光阵列向目标区域发射红外光,CCD 成像装置接收光斑影像视频信号。

②光斑影像视频信号被送入视频切换器转换成数字图像。

③信号处理系统对数字图像分割采用动态直方图阈值分割与模板匹配的方法,将光斑信号与背景信号分离,得到一系列光斑亮度数据,然后采用模式识别、持续趋势和适应等算法,与烟气特性规律进行比较、匹配,从而判别火灾信号与非火灾信号。

7.3　粉尘浓度检测技术

工业粉尘主要是在工业生产过程中破碎煤、岩时产生的煤尘和岩尘,以及在粮食加工、医药制造和石化生产中产生或使用的各种粉尘。粉尘的颗粒一般都较小,很多粉尘颗粒是肉眼看不到的。通常,肉眼能看到的粉尘颗粒直径在 10 mm 以上,称为可见尘粒;通过显微镜才能看到的粉尘称为显微尘粒,它的直径在 0.1~10 mm;直径小于 0.1 mm,要用高倍显微镜或电子显微镜才能看到的尘粒称为超显微尘粒。

工业粉尘(如水泥生产粉尘、矿井粉尘及石化成品粉尘等)不仅影响生产人员的身体健康,而且当可燃物质粉尘浓度达到一定值时,可能引起粉尘爆炸,给工业生产带来很大的危害。为有效地采取防尘、灭尘措施,保证工业生产安全和人身健康,分析研究粉尘的特性和制定相应的安全标准,研制测量范围大、轻便安全、操作简单的粉尘浓度测定仪,尤其是快速连续测尘仪,具有十分重要的意义。

与环境监测中监测大气中的颗粒物(Particulate Matter)有所不同,职业卫生安全检测所测定的颗粒物主要是指作业场所的生产性粉尘,即在生产过程中产生,并且能够较长时间悬浮于空气中的固体微粒。长期暴露于生产粉尘场所的劳动者,肺部会积累粉尘,导致尘肺病,其结果是尘肺病患者的两个肺叶产生进行性、弥漫性的纤维组织增生,逐渐发展到妨碍呼吸机能及其他器官的机能。在我国,尘肺病是最常见、危害最严重的一类职业病。粉尘检测主要包括空气中粉尘采集、分散度检测、浓度检测等。车间或其他生产场所往往产生高浓度、可燃性的粉尘,其最严重的后果是粉尘爆炸,所以粉尘的可燃性和爆炸性等理化特性参数测试也是安全检测应该关注的方面。在工业粉尘的检测过程中,常用到下列有关粉尘的术语。

(1)全尘。

通常,将包括各种粒径(即粉尘颗粒直径)在内的粉尘总和称为全尘。对于工业生产,工业粉尘常指粒径在 1 mm 以下的所有粉尘。

(2)呼吸性粉尘。

呼吸性粉尘的粒径大小,各国尚无严格统一的规定。严格地讲,能够通过人的上呼吸道进入肺部的粉尘称为呼吸性粉尘,一般认为粒径在 5 mm 以下的工业粉尘就是呼吸性粉尘。

(3)爆炸性粉尘。

悬浮于空气中,在一定浓度和有引爆源条件下本身能够发生爆炸或传播爆炸的可燃固体微粒称为爆炸性粉尘或可燃粉尘。典型的可燃粉尘有煤尘、易燃有机物粉尘、粮食粉尘等,它们的火灾危险性与工业生产安全密切相关。

(4)无爆炸性粉尘。

经过爆炸性鉴定,不能发生爆炸和传播爆炸的粉尘称为无爆炸粉尘。例如,由于粒径分布、浓度等不同,因此煤尘可能是爆炸性粉尘,也可能是无爆炸性粉尘。

(5)惰性粉尘。

能够减弱或阻止有爆炸性粉尘爆炸的粉尘称为惰性粉尘,如岩粉等。

（6）硅尘。

含 10%以上游离二氧化硅的岩尘称为硅尘，其主要危害是有损人的健康。

（7）游离粉尘。

悬浮在空气中，能形成粉尘云的粉尘称为游离粉尘，又称悬浮粉尘或游离粉尘。

（8）沉积粉尘。

在平面上、周边、设备上、物料上能形成粉尘层的粉尘称为沉积粉尘。

7.3.1　粉尘的分类及危害

1. 生产性粉尘的来源与分类

生产性粉尘是在工厂和矿山的生产过程中产生的粉尘。含有游离二氧化硅的粉尘称为硅尘，它是对劳动者健康危害最严重的一种粉尘。根据化学成分的不同，粉尘可分为金属尘、石棉尘、滑石尘、煤尘、炭黑尘、石墨尘、水泥尘、各种有机尘等几十种。另外，可燃性的有机和无机粉尘在生产车间空气中的积聚也是造成粉尘爆炸的重大事故隐患。

在工业生产的物料加工与使用过程中都可能产生生产性粉尘，典型粒状物颗粒直径及粒径分析方法如图 7.19 所示。下面列举几个工艺过程来说明粉尘的来源。

（1）固体物质的机械破碎，如钙镁磷肥熟料的粉碎，水泥粉的粉碎等。

（2）物质的不完全燃烧或爆破，如矿石开采、隧道掘进的爆破，煤粉燃烧不完全时产生的煤烟尘等。

（3）物质的研磨、钻孔、碾碎、切削、锯断等过程的粉尘。

（4）金属熔化，如生产蓄电池电极时熔化铅的工序产生的铅烟尘。

（5）成品本身呈粉状，如炭黑、滑石粉、有机染料、粉状树脂等。

在工业过程中接触粉尘的工作很多，如矿山的开采、爆破、运输，冶金工业中的矿石粉碎、筛分、配料，机械铸造工业中原料破碎、清砂，钢铁磨件的砂轮研磨，石墨、珍珠岩、蛭石、云母、萤石、活性炭、二氧化钛等的粉碎加工，水泥包装，橡胶加工中炭黑、滑石粉的使用等。若防尘措施不完善，则均有大量生产性粉尘外逸。

根据粉尘的性质及来源，粉尘可以分为无机粉尘、有机粉尘、混合性粉尘三类。

（1）无机粉尘。

①矿物性粉尘。石英、石棉和煤等粉尘。

②金属性粉尘。铜、铅、锌和铍等金属及其化合物粉尘。

③人工无机粉尘。水泥、金刚砂和玻璃纤维粉尘。

（2）有机粉尘。

①植物性粉尘。棉、麻、甘蔗、花粉和烟草等粉尘。

②动物性粉尘。动物皮毛、角质、羽绒等粉尘。

③人工有机粉尘。合成纤维、有机染料、炸药、表面活性剂和有机农药等粉尘。

（3）混合性粉尘。

上述粉尘中两种或两种以上粉尘的混合物称为混合性粉尘。生产过程中常见的是混合性粉尘。

还原性的有机和无机粉尘，如硫磺、煤、棉、麻、面粉等粉尘，在生产车间等相对密闭场所的空气中达到一定浓度范围时,可发生粉尘爆炸。煤矿的煤粉爆炸、棉麻加工厂的棉麻粉尘爆炸等都是非常严重的安全生产事故。

　　根据过滤的程度对粉尘微粒进行分类也是分类的形式之一。容易过滤的粉尘微粒为高渗透性微粒,不容易过滤的为低过滤性微粒,大致可分为以下四种。

　　①高渗透性微粒(灰尘)。微粒为纤维状,不规则形态,并有高的长宽比值。空气中有此种灰尘会造成低滤阻和低气压降。典型的物质有砂状的木屑尘、软木塞尘、谷物灰尘、干燥的砖灰等。

　　②中渗透性微粒。可能是粒状或在单个微粒间具有自由空隙的规则形状。典型物质有铁屑、谷物灰、混杂饲料等。

　　③渗透性好的微粒。可能是粒状或在单个微粒间具有自由空隙的规则形状。典型物质有橡胶灰、煤灰、塑料灰等。

　　④低渗透性(难于过滤的)微粒。一般是具有薄片状外形的细微粒。典型物质有金属氧化物、炭黑、云母、吸湿性物质等。

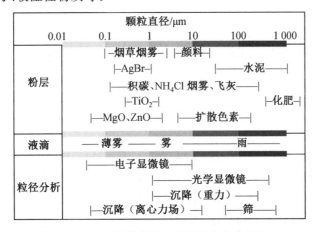

图 7.19　典型粒状物颗粒直径及粒径分析方法

　　此外,粉尘颗粒粒径不同,其理化性质不同,能够进入人体呼吸系统(鼻咽区、气管和支气管区、肺泡区)的部位也不同,因此对人体危害程度也不一样。根据粒径大小,可将粉尘颗粒物分为以下几类。

　　(1)降尘。

　　降尘(Dustfall)是指在空气自然环境条件下,能靠自身重力很快自然沉降的颗粒物。降尘粒径大于 30 μm。降尘颗粒的理化性质接近于固体物质,表面自由能低,很少聚积或凝聚。由于其难以进入呼吸道,因此对人体健康的危害也较小。

　　(2)总悬浮颗粒物。

　　总悬浮颗粒物(Total Suspended Particulate,TSP)是指一定体积空气中所含有的、能较长时间悬浮的粉尘颗粒物的总质量,其单位是 mg/m^3。粉尘颗粒能否悬浮于空气中,不仅与其颗粒直径有关,也与其比重有关,比重较小的物质产生的粉尘较易悬浮,可悬浮的颗粒粒径范围也较宽,反之则较窄,所以 TSP 中的颗粒物粒径也没有一个明确的粒径上限。

(3)可吸入颗粒物。

经口腔和鼻孔被吸入，并能达到鼻咽区的悬浮颗粒物称为可吸入颗粒物（Inhalable Particulate，IP）。显然，IP 的粒径范围与劳动场所的风速、风向及劳动者的呼吸急促程度有关。人们对定义 IP 的粒径小于 10 μm 产生疑问是有道理的。

(4)胸部颗粒物。

在可吸入颗粒物中，能穿过咽喉的颗粒物称为胸部颗粒物（Thoracic Particulate，TP），其粒径小于 30 μm。在粒径小于 30 μm 的范围内，质量累积达该范围颗粒物总质量的 50% 时的粒径（D50）通常在 10 μm 左右，故称为 PM（Particulate Matter）10，所以 TP 与 PM10 含义相同，表示 D50＝10 μm 且粒径小于 30 μm 的可吸入颗粒物。注意，不能把 PM10 理解为粒径≤10 μm 的可吸入颗粒物。

在 TP 中，粒径较大（＞10 μm）的颗粒物质量相对较大，被人体吸入后具有较大的惯性，在鼻腔陡弯处和咽喉部位与呼吸道内壁碰撞，致使大部分颗粒沉积在上呼吸道，少量进入气管和支气管前段。粒径在 5～10 μm 范围内的颗粒物，由于重力作用，因此大部分在气管和支气管区发生沉降，5 μm 左右的颗粒物进入肺泡，沉积率达到 50% 左右。

(5)呼吸性颗粒物。

可吸入颗粒物中能进入肺泡的颗粒物称为呼吸性颗粒物（Respriable Particulate，RP）。对健康人群来说，这类颗粒物的粒径＜12 μm，D50＝4 μm；对于儿童、年老体弱和有心肺疾病等高危人群来说，RP 的粒径＜7 μm，D50＝2.5 μm。PM2.5 的概念就据此而来。

粒径较大的颗粒物主要通过惯性作用、重力作用沉积在鼻咽腔、气管和支气管内；粒径很小的颗粒物主要通过扩散作用即布朗运动沉积在肺泡中。可见，大气中颗粒物粒径不同，颗粒物在人体呼吸系统中沉积部位不同，沉积率也不同。沉积率越高，对人体健康危害越大。空气中悬浮颗粒污染物中小的颗粒污染物对人体健康的影响比大的颗粒污染物更明显。因此，研究 PM10 和 PM2.5 对保障劳动者职业安全健康具有重要的意义。

2. 粉尘的理化特性及危害

(1)粉尘的理化性质。

①化学成分及其浓度。化学成分不同即不同种类的粉尘对人体的作用性质和危害程度不同。例如，石棉尘可引起石棉肺和间皮瘤，棉尘则引起棉尘病，含有游离二氧化硅的粉尘可致矽肺。同一种粉尘，在空气中的浓度越高，其危害也越大；粉尘中主要有害成分浓度越高，对人体危害也越严重，如含游离二氧化硅 10% 以上的粉尘比质量分数在 10% 以下的粉尘对肺组织的病变发展影响更大。游离二氧化硅是指结晶型的二氧化硅，不包括硅酸盐形态的硅。

②粉尘的分散度。粉尘分散度是指物质被粉碎的程度，以大小不同的粉尘粒子的百分组成表示。空气中粉尘颗粒中细小微粒所占比例越高，分散度越大，形成的气溶胶体系越稳定，在空气中悬浮的时间越长，被人体吸入的几率越大，同时比表面积也越大，越容易参与理化反应，对人体危害也越大。

③粉尘的溶解度。若组成粉尘的物质对人体有毒，则粉尘的溶解度越大，有毒物质越易被人体吸收，其毒性越大。无毒物质的粉尘，若溶解度大，则易被人体吸收，排出毒性也

较小。石英、石棉等难溶性粉尘在体内不能溶解,持续产生毒害作用,对人危害极其严重。总之,粉尘的溶解度与其对人体的危害程度因组成粉尘的化学物质性质不同而异。

④粉尘的荷电性。粉尘在形成和流动过程中因互相摩擦、碰撞或吸附空气中的离子而带电。空气中 90%～95% 的粒子带有电荷,同一种尘粒可能带正电、负电或呈电中性,与尘粒化学性质无关。荷电量取决于尘粒的大小、比重、温度和湿度。温度升高,湿度降低,尘粒荷电量增加。同电性尘粒相互排斥,粉尘稳定性增加;粉尘颗粒相互吸引,形成大的尘粒加速沉降。一般认为,荷电尘粒易于阻留在人体内。

⑤粉尘的形状与硬度。在一定程度上,粉尘粒子的形状也影响它的稳定性(即在空气中飘浮的持续时间)。质量相同的尘粒,其形状越接近球形,则越容易降落。锐利、粗糙、硬的尘粒对皮肤和黏膜的刺激性比软的、球形尘粒更强烈,尤其是对上呼吸道黏膜的机械损伤或刺激更大。

⑥粉尘的爆炸性。一定浓度条件下,高度分散的可氧化粉尘一旦遇到明火、电火花或放电,则可能发生爆炸。一些粉尘爆炸的浓度条件是煤尘 $30～40 \text{ g/m}^3$,淀粉、铝及硫黄粉尘 7 g/m^3,糖尘 10.3 g/m^3。在采集这些粉尘样品时,必须注意防爆。可见,爆炸性粉尘不仅对职业安全有危害,而且对生产安全也是重大的危险源。

(2)粉尘的危害。

①可燃粉尘的火灾及爆炸危害。可燃粉尘通常可分为两个步骤,即初次爆炸和二次爆炸。当粉尘悬浮于含有足以维持燃烧的氧气环境中,并有合适的点火源时,初次爆炸能在封闭的空间中发生。如果发生初次爆炸的装置或空间是轻型结构,则燃烧着的粉尘颗粒产生的压力足以摧毁该装置或结构,其爆炸效应必然引起周围环境的扰动,使那些原来沉积在地面上的粉尘弥散,形成粉尘云。该粉尘云被初始的点火源或初次爆炸的燃烧产物引燃,由此产生的二次爆炸的膨胀效应往往是灾难性的,压力波能传播到整个厂房,引起结构物倒塌。由于此压力效应,因此粉尘爆炸的火焰能传播到较远的地方,会把火焰蔓延到初次爆炸外的地方。

由上述粉尘爆炸过程可见,涉及加工可燃颗粒状物质的工厂应采取防止初次爆炸的措施,即对生产过程或加工过程中的粉尘浓度及时加以监测和清除集尘,并应同时采取二次爆炸的防护措施,对可能的爆炸加以预防,将爆炸产生的灾害减小到最小程度。

②粉尘对人体的危害。由于生产性粉尘的种类和性质不同,因此对人体的危害不同。由粉尘引起的疾病和危害主要有以下几种。

a. 尘肺。尘肺是长期吸入高浓度粉尘而引起的最常见的职业病。引起尘肺的粉尘种类不同,尘肺的名称也不同:含二氧化硅粉尘的尘肺称为矽肺,碳黑粉尘的尘肺称为碳黑肺,滑石粉粉尘的尘肺称为滑石肺,铸造型砂粉尘的尘肺称为铸工尘肺,电焊焊药粉尘的尘肺称为电焊工尘肺,煤粉的尘肺称为煤肺,等等。

b. 中毒。粉尘中含有铅、镉、砷、铥等毒性元素,在呼吸道溶解被吸收进入血液循环引起中毒。

c. 上呼吸道慢性炎症。毛尘、棉尘、麻尘等轻质粉尘,在被吸入呼吸道时,易附着于鼻腔、气管、支气管的黏膜上,长期局部刺激作用和继发感染会引起慢性炎症。

d. 眼疾病。金属粉尘、烟草粉尘等可引起角膜损伤。

e. 皮肤疾病。细小粉尘堵塞汗腺、皮脂腺而引起皮肤干燥,继而感染,发生粉刺、毛囊炎、脓皮病等,沥青粉尘可引起光感性皮炎。

f. 致癌作用。放射性粉尘的射线易引发肺癌,石棉尘可引起胸膜间皮瘤,铬酸盐、雄黄矿尘等也会引发肺癌。

粉尘的危害很多,此处很难一一列举。虽然粉尘对人体的危害是多方面的,但最突出的危害表现在肺部,引起的肺部疾患可分为以下三种情况。

一是尘肺,这是主要的职业病之一,我国已将它列为法定职业病范畴,是较长时间吸入较高浓度的生产性粉尘所致,引起以肺组织纤维化为主要特征的全身性疾病。粉尘种类繁多,尘肺的种类也很多,主要有矽肺、石棉肺、滑石肺、云母肺、煤肺、煤矽肺、炭素尘肺等。

二是肺部粉尘沉着症,它是因吸入某些金属性粉尘或其他粉尘而引起粉尘沉着于肺组织,从而呈现异物反应,其危害比尘肺小。

三是粉尘引起的肺部病变反应和过敏性疾病,这类疾病主要是由有机粉尘引起的,如棉尘、麻尘、皮毛粉尘、木尘等。

另外,长期接触生产性粉尘还可能引起其他一些疾病。例如,大麻、棉花等粉尘可引起支气管哮喘、哮喘性支气管炎、湿疹及偏头痛等变态反应性疾病;破烂布屑及某些农作物粉尘可能成为病源微生物的携带者,如带有丝菌属、放射菌属的粉尘进入肺内,可引起肺霉菌病;石棉粉尘除引起石棉肺外,还可引起间皮瘤。经常接触生产性粉尘还会引起皮肤、耳及眼的疾患。例如,粉尘堵塞皮脂腺可使皮肤干燥,易受机械性刺激和继发感染而发生粉刺、毛囊炎、脓皮病等;混于耳道内皮脂及耳垢中的粉尘可促使形成耳垢栓塞;金属和磨料粉尘的长期反复作用可引起角膜损伤,导致角膜感觉丧失和角膜混浊。

此外,粉尘颗粒物粒径不同,对人体健康的危害也不同。粒径较大的颗粒,自然沉降速度快,惯性也大,呼吸吸入人体的几率小,因此对人体危害小;而在空气中悬浮的细小微粒,不仅在空气中停留时间长,而且易被吸入人体内进入肺泡中。因此,了解粉尘粒径分布对研究粉尘对人体的危害及选择制定测定方法有重要意义。

(3)粉尘危害防护。

减轻粉尘对人体的危害关键在于防护。经常注意防护,可以把危害降到最低限度,甚至可以完全控制和消除粉尘的危害。防尘应采取综合性措施,主要从以下几个方面着手解决。

①加强组织领导,制定防尘规章制度,设有专、兼职人员,从组织上给予保证。对从业人员应做严格的健康检查,凡有活动性肺内外结核、各种呼吸道疾患(如鼻炎、哮喘、支气管扩张、慢性支气管炎、肺气肿等),都不宜担任接触粉尘的工作。从事与粉尘接触的工人,每年应定期做体检,若发现尘肺,则应立即调动工作,积极治疗。

②逐步改革生产工艺和生产设备,进行湿式作业方式,减少粉尘的飞扬。

③降低空气中粉尘浓度,密封机械,防止粉尘外逸,采用通风排气装置和空气净化除尘设备,使车间粉尘降低到国家职业接触限值标准以下。

④加强个人卫生防护,从事粉尘作业者应穿戴工作服、工作帽,减少身体暴露部位。要根据粉尘的性质选戴多种防尘口罩,以防止粉尘从呼吸道吸入,造成危害。

7.3.2　粉尘浓度测定方法

1. 空气中可吸入粉尘采集

粉尘中粒径不同的颗粒对人体的危害程度也不同,所以有时需要分粒径范围分别测定。为实现大小颗粒分别测定,在采样器中都装有分离大颗粒物的装置,称为切割器或分尘器。切割器有旋风式、向心式、多层薄板式、撞击式等,旋风式用于采集 10 mm 以下的颗粒物,后几种形式可分级采集不同粒径的颗粒物,用于测定颗粒物的粒度分布。

(1)二级旋风切割器。

二级旋风切割器的工作原理如图 7.20 所示。空气以高速度沿 180°渐开线进入切割器的圆桶内,形成旋转气流,在离心力的作用下,将粗颗粒物甩到桶壁上并继续向下运动,粗颗粒在不断与桶壁撞击中失去前进的能量而落入大颗粒物收集器内,细颗粒随气流沿气体排出管上升,被过滤器的滤膜捕集,从而将粗、细颗粒物分开。切割器必须用标准粒子发生器制备的标准粒子进行校准后方可使用。

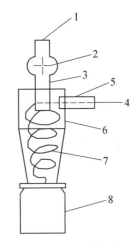

图 7.20　二级旋风切割器的工作原理
1—空气喷嘴;2—收集器;3—滤膜;4—空气入口;5—气体导管;6—圆筒体;7—旋转气流轨线;8—大粒子收集器

(2)向心式切割器。

向心式切割器原理图如图 7.21 所示。当气流从小孔高速喷出时,所携带的颗粒物大小不同,惯性也不同。颗粒质量越大,惯性越大。不同粒径的颗粒物各有一定运动轨线,其中质量较大的颗粒运动轨线接近中心轴线,最后进入锥形收集器被底部的滤膜收集;小颗粒物惯性小,离中心轴线较远,偏离锥形收集器入口,随气流进入下一级。第二级的喷嘴直径和锥形收集器的入口孔径变小,二者之间距离缩短,使小一些的颗粒物被收集。第三级的喷嘴直径和锥形收集器的入口孔径又比第二级小,其间距离更短,所收集的颗粒更细。如此经过多级分离,剩下的极细颗粒到达底部,被夹持的滤膜收集。图 7.22 所示为三级向心式切割器示意图。

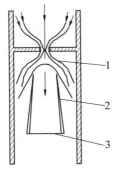

图 7.21　向心式切割器原理图
1—空气出口;2—滤膜;3—气体排出管

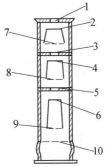

图 7.22　三级向心式切割器示意图
1,3,5—气流喷孔;2,4,6—锥形收集器;
7,8,9,10—滤膜

(3)撞击式切割器。

撞击式切割器的工作原理如图7.23所示。含颗粒物气体以一定速度由喷嘴喷出后，颗粒获得一定的动能并且有一定的惯性。在同一喷射速度下，粒径越大，惯性越大。因此，气流从第一级喷嘴喷出后，惯性大的大颗粒难以改变运动方向，与第一块捕集板碰撞被沉积下来，而惯性较小的颗粒则随气流绕过第一块捕集板进入第二级喷嘴。因为第二级喷嘴比第一级小，故喷出颗粒动能增加，速度增大，其中惯性较大的颗粒与第二块捕集板碰撞而被沉积，而惯性较小的颗粒继续向下级运动。如此一级一级地进行下去，则气流中的颗粒由大到小地被分开，沉积在不同的捕集板上。最末级捕集板用玻璃纤维滤膜代替，捕集更小的颗粒。这种采样器可以设计为3～6级，也有8级的，称为多级撞击式采样器。单喷嘴多级撞击式采样器采样面积有限，不宜长时间连续采样，否则会因捕集板上堆积颗粒过多而造成损失。多级多喷嘴撞击式采样器捕集面积大，应用较普遍的一种称为安德森采样器，由8级组成，每级有200～400个喷嘴，最后一级也是用纤维滤膜代替捕集板捕集小颗粒物。安德森采样器捕集颗粒物粒径范围为0.34～11 mm。

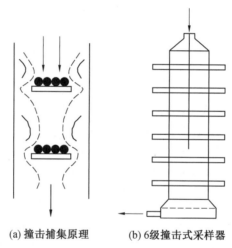

(a) 撞击捕集原理   (b) 6级撞击式采样器

图7.23　撞击式切割器的工作原理

2. 粉尘微粒检测方法

目前有关粉尘微粒的检测多用来进行大气污染的监测，如火山爆发、工厂烟囱排放的监测等方面。对于高粉尘的工厂或车间，大多主动清除粉尘，因此微粒检测技术的应用尚不广泛。监测机器正常运转的油污染检测技术在国内刚刚起步，下面对常用的检测方法进行简单介绍。

(1)光学显微镜法。

通过光学显微镜法可以测定微粒的尺寸、形状及数量，必要时可用电子显微镜测定更小的微粒尺寸。

在取样沉积后，将微粒刷在碳质透明塑料片或类似胶片上，通过光学显微镜进行观察。在观测时，微粒的尺寸通常都按水平面的尺寸来考虑，如图7.24所示。必要时可采用分别过筛的方法对微粒进行尺寸分类。微粒个数可以用单位面积内的数量进行估算。

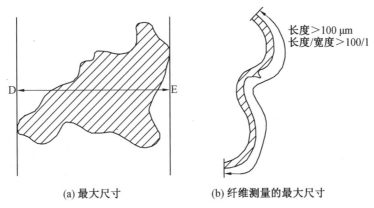

(a) 最大尺寸　　　　　　(b) 纤维测量的最大尺寸

图 7.24　微粒的测量

（2）电集尘法。

电集尘法属于质量浓度法,集尘电极结构图如图 7.25 所示。这是一种使气体中的微粒子带电后进行捕捉的方法。含尘气体通过具有高电位差的两个电极间形成的强电场,利用电晕放电,使气体带电的同时,也使粉尘带电,从而粉尘可以附着在电极上。然后根据捕捉到的粉尘的质量和流过集尘器的气体体积,便可计算出被污染气体中粉尘的质量浓度（g/m^3 或 mg/m^3）。

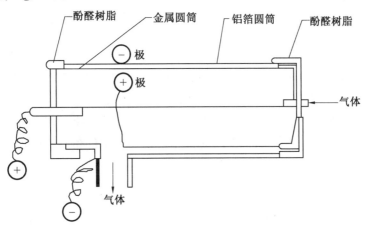

图 7.25　集尘电极结构图

（3）滤纸取样法。

滤纸取样法结构图如图 7.26 所示。它利用带状滤纸对气体进行过滤的原理进行工作。图 7.26 中,吸引泵以 10 L/min 的吸引流量从吸引口吸引气体,经过匀速移动的滤纸后,粉尘沉积在滤纸上。在光源的照射下,用光电管在下面检测滤纸的透光量。透光量与沉积的粉尘量成反比。由此可算出粉尘是根据流量计的流量,便可得到被污染气体的浓度,它属于相对浓度。

（4）扫描显微镜检测法。

对于燃烧产生的微粒、特别是煤的微粒、油的飞沫或煤烟粉尘,可以利用定量电子显微镜分析仪按形状和大小进行分析,也可通过视像管摄像机进行观察。其具体分析过程

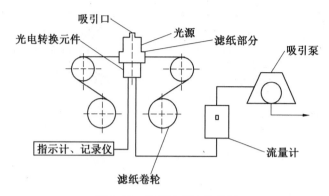

图 7.26　滤纸取样法结构图

是将被检查的微粒样品放在普通的显微镜载物玻璃片上,此时显微镜便可进行正常的观察。同时,利用电子显微镜分析仪检测有关微粒数量、大小、形状等参数,通过计算机对这些数据进行处理,便可以很快地得到有关微粒的数量、各种形状、载距、面积,以及在设定的尺寸上、下限范围内的统计分布。

(5)β 射线测尘原理。

β 射线测尘仪表是利用核辐射原理工作的。它利用粉尘对射线的吸收作用,当放射源产生的 β 射线穿过含有粉尘的空气时,一部分射线被粉尘吸收掉,一部分射线穿过被测物质(含尘气)。空气中的粉尘浓度越大,被吸收掉的 β 射线量越大。β 射线的减少量与粉尘的浓度成正比。

β 射线测尘仪结构图如图 7.27 所示。一台 β 射线测尘仪由放射源、探测器、信号处理及控制电路和显示电路四个部分组成。放射源是仪表的特殊部分,由放射性同位素制成,如 β 射线放射源可用 ^{14}C。探测器的作用是检测 β 射线,将穿过被测物质的射线接收并转换成电信号输出,即将射线强弱的变化以电信号的大小变化反映出来。常用的 β 射线检测管是盖格计数管,由探测器输出的信号经放大和一些特殊电路处理,由显示部分指示出检测值。

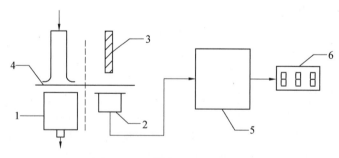

图 7.27　β 射线测尘仪结构图

1—泵;2—探测器;3—放射源;4—可移动滤膜;5—信号处理及控制;6—显示器

(6)光电调尘原理。

图 7.28 所示为 ACG—1 型光电测尘仪工作原理。ACG—1 型测尘仪由测量、采样和延时电路等组成,其测量过程是:当微动开关 S_1 闭合时,光源发光,经过凸透镜变为近平行光,通过滤纸照射到硅光电池上,硅光电池输出电流,由微安表读出光电流大小。若含

有粉尘的气体通过滤纸,则滤纸上集聚了粉尘。经过滤纸照射,硅光电池上的照度减弱,微安表的指示就减少,从而可根据测尘前后光电流的变化来反映粉尘浓度。显然,只要配置合适的采样器,就可以根据滤纸所收集的粉尘计算出粉尘的浓度大小。

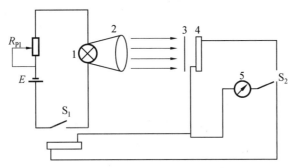

图 7.28　ACG—1 型光电测尘仪工作原理

1—光源;2—凸透镜;3—滤纸;4—硅光电池;5—微安表

在实际应用条件下,可得硅光电池的输出电流 I 与光通量 φ 呈线性关系,即

$$I = \alpha\varphi \tag{7.41}$$

式中　α——比例因子。

$$\varphi = \varphi_0 e^{KLC_1} \tag{7.42}$$

式中　φ_0、φ——光通过含尘气体前、后的光通量;

　　　K——含尘气体的减光系数;

　　　L——含尘气体的厚度;

　　　C_1——单位厚度含尘气体中的尘重。

若以 $C = LC_1$ 表示整个被测区内的尘重,则有

$$\varphi = \varphi_0 e^{-KC} \tag{7.43}$$

由此可得

$$C = \frac{1}{K} \ln \frac{\varphi_0}{\varphi} \tag{7.44}$$

显然,只要知道粉尘的减光系数 K 和通过滤纸吸尘前、后的 φ_0 与 φ,就能求出一定体积 V(其大小由 $V = Qt$ 确定,Q 为采样流量,t 为取样时间)的含粉尘气体内粉尘的质量 C,C/V 就是单位体积含尘气体内的粉尘质量浓度,记为 mg/m^3。

若将式(7.41)代入式(7.43)中,可得

$$C = \frac{1}{K} \ln \frac{I_0}{I} \tag{7.45}$$

式中　I_0、I——光通过含尘气体前、后对应的硅光电池输出电流。

因此,可根据测尘前、后光电流的变化来求得粉尘的质量浓度 C(此时设 $V = 1$)。

在图 7.28 中,为使光源 1 在采样前后保持亮度不变以减小测量过程中产生的误差,设有硅光电池来监测采样前后光源的亮度(根据电表示值,调节主电路中光强电位器 R_{P1},以确保亮度不变或对指示值修正)。采样气体流量由流量调节阀调节,抽气泵由微电机驱动。当采样体积达到一定值时,由延时开关自动断电,结束采样。

前面介绍了几种有关气体中微粒的检测方法,下面介绍有关油污染的检测问题。油污染主要是指各种微粒对机器中润滑油的污染。各种机器在运转过程中的自然磨损将产生各种金属微粒,随润滑油循环流动,造成对润滑油的污染,这些金属微粒主要有铝、铁、锑、铅、硼、硅、铬、银、铜、锡等。因此,对润滑油进行污染分析,可以获得机器零部件运行状态的大量信息。这些信息可以提供机器零部件磨损的类型、程度,预测机器的剩余寿命,制订维修计划等。因此,近年来国内外都十分重视开展对油污染进行检测与分析的研究工作。

3. 油污染检测方法

油污染检测分析主要是测定油样中磨损残渣的数量和粒度分布,初步判断机器的磨损状态是属于正常磨损还是异常磨损。若属于异常磨损,就需要进一步进行诊断,即确定磨损零件和磨损类型(如磨料磨损、疲劳剥落等)。下面具体介绍几种检测分析方法。

(1)油样光谱分析法。

油样光谱分析法是指用原子发射光谱分析仪或原子吸收光谱分析仪分析润滑油中金属的成分和质量浓度,判断磨损的零件和磨损的严重程度的方法。这种方法对分析有色金属比较适用。原子发射光谱分析原理图如图7.29所示。将油样放入容器中,由旋转石墨盘把油样带出,并通过激发源的照射(高压15 000 V)激发油样中的金属杂质,使其发射能进行光谱分析的表征辐射,经过入口间隙打到光栅或棱镜上,把辐射的波长分开,然后用一组光电探测器对不同波长的辐射波进行检测,最后经过数据处理后便可得到分析结果。不同的金属元素辐射不同的特定波长。

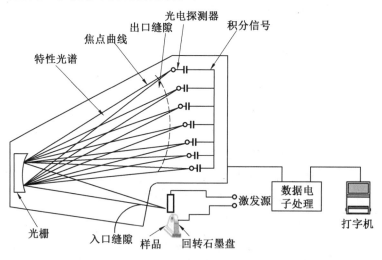

图7.29　原子发射光谱分析原理图

图7.30所示为原子吸收光谱分析原理图。油样从油池进入喷雾器经过气化后,利用喷灯的空气乙炔焰(最高燃烧速度为160 cm/s,最高温度为2 300 ℃)使各种金属元素的原子裂化,形成原子蒸气。以空心阴极灯作为光源,照射被测金属的原子蒸气,使其产生该元素的共振谱线,经波长选择器最后用光电探测器测出各被测元素固有波长的吸光度,由此对各种元素做出定量分析。

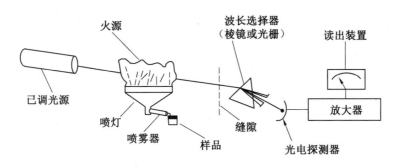

图 7.30　原子吸收光谱分析原理图

图 7.30 中所用的火焰喷雾是使用最广泛的方法,利用空气乙炔焰可分析铁、铅、铬、镍、钠等元素,得到比较满意的结果。但对于铝、钛、钒、硅等在火焰中容易产生稳定氧化物的元素,则须用更高温度的一氧化二氮乙炔焰(最高燃烧速度为 180 cm/s,最高温度为 2 955 ℃)。

原子发射光谱设备和原子吸收光谱设备的价格都比较昂贵,前者比后者更贵一些。比较起来,原子吸收光谱法具有较快的分析速度(若同时分析 20 种元素,可得到 40 种样品/时),另外其共存元素间产生的干扰很小,与其他分析方法相比,是一个很重要的优点。原子吸收光谱法被认为具有更好的重现性。

在油污染中通常可能出现的污染物(元素)及其可能来源见表 7.7,部分金属元素辐射所对应的光谱波长见表 7.8,以供参考。

表 7.7　在油污染中通常可能出现的污染物(元素)及其可能来源

污染	来源
铝	活塞(飞机发动机)、轴承、空气中粉尘
硼	冷却液漏损(在用硼砂作为防腐剂的地方)
铬	镀铬层(即气缸套、活塞环)、冷却液(在用铬酸盐作为防腐剂的地方)
铜	轴承、轴瓦、套瓦、垫圈等,连接管(腐蚀)
铁	活塞环、钢球或滚柱轴承、传动齿轮
铅	轴承、轴瓦
镁	飞机发动机零件(即磨损的齿轮箱壳体)
镍	镀层
硅	空气中的灰尘、硅润滑剂
银	电镀(飞机发动机)轴承、连接管(银焊连接)
钠	冷却液漏损,即在乙二醇不冻液中的盐水、铬酸盐防腐剂或硼砂防腐剂
锡	轴颈轴承
锌	黄铜零件、聚氯丁合成橡胶油封(在油中没有含锌添加剂混入才可以测量)

表 7.8　部分金属元素辐射所对应的光谱波长

元素和化学符号	波长/nm
铜(Cu)	324.7
铁(Fe)	327.0
铬(Cr)	357.9
镍(Ni)	341.5
铅(Pb)	283.3
锡(Sn)	235.4
钠(Na)	589.0
铝(Al)	309.2
硅(Si)	251.6
镁(Mg)	285.2
银(Ag)	328.1

（2）磁塞检查法。

磁塞检查法是较早使用的一种方法,在飞机、舰船和其他一些部门中长期采用。在一般情况下,机器零件的磨损后期均出现颗粒尺寸较大的磨损微粒,磁塞检查是一种检查磨粒的重要的方法。其基本原理是用带磁性的螺塞旋入润滑系统的管道内或润滑点的回流部位等宜于捕捉铁屑的部位,收集润滑油中的残渣,用肉眼直接观察残渣的大小、数量和形状,以判断机器零件的磨损状态,它适用于检查尺寸大于 $50~\mu m$ 的微粒。磁塞的示意图及其参考的安装位置如图 7.31 所示。

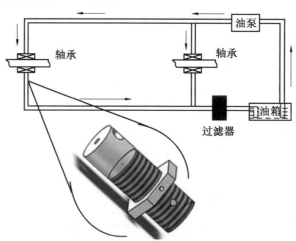

图 7.31　磁塞的示意图及其参考的安装位置

使用这种磁塞检查时,要定期(通常是每 25 个工作小时)取下磁性探头,并装入一个新的磁性探头,具体磁塞的安装数量应根据实际情况来定。在利用磁塞进行监测时,当故障的迹象在金属微粒监测检查中出现时,应予以重点注意。当故障迹象有所发展时,应当把监测间隔(更换磁塞的时间)降为 10 h。若证实故障确实在发展,则应采取相应的措施,直至停机维修。

(3)铁谱分析法。

铁谱分析使用的仪器称为铁谱仪。铁谱仪可分为直读式和分析式两种。直读式铁谱仪是将油样稀释后注入倾斜安放的玻璃管中,在磁场的作用下油液夹带着微粒在管中向较低的方向流动,微粒在玻璃管中逐渐沉降,其沉降速度取决于本身的尺寸、形状、密度、磁化率,以及润滑油的黏度、密度和磁化率等多种因素。当其他因素保持稳定时,微粒的沉降速度与其尺寸的平方成正比,还与微粒进入磁场后距管底的高度有关。大的微粒首先沉积,最小的微粒在玻璃管内流动的距离最长,如图 7.32 所示。在玻璃管的左侧沉积的主要是较大的微粒,其底部也混有较小的微粒,玻璃管的右侧基本上都是小微粒。直读式铁谱仪可以直接读取数据,较为方便,但其只能提供有关微粒数量和大小的信息。若需进一步确定残渣的形态和成分,则需要用分析式铁谱仪。

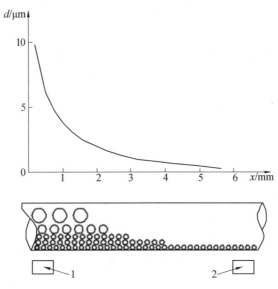

图 7.32　直读式铁谱仪的原理
1,2—光电池

分析式铁谱仪与直读式铁谱仪的区别主要是用玻璃片代替玻璃管。用一个低稳排量(0.25 cm³/min)的油泵把油输送到倾斜玻璃片的高端,并确保油样沿玻璃片的中心流下,在磁场的作用下,微粒便比较有规律地沉积在玻璃片上。典型的铁谱记录如图 7.33所示。图中最大的微粒分布在玻璃片的一端,而最小的微粒分布在另一端。光带表明了最大的微粒在 50~55 mm 范围内,而最小的在接近 10 mm 的位置。然后用双色光学显微镜或扫描电子显微镜进行观察。双色光学显微镜可用来测量铁谱记录图中各种沉积物的密度,并可以根据微粒的形态确定磨损的类型,还可以根据微粒沉积的位置和形态区别出有色金属微粒。例如,沉积部位偏下的大颗粒,其长轴方向与磁力线方向成较大的角度,说明其磁敏感性较低,不是铁磁物质。又如,微粒表面有孔洞和变形褶皱,说明它们比较软。这些现象都可以作为判断的依据。

不同磨损状态下形成的残渣微粒在显微镜下观察到的形状是不同的。英国航空公司在这方面做了大量的工作,制订出微粒特性表,对不同磨损状态下所产生的各种微粒的形状都做了详尽的描述,这对于分析和监测工作是非常有益的。下面重点介绍以供参考。

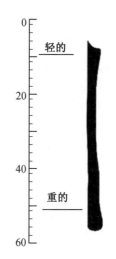

图 7.33　典型的铁谱记录

① 正常滑动磨损。对钢而言,微粒是薄层剥落碎片,厚 1 mm 以下,尺寸为 0.5～15 mm;对于巴氏合金而言,微粒平的或球形;对铝锡轴承合金而言,微粒呈不规则形状,有平滑的表面组织,并有细的平行线纹。

② 严重滑动磨损。在高速度或高载荷情况下,微粒比正常磨损时的剥落尺寸和厚度都大,并有锐利的棱。各种轴承合金的微粒基本上都呈类似焊锡的细小球体。

③ 切削磨损。切削磨损是由一个摩擦表面切入另一摩擦表面并产生相对运动时形成的,或是润滑油携带的杂质、砂粒或其他部件的磨损微粒切削工作表面形成的,与带状切屑的形状相似,宽为 2～5 mm,长为 25～100 mm。

④ 滚动磨损。以滚动轴承为例,滚道的微粒为不规则长方形鳞片,当出现不规则的块状时为恶化的征兆;滚柱的微粒呈长宽比为 2～3 的卷曲矩形和细粒状(浅灰色、闪烁发光);隔离架形成的微粒呈大而薄的花瓣式鳞片;滚针轴承的微粒多呈针形,与刺类似。

⑤ 滚动兼滑动磨损。主要以齿轮为例,正常的磨损碎片呈细发丝状织绞物,很短并混有金属细粉末;咬接的碎片呈不规则形状,类似焊锡飞溅物;故障碎片呈不规则状,表面带有刻痕,比轴承产生的碎片粗糙。

前面介绍了三种有关油污染检测的方法。图 7.34 中绘出了这三种油样分析方法的检测效率与微粒(残渣)尺寸之间的关系。可以看出,不同的方法适用于检测不同尺寸范围的微粒,因此这三种方法是相互补充的,可以根据不同的情况来选用。

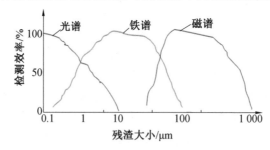

图 7.34　三种油样分析方法的检测效率与微粒(残渣)尺寸之间的关系

7.3.3　检测粉尘的仪器

粉尘质量浓度是指单位体积空气中所含粉尘的质量(mg/m^3)。我国的标准测定方法《作业场所空气中粉尘测定方法》(GB 5748—85)采用的是质量浓度。粉尘质量浓度测定的标准方法是质量法,它是基本方法。如果使用仪器或其他方法测定粉尘质量浓度,则必须以标准质量法为基准,这样可以保证测定结果的可比性。质量法测定结果能更好地反映现场粉尘质量的真实情况,所需仪器装置比较简单,但操作复杂、速度慢。在作业现场使用的操作简便、灵活、快速的方法是仪器测定法,主要仪器有压电晶体差频法测尘仪、β射线吸收法测尘仪及光散射测定仪。

1. 滤膜重量测定法

测定作业场所空气中粉尘时,测尘点应设在工人在生产过程中经常或定时停留并受粉尘污染的作业场所,要有代表性地反映工人接尘的实际情况。测尘位置应选择在粉尘分布较均匀处的呼吸带,一般在接近操作岗位处的 1.5 m 高度左右。在有风的影响时,应选择在作业地点的下风侧或回风侧。如果产尘点处于移动状态,则采样或测尘点应位于生产活动中有代表性的地点,或将采样或测尘仪器直接架设在移动设备上。

(1)原理。

用抽气动力抽取一定体积含尘空气,并让其通过已知质量的聚氯乙烯纤维滤,则粉尘被阻留在滤膜上,根据采样前后滤膜的质量之差和采气体积计算出单位体积空气中粉尘的质量浓度 c(mg/m^3),即

$$c = \frac{w_2 - w_1}{V} \times 1\,000 = \frac{w_2 - w_1}{Qt} \times 1\,000 \tag{7.46}$$

式中　w_1——采样前滤膜质量,mg;

　　　w_2——采样后粉尘与滤膜质量,mg;

　　　V——采样体积,L;

　　　Q——采样流量,L/min;

　　　t——采样时间,min。

通常需将采样体积换算成标准状况下的体积值 V_0。这种方法测定的是 TSP 质量浓度,若前置粉尘颗粒切割器,即可测 PM10。

(2)采样。

测尘滤膜采用聚氯乙烯纤维滤膜。将滤膜置于滤料采样夹上,在呼吸带高度(一般在受粉尘危害人员站立处的 1.5 m 高处),用滤膜以 15～30 L/min 的流速采集空气中粉尘。在需要防爆的作业场所采样,应用防爆型粉尘采样器。当粉尘质量浓度低于 50 mg/m^3 时,用直径为 40 mm 的滤膜;当粉尘质量浓度高于 50 mg/m^3 时,用直径为 75 mm 的滤膜。当聚氯乙烯纤维滤膜不适用时,改用玻璃纤维滤膜。

气体流量计常采用 15～40 L/min 的转子流量计,需要加大流量时,可提高到采 80 L/min 的转子流量计。流量计至少每半年用皂膜流量计或精度为 ±1% 的转子流量计校正一次。为保证流量计正常工作,应尽量避免被污染,若流量计有明显污染,应及时清洗校正。在整个采样过程中,流量应稳定。

(3)测定程序。

用洁净的镊子(不能直接用手)取下滤膜两面的夹衬纸,置于分析天平上称量,记录初始质量,然后将滤膜装入滤膜夹,确认滤膜无褶皱或裂隙后,放入带编号的样品盒里备用。架设采样器时,取出准备好的滤膜夹,装入采样头中拧紧。采样时,滤膜的受尘面应迎向含尘气流。当迎向含尘气流无法避免飞溅的泥浆、砂粒对样品的污染时,受尘面可以

侧向。

采样结束后,将滤膜从滤膜夹上取下,一般情况下不需要干燥处理,可直接放在天平上称量,记录初始质量。如果采样时现场的相对湿度在90%以上或有水雾存在时,应将滤膜放在干燥器内干燥2 h后称量,并记录测定结果。称量后再放入干燥器中干燥30 min,再次称量,当相邻两次的质量差不超过0.1 mg时,取其最小值。

(4)采样时间。

在连续性产尘作业点测定时,应在正常作业开始30 min后开始采样。对于阵发性产尘作业点,应在工人工作时采样。

确定采样的持续时间就要先估计粉尘质量浓度,根据测尘点的粉尘质量浓度估计值及滤膜上所需采集粉尘量的最低值确定采样的持续时间,但一般不得小于10 min。当粉尘质量浓度高于10 mg/m³时,采气量不得小于0.2 m³;当粉尘质量浓度低于2 mg/m³时,采气量为0.5~1 m³。采样持续时间一般按下式估算,即

$$t \geqslant \Delta m \times 1\,000/(c'Q) \tag{7.47}$$

式中　　t——采样持续时间,min;

　　　　Δm——要求的粉尘采集量,其质量应大于或等于1 mg;

　　　　c'——作业场所的估计粉尘质量浓度,mg/m³;

　　　　Q——采样时空气的流量,L/min。

采集在滤膜上的粉尘的采集量过小,可能在称量时产生偏差;过大,则滤膜孔被堵塞过多,阻力增大,尘粒容易脱落,采样误差大,滤膜的机械强度也难以承受。直径为40 mm滤膜上的粉尘的采集量不应少于1 mg,但不得多于10 mg;而直径为75 mm的滤膜应做成锥形漏斗进行采样,其粉尘采集量不受此限制。

(5)注意事项。

滤膜质量法测定粉尘质量浓度有以下四个关键性操作步骤。

①采样前必须用同样的未称重滤膜模拟采样,调节好采样流量,检查仪器密封性能。具体方法是在抽气条件下,用手掌堵住滤膜进气口,若流量计转子立即回到零刻度,则表示采样系统不漏气。单独检查采样头的气密性,可将滤膜夹上装有塑料薄膜的采样头放于盛水的烧杯中,向采样头内送气加压,当压差达到1 000 Pa时,水中应无气泡产生。

②采样量超出20 mg时,应重新采样。

③若现场空气中含有油雾,则必须先用石油醚或航空汽油浸洗采样后的滤膜,并除油、晾干后再称重。

④滤膜的受尘面必须向外,聚氯乙烯纤维滤膜不耐高温,使用时现场气温不能高于55 ℃。

2.压电晶体差频法

石英晶体差频粉尘测定仪以石英谐振器为测尘传感器,其工作原理如图7.35所示。空气样品经粒子切割器剔除粒径大于10 μm的颗粒物,小于10 μm的飘尘进入测量气室。测量气室内有由高压放电针、石英谐振器及电极构成的静电采样器,气样中的粉尘因高压电晕放电作用而带上负电荷,然后在带正电荷的石英谐振器表面放电并沉积,除尘后的气样流经参比室内的石英谐振器排出。参比石英谐振器没有集尘作用,当没有气样进

入仪器时,两振荡器固有振荡频率相同($f_1=f_2$,$\nabla f=f_1-f_2=0$),无信号输出到电子处理系统,数显屏幕上显示零。当有气样进入仪器时,则测量石英振荡器因集尘而质量增加,使其振荡频率(f_1)降低,两振荡器频率之差(∇f)经信号处理系统转换成粉尘质量浓度并在数显屏幕上显示。测量石英谐振器集尘越多,振荡频率(f_1)降低也越多,二者具有线性关系,即

$$\nabla f=K \cdot \nabla M \tag{7.48}$$

式中　K——由石英晶体特性和温度等因素决定的常数;

　　　∇M——测量石英晶体质量增值,即采集的粉尘质量,mg;

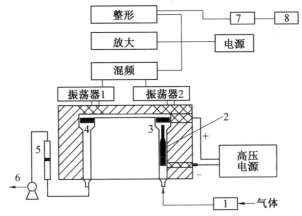

图 7.35　石英晶体粉尘测定仪工作原理

1—粒子切割器;2—放电针;3—测量石英谐振器;4—参比石英谐振器;

5—量计;6—抽气泵;7—质量浓度计算器;8—显示器

若空气中粉尘质量浓度为 $c(\mathrm{mg/m^3})$,采样流量为 $Q(\mathrm{m^3/min})$,采样时间为 $t(\mathrm{min})$,则有

$$\nabla M=c \cdot Q \cdot t \tag{7.49}$$

代入式(7.48)中得

$$c=(1/K) \cdot (\nabla f/Q \cdot t) \tag{7.50}$$

因实际测量时 Q、t 值均已固定,故可改写为

$$c=A \cdot \nabla f \tag{7.51}$$

可见,通过测量采样后两石英谐振器频率之差(∇f)即可得知粉尘质量浓度。当用标准粉尘质量浓度气样校正仪器后,即可在显示屏幕上直接显示被测气样的粉尘质量浓度。

为保证测量准确度,应定期清洗石英谐振器,已有通过采样程序控制自动清洗的连续自动石英晶体测尘仪。

7.4.3　β 射线吸收法

该测量方法的原理是:让 β 射线通过特定物质后,其强度将衰减,衰减程度与所穿过的物质厚度有关,而与物质的物理、化学性质无关。β 射线粉尘测定仪工作原理如图 7.36所示。它是通过测定清洁滤带(未采尘)和采尘滤带(已采尘)对 β 射线吸收程度的差异来测定采尘量的。因采集含尘空气的体积是已知的,故可得知空气中含尘质量浓度。

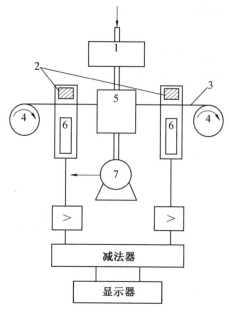

图 7.36 β射线粉尘测定仪工作原理

1—大粒子切割器；2—射线源；3—玻璃纤维滤带；

4—滚筒；5—集尘器；6—检测器（计数管）；7—抽气泵

设两束相同强度的β射线分别穿过清洁滤带和采尘滤带后的强度为 N_0（计数）和 N（计数），则二者关系为

$$N=N_0^{-K \cdot \Delta M} \text{ 或 } \ln \frac{N_0}{N}=K \cdot \Delta M \tag{7.52}$$

式中　K——质量吸收系数，cm^2/mg；

　　　ΔM——滤带单位面积上粉尘的质量，mg/cm^2。

式(7.52)经变换可写成

$$\Delta M=\frac{1}{K} \ln \frac{N_0}{N} \tag{7.53}$$

设滤带采尘部分的面积为 S，采气体积为 V，则空气中含尘质量浓度 c 为

$$c=\frac{\Delta M \cdot S}{V}=\frac{S}{VK} \ln \frac{N_0}{N} \tag{7.54}$$

上式说明当仪器工作条件选定后，气样含尘质量浓度只决定于β射线穿过清洁滤带和采尘滤带后两次计数的比值。由公式可以看出，其工作原理与双光束分光光度计有相似之处。

β射线源可用^{14}C、^{60}Co 等检测器采样计数管对放射性脉冲进行计数，反映β射线的强度。

为研究粉尘的物理化学性质、形成机理和粉尘粒径对人体健康的危害关系，需要测定粉尘的粒径分布。粒径分布有两种表示方法：一种是不同粒径的数目分布；另一种是不同粒径的质量浓度分布。前者用光散射粒子计数器测定；后者用根据撞击捕尘原理制成的采样器分级捕集不同粒径范围的颗粒物，再用质量法测定。第二种方法设备较简单，应用

较广泛,所用采样器为多级喷射撞击式或安德森采样器。

7.4.4　光散射法

光散射法测尘仪是基于粉尘颗粒对光的散射原理设计而成的,其检测原理如图 7.37 所示。在抽气动力作用下,将空气样品连续吸入暗室,平行光束穿过暗室,照射到空气样品中的细小粉尘颗粒时,发生光散射现象,产生散射光。颗粒物的形状、颜色、粒度及其分布等性质一定时,散射光强度与颗粒物的质量浓度成正比。散射光经光电传感器转换成微电流,微电流被放大后再转换成电脉冲数,利用电脉冲数与粉尘质量浓度成正比的关系便能测定空气中粉尘的质量浓度,有

$$c = K \cdot (R - B) \tag{7.55}$$

式中　c——空气中 PM10 质量浓度(采样头装有粒子切割器),mg/m^3;

　　　K——颗粒物质量浓度与电脉冲数之间的转换系数;

　　　R——仪器测定颗粒物的测定值,$R = $ 累计读数$/t$,即 R 是仪器平均每分钟产生的电脉冲数,t 是设定的采样时间;

　　　B——仪器基底值(仪器检查记录值),又称暗计数,即无粉尘的空气通过时仪器的测定值,相当于由暗电流产生的电脉冲数。

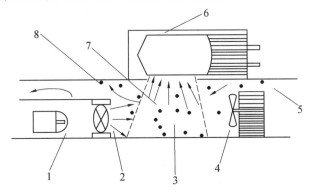

图 7.37　光散射法测尘仪检测原理

1—光源;2—出射光束;3—散射光发生区;4—风扇;
5—被测空气;6—光电倍增管;7—散射光;8—暗箱

当被测颗粒物质量浓度相同,而粒径、颜色不同时,颗粒物对光的散射程度也不相同,仪器测定的结果也就不同。因此,在某一特定的采样环境中采样时,必须先将质量法与光散射法所用的仪器相结合,测定计算出 K 值。这相当于用质量法对仪器进行校正。光散射法仪器出厂时给出的 K 值是仪器出厂前厂方用标准粒子校正后的 K 值,该值只表明同一型号的仪器 K 值相同,仪器的灵敏度一致,不是实际测定样品时可用的 K 值。

实际工作中 K 值的测定方法为:在采样点将质量法和光散射法测定所用的相同采样器的采样口放在采样点的相同高度和同一方向,同时采样 10 min 以上,根据式(7.44),用两种仪器所得结果或读数按下式计算 K 值,即

$$K = \frac{c}{R - B} \tag{7.56}$$

式中　　c——质量法测定 PM10 的质量浓度，mg/m^3；

　　　　R——光散射法所用仪器的测量值，电脉冲数。

例如，用滤膜质量法测得某现场颗粒物质量浓度 $c = 1.5\ mg/m^3$，用 P—5 型光散射法仪器同时采样测定，仪器读数为 1 260 电脉冲数，已知采样时间为 10 min，$B = 3$ 电脉冲数，则有

$$R = 1\ 260/10 = 126（电脉冲数）$$
$$K = 1.5/(126 - 3) = 0.012$$

有时可能由于颗粒物诸多性质不同，因此在同一环境中反复测定的转换系数 K 值也有差异，这主要是粉尘颗粒的性质随机发生变化及仪器显示值本身的随机误差造成的。因此，应该取多次测定 K 值的平均值作为该特定环境中的 K 值。只要环境条件不变，该 K 值就可用于以后的测定计算。产生粉尘的环境条件及物料变化时，要重新测定 K 值。

7.4.5　作业者个体接触粉尘质量浓度测定

个体测尘技术是国际上 20 世纪 60 年代发展起来的测定方法，用于评价作业场所粉尘对工人身体的危害程度。个体采样器使用时佩戴在工人身上，在呼吸带连续抽取一定体积的含尘气体，测定工人一个工作日的接触粉尘质量浓度或呼吸带粉尘质量浓度。个体采样器若测定个人接触质量浓度，所捕集的应为工人呼吸区域内的总粉尘粒子；若测定呼吸性粉尘质量浓度，所捕集的应为进入人体肺部的粒子。我国呼吸性粉尘卫生标准采用的是英国医学研究协会所规定的标准，因此在测定呼吸性粉尘质量浓度时，个体采样器必须带有符合卫生标准要求的采样器入口和粒径切割器。

第8章　工业安全自动报警系统

8.1　自动报警

机组在运行过程中,当有关参数偏离了规定范围或设备运行出现异常时,运行人员需要根据此时的工况及时采取相应的措施。随着机组容量的不断扩大和监视项目的不断增多,有限的运行人员不可能随时对各种参数进行全面观察,而借助于自动报警系统可以有效地缩小运行人员的监视范围,减轻劳动强度,使运行人员及时地了解机组的运行状况。

自动报警系统的基本功能就是在有关参数偏离了正常值或设备出现某些异常情况时通过音响和灯光显示等手段迅速地将信息反馈给运行人员,以引起运行人员的注意,从而采取措施消除故障。通常使用的音响设备是电铃或电笛,而灯光显示则是用灯光照亮预先写在显示器屏幕上的文字,这些显示器称为光字牌。

自动报警系统和自动检测系统都是监视工作情况的自动化手段,二者的主要区别如下。

(1)检测系统监视全过程的工作情况;报警系统专门监视异常情况。

(2)检测系统的监视结果通过人的视觉反映给人;报警系统的监视结果通过人的视觉和听觉反映给人。

(3)检测系统是按模拟量信息工作的;报警系统是按开关量信息工作的。

8.1.1　工业安全自动报警系统的基本内容

1. 自动报警的发展阶段

早期的自动报警系统是作为常规监测系统的补充手段而使用的。报警信息的基本内容以反映被检控参数异常的信息为主。

近年来,由于系统大型化、复杂化,因此值班人员不能仅限于监视被控对线中各个部位的参数,而且还必须随时掌握各个设备和辅机的工作情况,以便及时、准确和全面地协调整套机组的工作。

2. 报警信号的基本内容

(1)被检控参数的异常。

(2)主辅设备的异常。

(3)自动装置的异常。

(4)变送器、执行机构或自动装置本身的故障。

(5)自动装置退出工作。

（6）自动装置等待。

3. 报警信号按性质的不同分类

（1）状态信号。

状态信号用来表示热力系统中设备所处的状态，如"运转""停运"等。

（2）越限报警信号。

热力系统中设备和介质的状态参数值必须保持在一定的安全范围内，而"安全范围"按其实际情况可以是一个规定值，也可能是 I 值与 II 值，一旦超出规定范围，必须及时发现和处理。"越限报警"是热力参数值越出安全界限而发出的报警信号，如"蒸气压力高""蒸气温度低"等。

（3）趋势报警信号。

趋势报警信号用来表示系统中状态参数的变化速率。变化速率本身是一个代数值。速率为正时，表示状态参数升高；速率为负时，表示状态参数降低。

（4）视真报警信号。

热力系统中为确保某些参数正确无误，通常采用双系统进行测量，而系统则间接监视这两套测量系统之间的差值。当这一差值超过某个允许的限度时，便发出报警，提示运行人员测量系统已发生故障。

4. 报警信号按报警的严重程度分类

（1）一般报警信号。

一般报警是指非主要辅助设备故障信号，如"疏水箱水位低"信号，或系统中某些状态信息，如"辅助设备的正常主启停""阀门关闭"等。

（2）严重报警信号。

严重报警信号是指系统中某状态参数已严重偏离规定值，是需要运行人员必须认真采取对策时发出的信号。通常严重报警的声响与一般报警信号和机组跳闸信号两项声音有区别，以引起运行人员特别注意。

（3）机组跳闸信号。

机组跳闸信号是指热机保护已动作的情况下发出的信号。

5. 基本功能

工业安全自动报警系统将监视对象的异常情况及时、准确地检测出来，并且用音响和灯光显示等手段迅速地将监视结果传达给人，通常使用的是电铃和电筒。灯光显示的方法则是用灯光照亮预先卸载显示器屏幕上的文字，这个显示器称为光字牌。当报警信息出现时，对应的光字牌内的灯首先闪光并辅以电铃或电筒的音响。值班人员在音响报警的提醒后已经看清楚光字牌所显示的内容，确认已接收到异常情况的信息，就可以使用装在控制盘上的"确认"按钮去消除音响和闪光，使光字牌转为平光显示。光字牌的闪光一方面是为了引起值班人员的注意，另一方面也是为了区别新出现的报警信息。音响报警在引起值班人员的注意后自动消除，通常设置固定的视觉信号。"试验"按钮是为了解报警装置的设备是否正常。按下"试验"按钮，全部光字牌闪光或平光显示，并伴以音响。再按一次"确认"按钮使报警装置复位，全部光字牌熄灭。综上所述，自动报警装置的基本功能见表8.1。

表 8.1　自动报警装置的基本功能

报警系统状态	光字牌	电铃	报警系统状态	光字牌	电铃
无报警信息	熄灭	无声	报警信息消失	熄灭	无声
报警信息出现	闪光	音响	按下"试验"按钮	平光或闪光	音响
按下"确认"按钮	平光	消失	按下"确认"按钮	熄灭	消失

　　自动报警装置应该包括显示器、音响器和控制电路三部分。

　　控制电路可以使用不同的元件组成,如继电器、半导体元件或集成元件。目前常见的报警装置控制电路大多由继电器组成,其通常分为每个报警通道部分和共用部分。报警系统应该根据报警信息的紧急程度划分不同的等级,以便工作人员做出不同的响应。控制电路的组成如图 8.1 所示。

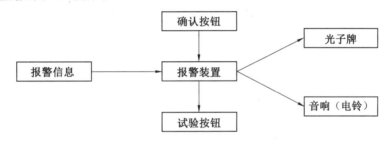

图 8.1　控制电路的组成

8.1.2　典型报警装置实例

1. SX－1 型报警装置

　　控制电路由继电器组成,SX－1 型报警装置原理图如图 8.2 所示。图中仅画出了一个报警通道的电路及公用部分的电路。图中虚线框内部分为一个报警通道的电路,其他每个报警通道的电路均与之相同。

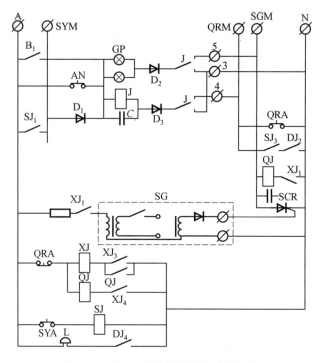

图 8.2　SX－1 型报警装置电路原理图

2. 法国汽轮机组的报警装置

法国汽轮机组的报警装置电路原理图如图 8.3 所示,图中仅表示了一个报警通道的工作原理。

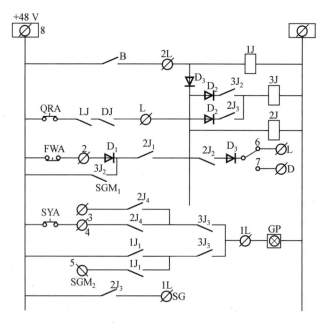

图 8.3　法国汽轮机组的报警装置电路原理图

3. 国产 JBJ 型报警装置

国产 JBJ 型报警装置的控制电路是由晶体管组成的。每个报警装置由公用的稳压电源、振荡单元、音响单元,以及八个报警通道各自的记忆单元和显示单元组成。

8.1.3　自动报警系统一般步骤

自动报警是一项复杂的系统工程。自动报警任务的完成主要由数据采集、数据处理、故障检测及安全决策等四个阶段组成,如图 8.4 所示。其中,数据处理、故障检测与安全决策构成一个集成的整体。

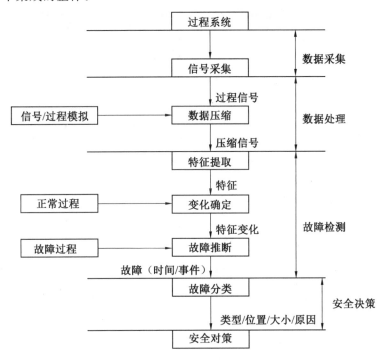

图 8.4　自动报警系统步骤

1. 数据采集

采集数据的主要工具是传感器(或敏感器)。对动态系统运行过程而言,传感器或测量设备输出信息通常是以等间隔或不等间隔的采样时间序列的形式给出的。监控过程的数据采集必须同时兼顾到采集过程的工程可实现性和采样数据的有效性。数据的有效性主要是指采样的测量数据与过程系统故障之间必须有内在关联性。

2. 数据处理

一般来说,在对过程进行故障检测与诊断之前必须借助滤波、估计或其他形式的数据处理方法与特征信息技术对过程系统采样时间序列进行信息压缩,使之更适合于故障检测与诊断。

3. 故障检测

简言之,故障检测就是判断并指明系统是否发生了异常变化及异常变化发生的时间。

例如，对于正在运行的系统或按规定标准进行生产的设备，辨别其是否超出预先设定或技术规范规定的无故障工作门限。

监控过程故障检测的首要任务是根据压缩之后的过程信息或提取的故障特征的信息，判断系统运行过程是否发生了异常变化，并确定异常变化或系统故障发生的时间。通常，根据处理方式和处理时限的不同，过程监控可分为在线监视和离线检测两大类。其中，在线监视可以对设备运行状况或系统功能进行及时的检测，一旦发现有异常征兆就及时报警，是实时监控系统和过程安全控制系统的核心。

4. 安全决策

安全决策是指通过足够数量测量设备（如传感器）观测到的数据信息、过程系统动力学模型、系统结构知识，以及过程异常变化的征兆与过程系统故障之间的内在联系，对系统的运行状态进行分析和判断，查明故障发生的时间、位置、幅度和故障模式。根据安全决策时所凭借的冗余信息类型的不同，安全决策分为基于硬件冗余、解析冗余、知识冗余及基于多种冗余信息融合等不同方式。

对具体工程活动而言，分析出故障产生的原因及部位后，下一步必须考虑故障的处理方法。较典型的故障处理方法有顺应处理、容错处理与故障修复三大类。在实施过程监控时，必须根据系统具体情况，综合考虑研究对象、故障特点及影响程度等多方面的因素，针对不同故障制定不同的处理对策。

8.1.4 工业安全自动报警信息的处理

1. 将报警信息进行分级以突出重点

大工艺流程中自动报警系统进行监视的信息量太多会不利于值班人员准确、及时地查明异常原因，信息量过少也不好。因此，报警信息量应在保证值班人员能迅速查明异常原因的前提下，尽可能地减少。对于性质相近而异常情况并不要求非常迅速处理的报警信息，可以合用同一个报警通道。

2. 正确选用报警信息的转换元件

参数的越线报警信息如果使用元差值的转换开关，则很容易出现误报警。为解决这个问题，必须使用有插值的专用开关量变送器提供参数越限的报警信息。

3. 引入附加条件准确判断异常情况

异常情况都是有条件的。在某些条件下认为是异常的情况，当条件改变后可能转化为正常情况。自动报警系统必须具有根据不同条件进行判断的能力，才能发出准确的报警。最简单的方法是使用闭锁条件，即利用闭锁条件使报警信息在检控参数未达到规定值之前被闭锁而不能发出，或在正常工作条件未到达之前被闭锁而不能发出。

在工业生产、储运过程中，火灾的危险性往往较大，一旦发生火灾，将造成严重的损失。在火灾初期即被及时发现，并立即带动灭火装置扑灭火灾，正是人们防火灭火所期望的。火灾监测仪表是发现火灾苗头的设备，它能测出火灾初期陆续出现的火灾信息，并与控制装置一同构成火灾自动报警和灭火联动控制系统，及时对初期火灾实施灭火，将火灾消灭在萌发阶段。由于初期的火灾信息有烟气、热流、火花、辐射热等，因此探测出这些火灾信息的仪表有感温式、感烟式、感光式和感气式等多种类型。下面就对各种工业火灾监测仪表的探测方法、工作原理及火灾自动报警系统的构成等加以介绍。

8.1.5　自动报警系统的设计

1. 安全检测与监控系统的设计过程

任何一个安全检测与控制系统的设计与开发基本上是由六个阶段组成的,即可行性研究、初步设计、详细设计、系统实施、系统测试(调试)和系统运行。当然,这六个阶段的发展并不是完全按照直线顺序进行的。在任何一个阶段出现了新问题后,都可能要返回到前面的阶段进行修改。

(1)可行性研究阶段。

在可行性研究阶段,开发者要根据被控对象的具体情况,按照企业的经济能力、未来系统运行后可能产生的经济效益、企业的管理要求、人员的素质、系统运行的成本等多种要素进行分析。可行性分析的结果最终是要确定使用计算机监控技术能否给企业带来经济效益和社会效益。

(2)初步设计阶段。

初步设计又称总体设计。系统的总体设计是进入实质性设计阶段的第一步,也是最重要和最关键的一步。总体方案的好坏会直接影响整个计算机监控系统的成本、性能、设计和开发周期等。在这个阶段,首先要进行比较深入的工艺调研,对被控对象的工艺流程有一个基本的了解,包括要监控的工艺参数的大致数目,以及监控要求、监控的地理范围、操作的基本要求等。然后初步确定未来监控系统要完成的任务,写出设计任务说明书,提出系统的控制方案,画出系统组成的原理框图,作为进一步设计的基本依据。

(3)详细设计阶段。

在详细设计阶段,首先要进行详尽的工艺调研,然后选择相应的传感器、变送器、执行器、I/O 通道装置,同时进行计算机系统的硬件和软件的设计。对于不同类型的设计任务,则要完成不同类型的工作。如果是小型的计算机监控系统,则硬件和软件都是自己设计和开发的。此时,硬件的设计包括电气原理图的绘制、元器件的选择、印刷线路板的绘制与制作等;软件的设计则包括工艺流程图的绘制、程序流程图的绘制等。

(4)后续阶段。

在系统实施阶段,要完成各个元器件的制作、购买、安装,进行软件的安装及各个子系统之间的连接等。工作系统的调试(测试)主要是检查各个元部件安装是否正确,并对其特性进行检查或测试。调试包括硬件调试和软件调试。从时间上来说,系统的调试又分为离线调试、在线调试,以及开环调试、闭环调试。系统运行阶段占据了系统生命周期的大部分时间,系统的价值也是在这一阶段中得到体现的。这一阶段应该由高素质的使用人员严格按照章程进行操作,以尽可能地减少故障的发生。

2. 安全检测与监控系统的设计原则

尽管被控对象千差万别,监控系统的设计方案和具体的技术指标也会有很大的差异,但是在进行系统的设计和开发时,还是必须遵循以下原则。

（1）可靠性原则。

为确保计算机系统的高可靠性，可以采取以下措施。

①采用高质量的元部件。所采用的各种硬件和软件尽量不要自行开发。

②采用高质量的电源。一般来说，PLC I/O 模块的可靠性比 PC 总线 I/O 板卡的可靠性高，如果成本和空间允许，应尽可能采用 PLC I/O 模块。

③采取各种抗干扰措施。包括滤波、屏蔽、隔离和避免模拟信号的长线传输等。

④采用冗余工作方式。可以采用多种冗余方式，如冷备份和热备份。其中，冷备份方式是指一台设备处于工作状态，而另一台设备处于待机状态。一旦发生故障，专用的切换装置就会将原来工作的设备切除，并将备份的设备投入运行。

⑤对一些智能设备采用故障预测、故障报警等措施。出现故障时，将执行机构的输出置于安全位置，或将自动运行状态转为手动状态。

（2）使用方便原则。

一个好的监控系统应该人机界面友好，方便操作和运行，易于维护。设计时要真正做到以人为本，尽可能地为使用者考虑。人机界面可以采用 CRT、LCD 或触摸屏，使操作人员可以对现场的各种情况一目了然。各种部件尽可能地按模块化设计，并能够带电插拔，使其易于更换。在面板上可以使用发光二极管作为故障显示，使得维修人员易于查找故障。在软件和硬件设计时都要考虑到操作人员会有各种误操作的可能，并尽量使这种误操作为零。

（3）开放性原则。

开放性是计算机监控系统的一个非常重要的特性，这使监控系统在结构上具有一定的柔性。

为使系统具有一定的开放性，可以采取以下措施。

①尽可能地采用通用的软件和硬件。各种硬件尽可能地采用通用的模块，并支持流行的总线标准。

②尽可能地要求产品的供货商提供其产品的接口协议及其他相关资料。

③在系统的结构设计上，尽可能地采用总线形式或其他易于扩充的形式。

④尽可能为其他系统留出接口。

4. 经济性原则

在满足计算机监控系统的性能指标（如可靠性、实时性、精度、开放性）的前提下，尽可能降低成本，保证性价比最高，以保证为用户带来更大的经济效益。

5. 开发周期短原则

在设计时，应尽可能地使用成熟的技术。对于关键的元部件或软件，不到万不得已不要自行开发。购买现成的软件和硬件进行组装与调试应该成为首选。许多大公司在设计操作面板、操作台和操作人员座椅时采用现代人机工程学原理，尽可能地为操作人员提供一个舒适的工作环境。

8.1.6　自动报警系统的调试

1. 报警信号的调试

自动报警系统的基本功能是将被监视对象的异常情况及时、准确地检测出来,并且用音响和灯光显示等手段迅速地将监视结果传达给人。报警信号的调试步骤如下。

(1)报警装置送电试验其功能。

①无报警信息时,光字牌熄灭,电铃无声。

②报警信息出现时,光字牌闪光,电铃发声。

③按下"确认"按钮,光字牌平光,电铃无声。

④报警信息消失,光字牌熄灭,电铃无声。

⑤按下"试验"按钮,光字牌闪光,电铃无声。

⑥按下"确认"按钮,光字牌熄灭,电铃无声。

(2)逐一短接报警装置的通道,检查是否工作正常。

(3)检查就地信号,有无强电、接地等异常,正常后恢复接线。

2. 调试内容

(1)线路检查及绝缘测试。在调试工作开始前,首先确认图纸正确,然后对照图纸,认真核查控制系统接线的正确性,确保接线正确无误。同时,检测系统的绝缘。对交直流电力回路,用 500 V 兆欧表检查绝缘,其绝缘电阻应不小于 1 MΩ;对保护系统的电磁阀,其线圈绝缘电阻元件不小于 2 MΩ;对直流 220 V 供电的线圈,宜使用 1 000 V 兆欧表检查。

(2)开关量变送器校验。保护系统使用的开关量变送器均应在实验室中使用专门的校验仪器、设备加以校验,确保保护动作值正确,并检验其返回值,使返回值合适。

(3)保护系统电源检查及送电。保护系统的直流电源一般用双路供电,用万用表检查两路直流的电压、极性是否一一对应,电源切换开关灵活可靠。当交流不间断电源(UPS)供电时,检查交流电源失电时 UPS 能否保证在一定时间内维持向保护系统送电。电源检查合格后,可向保护系统送电。

(4)保护系统传动试验。通过系统的传动试验,可检查系统逻辑的正确性和保护动作的可靠性。

(5)对不同的保护动作条件应采取不同的模拟方法,尽量做到接近真实的动作状态,应逐项进行保护试验,直到全部项目合格为止。

3. 维护项目

(1)定期检查保护一次采样元件,如压力开关是否渗漏、采样门是否打开、接线有无松动等。

(2)若有保护在线试验功能,应定期试验,以检查该保护是否动作正常,防止保护拒动,造成事故。

(3)定期检查保护控制装置工作状态,并检查指示灯是否正常、程序运行正常。

(4)严格执行热工保护投退制度,严禁私自投退保护。

(5)机组运行中,应定期逐一检查各种保护已正常投入运行,防止保护误投、漏投。

（6）对设备,尤其是与保护相关设备进行清扫时,应做好措施,防止误碰设备,引起保护动作。

（7）运行中发生保护设备故障时,进行检修前应做好措施,防止保护误动或拒动,并执行保护投退制度。若无法处理,则必须停机,不得无保护运行。

（8）机组运行中,发生保护动作时,应记录清保护动作的原因、时间等是否正确。发生保护误动时,必须查明原因,严禁私退保护启动。

（9）运行中定期巡检。

（10）随时检查电源状况。

（11）做好保护传动试验,确保保护系统的可靠性和准确性。

（12）定期校验保护元件,并做好记录。

（13）做好保护设备的备品备件工作,保证故障设备能及时更换。

4.检修项目

（1）机组停运后,应定期校验保护用的开关变送器,以检验保护定值是否正确,有无漂移现象,保证保护可靠动作。

（2）对保护逻辑的修改,严格执行保护逻辑修改制度,严禁擅自改动保护逻辑。

（3）对保护相关设备进行彻底的清扫。

（4）停机期间应对电源冗余功能进行试验。当任一路电源丧失时,保护控制装置能正常工作;当发生电源切换时,保护控制装置应无扰动,不初始化数据;当控制装置因故障而切换时,应是无扰切换。以上功能必须试验正常、电源工作正常、电压等级符合设计要求。

（5）机组启动前,应逐一做保护的传动试验,以检查传动及保护逻辑回路是否正常,发现问题及时处理,确保保护功能正常。

（6）设备间的电缆绝缘良好,无接地,无短路现象。

（7）端子和回路接经紧固,有松动,信号回路无接地,无短路现象。

（8）继电器性能完好,计时准确,回路接线符合设计,正确无误。

5.自动报警系统的调试

自动报警系统调试在系统接线检查、绝缘测试、电源检查和装置送电结束后进行。传动试验工作应在转动机械部分试运完成后进行。当需要的条件不能产生时,可以进行模拟,在整个试验过程中必须有主机维护人员的配合。系统调试大体分两步:一是静态调试,二是动态调试。

（1）静态调试。

①通道检查。静态调试时,首先要完成顺序装置的通道检查。一般可在机柜（箱）端子排上用短接线加信号。在工程师站、组态器上或用输入模件板上的逻辑灯检查数字输入通道的完好性和对应关系的正确性。在工程师站或编程器、组态器等调试工具上,用人工设数的方法检查数字量输出通道的完好性和对应关系的正确性。所有 I/O 通道均检查无误后,可进行顺控逻辑检查和传动检验。

②控制逻辑检查。用短接线在端子排上短接和拆除的方法或用现场实际设备状态进行顺序控制系统逻辑和程序检查,并检查延时设定值。发现问题应予以改正,并做好记

录。对于较长时间的延时,可暂时按短时间试验。动态试验完成后,再按实际动态做时间整定。

（2）动态调试。

①外围设备调试。外围设备的单体试验可用程序手动(手动单操)的方法试验。若无手动单操功能,应采取临时接线(拆线)的方法进行单操试验。单操作时,所有的运行必要条件(如润滑油、冷却介质等)必须真正满足,不能用短接线模拟,以防设备或系统受损。单操试验时,重点试验动作条件(一次判据)动作(如方向、速度、行程等)的正确性,同时重点调整返回信号(如状态接点、行程开关、参数开关等二次判据),使其反馈控制和状态监视均正确。还要检查在逻辑显示或流程图画面上的对应关系,以及状态、颜色及报警是否正确。

②程序试验。在上述手动单操基础上进行工艺流程的手动操作,使工艺系统正式投入。在手动状态下,切换、启停等操作均正确无误,各状态显示和单系统中的子回路逻辑功能和控制动作均正确无误。调试重点是一次判据信号的正确性和二次判据动作的整定及监视系统的正确显示。

8.2　火灾自动报警系统原理

8.2.1　火灾的探测与信号处理

根据火灾所产生的各种现象,可以选择不同的探测方法来发现早期火灾,从而形成不同类型的火灾探测器。而根据对火灾信号采用的不同处理方式,可以构成不同类型的火灾探测与报警系统。

1. 火灾现象

物质燃烧是一种物质能量转化的化学和物理过程,伴随着这个转化过程,同时产生燃烧气体、烟雾、热(温度)和光(火焰)等现象。其中,燃烧气体和烟雾具有很大的流动性,能潜入建筑物的任何空间。这些气体和烟雾往往具有毒性,对人的生命有特别大的危险。据统计,在火灾中约有 70% 的死亡是燃烧气体或烟雾造成的。

对于普通可燃物质燃烧的表现形式,首先是产生燃烧气体,然后是烟雾,在氧气供应充分的条件下,才能达到全部燃烧,产生火焰,并散发出大量的热量,使环境温度急剧升高。

普通可燃物在火灾初期和阴燃阶段产生了烟雾可燃气体混合物,但环境温度不高,火势尚未达到蔓延发展的程度。如果在此阶段能将重要的火灾信息——烟雾质量浓度有效地测量出来,就可以将火灾损失控制在最低限度。在火焰燃烧阶段,火势开始蔓延,环境温度不断升高,燃烧不断扩大,形成火灾,此时通过探测环境温度来判断火情,能较及时地控制火灾。物质全燃烧阶段会产生各种波长的火焰光,使火焰热辐射含有大量的红外线和紫外线,因此对火灾形成的红外和紫外光辐射进行有效探测也是实现火灾探测的基本方法。

物质在燃烧过程中一般有下述现象产生。

(1)热(温度)。

凡是物质燃烧,就必然有热量释放出来,使环境温度升高。环境温度升高的速率与物质燃烧规模和燃烧速度有关。在燃烧规模不大、燃烧速度非常缓慢的情况下,物质燃烧所产生的热(温度)是不容易鉴别出来的。

(2)燃烧气体。

物质在燃烧的开始阶段,首先释放出来的是燃烧气体。其中,有单分子的 CO、CO_2 等气体,较大的分子团,灰烬和未燃烧的物质颗粒悬浮在空气中,将这种悬浮物称为气溶胶,其颗粒粒子直径一般在 $0.1~\mu m$ 左右。

(3)烟雾。

烟雾没有严格科学的定义,一般是把人们肉眼可见的燃烧生成物中粒子直径在 $0.01 \sim 10~\mu m$ 的液体或固体微粒与气体的混合物称为烟雾。无论是燃烧气体还是烟雾,它们都有很大的流动性和毒害性,能潜入建筑物的任何空间,其毒害性对人的生命威胁特别大。据统计,在火灾中约 70% 死者是吸入燃烧气体或烟雾造成的,所以在火灾中将它们合在一起作为检测参数来考虑,称为烟雾气溶胶,简称烟气。

(4)火焰。

火焰是物质着火产生的灼热发光的气体部分。物质燃烧到发光阶段是物质的全燃阶段,在这一阶段,火焰热辐射含有大量的红外线和紫外线。易燃液体燃烧是其不断蒸发的可燃蒸气在气相中燃烧的结果,其火焰热辐射很强,含有更多的紫外线。

对于普通可燃物质,其燃烧表现形式首先是产生燃烧气体,然后是产生烟雾,在氧气供应充分的条件下才能达到全部燃烧,产生火焰并散发出大量的热,使环境温度升高。有机化合物及易燃液体的起火过程则不同,它们表面全部着火前的过程甚短,火灾发展迅速,有强烈的火焰辐射,很少产生烟和热。

2. 火灾的探测

火灾的探测是以物质燃烧过程中产生的各种现象为依据,以实现早期发现火灾为前提的。因为火灾的早期发现是充分发挥灭火措施的作用、减少火灾损失和保卫生命财产安全的重要条件,所以世界各国对火灾自动报警技术的研究都着眼于火灾探测手段的研究和实验工作,以期发现新的早期火灾探测方法,开拓火灾自动报警技术的新领域。

根据火灾现象和普通可燃物质的典型起火过程曲线,火灾的探测方法目前主要有以下几种。

(1)空气离化探测法。

这是以火灾早期产生的烟气为主要检测对象的火灾探测方法。空气离化法利用放射性同位素[241]Am 所产生的 α 射线(即带正电的粒子流,也就是氦原子核流,其穿透能力很小,而电离能力很强),将处于一定电场中两电极间的空气分子电离成正离子和负离子,使电极间原来不导电的空气具有一定的导电性,形成离子电流。当含烟气流进入电离空间时,由于烟粒子对带电离子的吸附作用和对 α 射线的阻挡作用,因此原有的离子电流发生变化(减小),离子电流变化量的大小反映了进入电离空间烟粒子的质量浓度,从而将烟气质量浓度转化成电信号,据此可探测火灾的发生。显然,空气离化火灾探测方法是放射性同位素在火灾探测技术方面的应用,是原子能和平利用的一个重要方面。

（2）热（温度）检测法。

热（温度）检测法是以火灾产生的热对流所引起环境温度上升为主要检测对象的火灾探测方法。该方法主要利用各种热（温度）敏感元件来检测火灾所引起的环境温升速率或环境温度变化。热（温度）检测方法是最早使用的火灾探测方法，迄今为止已有一百多年的历史。

（3）光电探测方法。

光电探测方法是以早期火灾产生的烟气为检测对象的火灾探测方法。该方法根据光学原理和光电转换机理，利用烟雾粒子对光的阻挡吸收和散射特性来实现对火灾的早期发现。随着近年来微电子技术和光电转换技术的不断发展，光电探测方法在火灾探测领域获得了广泛的应用。

（4）光辐射或火焰辐射探测方法。

光辐射或火焰辐射探测方法是以物质燃烧所产生的火焰热辐射为检测对象的火灾探测方法。该方法利用红外或紫外光敏元件来检测火灾产生的红外辐射或紫外辐射，从而达到早期发现火灾的目的。这类探测方法特别适于对火灾起始阶段很短、火灾发展迅速的油品类火灾的探测。

（5）可燃气体探测法。

可燃气体探测法是以早期火灾所产生的可燃气体或气溶胶为检测对象的火灾探测方法。该方法主要利用半导体式和催化燃烧式气敏元件的转化机理来早期探测火灾。由于各种气敏元件用于火灾探测的机理还有待进一步完善，因此这类探测方法还没有在火灾探测中获得广泛应用。

综合上述各种探测方法可知，对于普通可燃物质燃烧过程，用光电探测法和空气离化法应用最广、探测最及时，用热（温度）检测法则相对较迟缓，但它们都是广泛使用的火灾探测方法，其他两种探测方法仅在一定范围内使用。

8.2.2　火灾自动报警系统基本原理

火灾自动报警与消防联动系统是基于传感器技术、计算机技术和电子通信技术，具有火灾早期探测和自动报警功能，并能及时输出联动控制信号，根据火灾位置启动相应的消防设施进行灭火。火灾自动报警和灭火系统由探测、报警和控制三部分组成。火灾自动报警系统的组成设施种类有很多，各个部分的组成名称也各不相同。但是无论怎么划分，火灾自动报警系统大致可归类为触发装置、火灾报警装置、火灾警报装置和电源四部分，如图 8.5 所示。对于复杂火灾报警系统，则包括火灾探测报警、消防联动控制、消防栓、自动灭火、防烟排烟、通风空调、防火门及防火卷帘、消防应急照明和疏散指示、消防应急广播、消防设备电源、消防电话、电梯、可燃气体探测报警、电气火灾监控等系统或设备（设施）。火灾自动报警系统原理如图 8.6 所示。

火灾探测部分主要由监测器组成，是火灾自动报警系统的检测元件，它将火灾发生初期所产生的烟、热、光转变成电信号，然后送入报警系统。火灾检测器根据对不同火灾参量的响应及不同的响应方法，可分为感烟式、感温式、感光式、复合式和可燃气体检测器。不同类型的检测器适用于不同的环境条件。火灾监测器通过对火灾现场发出燃烧气体、

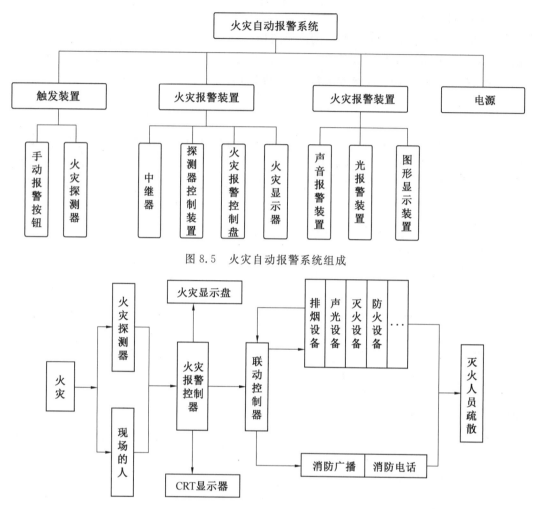

图 8.5 火灾自动报警系统组成

图 8.6 火灾自动报警系统原理

烟雾粒子、温升、火焰的探测,将探测到的火情信号转化为火警电信号。

报警控制由各种类型报警器组成,它主要将收到的报警电信号加以显示和传递,并对自动消防装置发出控制信号。这两个部分可构成独立的火灾自动报警系统,根据来自火灾自动报警系统的火警数据,经过分析处理后,控制联动器输出,去控制灭火设备、防排烟设备、非消防电源和空调通风设备等。火灾报警控制器接收到火警电信号,经确认后,一方面发出预警—火警声光报警信号,同时显示并记录火警地址和时间,告诉消防控制室(中心)的值班人员;另一方面将火警电信号传送至各楼层(防火分区)值班人员,立即查看火情并采取相应的扑灭措施。在消防控制室(中心)还可能通过火灾报警控制器的RS—232通信接口,将火警信号在显示屏直观地显示出来。

联动控制器则从火灾报警控制器读取火警数据,经预先编程设置好的控制逻辑("或""与"等控制逻辑)处理后,向相应的控制点发出联动控制信号,并发出提示声光信号,经过执行器去控制相应的控制点发出联动控制信号,并发出提示声光信号,经过执行器去控制相应的外控消防设备,如排烟阀、排烟风机等防烟排烟设备,防火阀、防火卷帘门等防火设备,警钟、警笛、声光报警器等报警设备,关闭空调、非消防电源,将电梯迫降,打开人员疏散指示灯等,启动消防泵、喷淋泵等消防灭火设备等。外控消防设备的启/停状态应反馈给联控控制器主机并以光信号形式显示出来,使消防控制室(中心)值班人员了解外控设备的实际运行情况。消防内部电话、消防内部广播起到通信、联络和对人员疏散、防火灭火的调度指挥作用。

8.2.3　火灾自动报警系统构成

1.火灾自动报警系统的一般构成

火灾自动报警系统一般由火灾探测报警系统、消防联动控制系统、可燃气体探测报警系统与电气火灾监控系统等构成,如图 8.7 所示。

(1)火灾自动报警系统。

火灾自动报警系统主要由火灾报警控制器、火灾控制器、手动火灾报警按钮、火灾显示盘、消防控制室图形显示装置、火灾声和光警报器等构成,主要功能是火灾自动报警。住宅建筑在火灾自动报警系统设计中,应结合建筑管理和消防设施设置情况,选择合适的系统构成。

(2)消防联动控制系统。

消防联动控制系统主要由消防联动控制器、输入输出模块、消防电气控制装置、消防电动装置等消防设备构成,主要功能是消防联动控制。消防联动控制主要有自动喷水灭火系统的联动控制、消火栓系统的联动控制、气体灭火系统的联动控制、泡沫灭火系统的联动控制、防烟排烟系统的联动控制、防火门及防火卷帘系统的联动控制、电梯联动控制、火灾警报和消防应急广播系统的联动控制、消防应急照明和疏散指示系统的联动控制及其他相关联动控制等。

(3)可燃气体探测报警系统。

可燃气体探测报警系统主要由可燃气体报警控制器、可燃气体探测器和火灾声光警报器等组成,主要功能是探测可燃气体火灾。可燃气体探测报警系统保护区域内有联动和警报要求时,应由可燃气体报警控制器或消防联动控制器联动实现。

(4)电气火灾监控系统。

系统主要由电气火灾监控器、剩余电流式电气火灾监控探测器、测温式电气火灾监控探测器等构成,主要功能是监测电气线路火情。

2.火灾自动报警系统基本形式

火灾自动报警系统的形式和设计要求与保护对象及消防安全目标的设立直接相关。火灾自动报警系统的组成形式多种多样,特别是近年来,科研、设计单位与制造厂家联合开发了一些新型的火灾自动报警系统,如智能型、全总线型等。在工程应用中,主要采用以下三种基本形式。

(1)区域报警系统。

区域报警系统适用于仅需要报警,不需要联动自动消防设备的保护对象。区域报警系统不具有消防联动功能,但系统可以根据需要增加消防控制室图形显示装置或指示楼

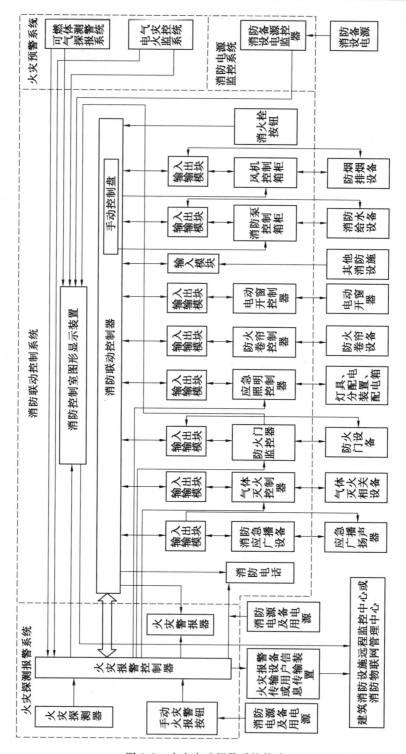

图 8.7　火灾自动报警系统构成

层的区域显示器,也可以根据需要不设消防控制室。若有消防控制室,火灾报警控制器和消防控制室图形显示装置应设置在消防控制室内;若没有消防控制室,则应设置在平时有专人值班的房间或场所内。区域报警系统应具有将相关运行状态信息传输到城市消防远程监控中心的功能,常用于整个建筑不需要设置火灾自动报警系统,如柴油发电机房、歌舞娱乐场所、老年人照料设施等局部功能用房又需要设置火灾自动报警装置的多层建筑。区域报警系统如图 8.8 所示。

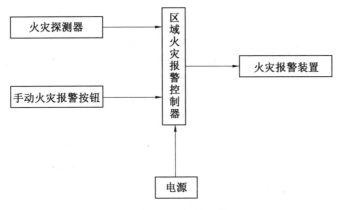

图 8.8　区域报警系统

(2)集中报警系统。

集中报警系统适用于需要报警且具有联动要求的保护对象。系统设置一台具有集中控制功能的火灾报警控制器和消防联动控制器、一台图形显示装置和一个消防控制室,常用于住宅建筑和报警联动点不大于 3 200 点的中小型公共建筑。集中报警系统如图 8.9 所示。

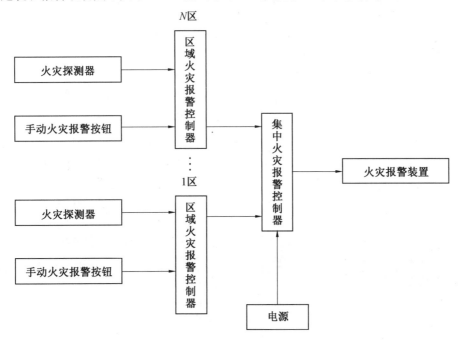

图 8.9　集中报警系统

(3)控制中心报警系统。

控制中心报警系统是指有两个及以上集中报警系统或设置两个及以上消防控制室的报警系统。另外,因分期建设或对原有建筑的改建、扩建等而采用了不同企业的产品或同一企业不同系列的产品,或因系统容量限制而设置了多个起集中作用的火灾报警控制器等也应选择控制中心报警系统。对于设有多个消防控制室的保护对象,应确定一个主消防控制室,对其他消防控制室进行管理,根据建筑的实际使用情况界定消防控制室的级别。主消防控制室内应能集中显示保护对象内所有的火灾报警部位信号和联动控制状态信号,并能显示设置在各分消防控制室内的消防设备的状态信息。为便于消防控制室之间的信息沟通和信息共享,各分消防控制室内的消防设备之间可以互相传输、显示状态信息。同时,为防止各个消防控制室的消防设备之间的指令冲突,分消防控制室的消防设备之间不应互相控制。一般情况下,整个系统中共同使用的消防水泵等重要的消防设备可根据消防安全的管理需求及实际情况,由最高级别的消防控制室统一控制。控制中心报警系统一般适用于建筑群或城市综合体等报警联动点大于 3 200 点的大型建筑物。随着建筑技术的进步,建筑功能越来越复杂,当一座建筑部分楼层为酒店,部分楼层为其他功能用房时,酒店往往要求设置独立的消防控制室和消防水泵房,不与其他功能用房共用,因此其他功能用房也要设置消防控制室和消防水泵房。于是,一座建筑就由两个消防控制室和两个消防水泵房各自负责相应的部分。由此可见,这两个消防控制室是相对独立的,无法确定一个为主消防控制室,另一个为分消防控制室,但两个消防控制室之间应具有信息沟通和信息共享,可以互相传输、显示状态信息等。一旦发生火警,应急广播和声光警报器对整个大楼应同步播放,有序地组织人员疏散,同时强制接通整个大楼的应急照明,启动楼梯间的加压送风机等。控制中心报警系统如图 8.10 所示。

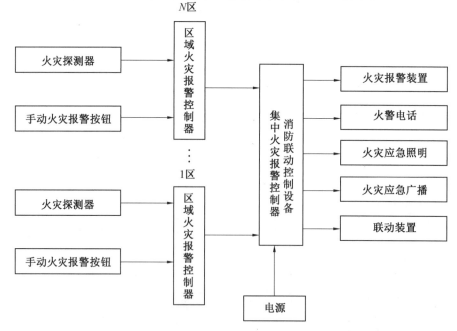

图 8.10　控制中心报警系统

8.2.4　火灾自动报警系统的发展和趋势

随着计算机技术和通信技术的不断发展,火灾自动报警和联动控制技术也相应得到飞速发展,智能监测器的推出大大提高了系统的可靠性,降低了误报率,高性能、大容量的控制系统满足了现代建筑的需要。

1. 火灾自动报警系统发展历史

20 世纪 80 年代至 90 年代,随着经济建设及半导体、微电子、光电、计算机和信息等科学技术的迅速发展,国外火灾自动报警技术以市场为导向,以应用高新技术为先导,以减少误报率,提高可靠性、灵敏度和扩大探测范围为根本目的,在开展基础理论和应用技术研究、老产品技术改造、新产品开发、标准和规范制修订、产品质量认证和检验、系统设计安装和维护、扩大应用范围和提高应用效益等方面都有了很大的发展,出现了许多新产品、新技术,使火灾自动探测报警系统从火灾探测、报警传输、信号处理、报警控制显示到与其他系统联动等一系列功能和可靠性得到了大大的提高和完善,大大减少了误报率,增强了人们预防现代化各种火灾的能力,为保卫人类生命和财产防火安全发挥了重要作用,成为现代消防技术中的一种必不可少、具有广阔发展前途的前沿消防领先技术和手段。

2. 火灾自动报警系统分代

火灾自动报警系统的组成形式多种多样,它的发展目前主要可分为六个阶段。其中,部分代别并不是升级替换,而是同时代技术,目前实际使用中也存在多代产品共存现象。

(1)第一代火灾报警系统。

初期阶段是用一些简单的分立元件构成的感温火灾自动报警系统。从 19 世纪 40 年代一直延续到 20 世纪 40 年代,这期间感温探测器占主导地位。但由于感温式火灾探测器灵敏度较低,探测火灾的速度也较慢,尤其对阴燃火灾往往不响应,因此它一直无法较好地实现火灾早期报警的要求。

(2)第二代火灾报警系统。

多线制开关量式火灾探测报警系统是第二代产品,目前国内外基本已处于被淘汰的状态。在大规模集成电路出现前,出于对火灾探测器体积和质量的限制,探测器本身没有编码器,为确定现场大量探测器的位置,将每个探测器的引线直接连到控制器,在控制器的连线处标明该探测器的位置,这就实现了火灾报警到部位的功能。早期的探测器有两根电源线,还有选通线、信号线和自检线各一根,合计五根线。除选通线外,其余四根线可以共用。后来又将一根电源线与信号线、自检线合并成一根,选通线兼作另一根电源线,所以最终的多线制火灾报警控制系统的每个探测器与控制器的连线只有两根。每个探测器有一条信号线与控制器相连,另一根地线可以公用,也连接到火灾报警控制器,所以 n 个探测器连到控制器的连线共有 $n+1$ 根。

多线制火灾自动报警系统如图 8.11 所示。每个探测器除需提供两根电源线外,还需提供一根报警信号线,探测器电源由报警器提供,探测器的信号线均连接到报警显示盘上,报警时点亮相应的指示灯。例如,日本"日探"公司生产的 CPF 火灾报警系统的功能一般以报警为主,辅以一些简单的联动功能(也为多线制),如驱动警铃等,其报警器对外围探测器无故障检测功能,只会对电源线的断线做出故障反应,安装此类系统比较烦琐,特别是校线工作量较大。

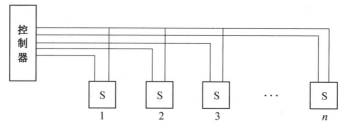

图 8.11　多线制火灾报警系统

这种报警系统存在着明显的弊病。首先,报警是由探测器控制的,无论是火情还是探测器周围环境的变化,如空气温度、湿度文化、气流大小及气压高低等,只要探测器探测的信息变化达到了其设定的阀值,就发出报警,误报率高。其次,探测器与控制器之间的联线繁多,线路出现故障的可能性增大,并且安装和维护十分困难。而且,控制器对信号的处理是靠硬件电路适当连接实现的,故电路复杂、可靠性差,也导致误报率极高。

(3)第三代火灾报警系统。

总线制可寻址开关量火灾报警系统是第三代火灾报警系统。这种自动报警系统已采用微处理器控制,其线制一般有四线制、三线制、二线制(图 8.12),探测器和模块均采用地址编码形式,通过总线与控制器实现信号传送,其探测器的报警形式为开关量,其灵敏度在制造时通过硬件决定,不可调整。此类系统可进行现场编程,并通过各种模块对各联动设备实行较复杂的控制。此类系统已具有系统自检及对外围器件的故障检验等功能。

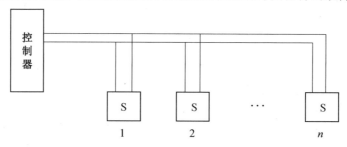

图 8.12　开关量火灾报警系统图

开关量型火灾探测系统主要由智能火灾报警控制器与开关量型探测器(或控制模块)构成。开关量型探测器是一种固定阈值探测器,其火灾灵敏度不会随周围环境的变化而自动补偿,当环境变化时会给探测带来影响。例如,离子探测器在使用过程中,其电离室由于被灰尘附着,因此电离室输出电压发生变化,从而引起探测器的误报或漏报。一般来说,开关量探测器都是单一火灾探测方式,如测烟或测温度,具有一定的局限性。由于开关量探测器只是通过硬件作简单的门限比较来判断火灾信号的有无,并不对火灾的信息或过程进行处理,没有火灾的算法,因此其对火灾判定的准确性不是很好。

松江的 JB—1501(A)、JB—1502、JB—3101 类型即开关量控制器,目前松江主流的JB—3208 也是开关量型。

　　(4)第四代火灾报警系统。

　　模拟量传输式智能火灾报警系统是第四代火灾报警系统。目前国内已经从传统的开关量式火灾探测报警技术跨入具有科技水平的模拟量式智能火灾探测报警技术阶段。

　　模拟量型探测器是一种内无固定阈值的火灾探测器,其主要特点是传感器测到的信号大小被以电压或电流的大小形式传送到控制器,探测器本身并不做判断或处理,所有的处理过程都集中在控制器中,包括对探测环境的自动补偿,以及火灾信息的保存、处理和判断,探测器只相当于是一只火灾传感器,这就要求火灾控制器有更高性能的微处理器和更大的数据存储量,但整个系统的响应速度会变慢。随着系统内挂接探测器数量的增多,算法越复杂,火灾探测响应速度越慢。

　　安装在保护区的探测器不断向所监视的现场发出巡检信号及监视现场的烟雾质量浓度、温度等,并不断反馈给报警控制器,控制器将接到的信号与内存的正常整定值比较,判断确定火灾。当发生火灾时,发出声光报警,显示火灾区域或楼层房号的地址编码,并打印报警时间、地址等。同时,向火灾现场发出警报提醒,各应急疏散指示灯亮,指明疏散方向,联动相关设备,火灾自动报警逻辑如图 8.13 所示。

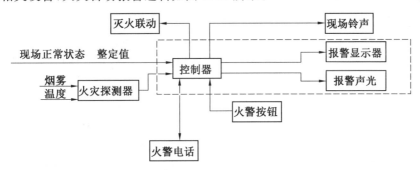

图 8.13　火灾自动报警逻辑

　　模拟量报警方式与开关量报警方式的根本区别在于:模拟量火灾探测器内部电路不存在报警阀值,探测器将烟雾质量浓度或环境温度等报警因素转换成具有一定值的数据信号,即"模拟量信号",这个模拟量信号随着报警因素的变化而变化。火灾报警控制器循环往复地接收这个模拟量信号,并由其内部的单片计算机进行相应的数据处理,计算机程序自动地为每个探测器设定一个初始值和两个阈值,即预火警值和火灾报警值。在火灾发生时,探测区域内的烟雾质量浓度急剧增加,由探测器发回的模拟量信号也迅速增强,当其数值达到且超过火警值时,火灾报警控制器将发出"预火警"信号。若烟雾质量浓度不再继续上升,则停止预火警报警,"预火警"信号消失;若烟雾质量浓度仍继续上升,并达到火灾质量报警质量浓度,则火灾报警控制器立即发出火灾报警信号和一系列灭火联动指令。由此可见,模拟量火灾自动报警系统能够对其所接收到的模拟量信号进行判别和分析,从而提高系统的稳定性和可靠性,降低误报率。

　　(5)第五代火灾报警系统。

　　智能型火灾火灾自动报警系统是第五代火灾报警系统,但如今还是存在着多代并存的现象。多线制、模拟量火灾探测系统市场上依然可以看见。其中,多线制火灾自动探测系统多存在于国外市场,在国内很少见到多线制火灾自动探测系统。

世界市场占有率最高的第五代智能火灾自动探测系统按智能的分配大致可分为三类：一是探测器智能系统，二是控制器主机智能系统，三是分布智能系统。

(6)第六代火灾报警系统。

城市火灾自动报警监控网络系统通过有线或无线的方式实时监控整个城市中各个消防场所的火灾报警系统，是第六代火灾报警系统。火灾发生时，现场的火灾报警信号到达监控中心的城市火灾报警网络管理系统，通过地理信息系统(GIS)实行事故地点定位，接警中心的电子地图上就会立即自动显示出报警点的准确位置，同时把报警信息、位置信息等传送到处理中心。该监控系统包括：监控中心，一般设在消防部门或指定的第三方，由多个接警计算机和中心计算机构成，接警计算机负责监控接入系统的各个远程火灾报警系统，并由专人值班操作，对火警进行确认，中心计算机作为后台处理机，提供大容量的数据库并生成消防预案，并为其他系统提供数据服务；远程火灾报警系统，为上面提到的火灾报警系统，通过公共电话网(PSTN)、互联网和无线(联通的 CDMA、移动的 GPRS)等方式接入监控中心。

3. 火灾自动报警系统的未来趋势

(1)通信网络化。

火灾自动报警系统网络化是用计算机技术将控制器之间、探测器之间、系统内部、各个系统之间及城市"119"报警中心等通过一定的网络协议进行相互连接，实现远程数据的调用，对火灾自动报警系统实行网络监控管理，使各个独立的系统组成一个大的网络，实现网络内部各系统之间的资源和信息共享，使城市"119"报警中心的人员能及时、准确地掌握各单位的有关信息，对各系统进行宏观管理，对各系统出现的问题能及时发现并及时责成有关单位进行处理，从而弥补现在部分火灾自动报警系统擅自停用，以及值班管理人员责任心不强，业务素质低，对出现的问题处置不及时、不果断等方面的不足。

(2)系统智能化。

火灾自动报警系统智能化是使探测系统能模仿人的思维，主动采集环境温度、湿度、灰尘、光波等数据模拟量并充分采用模糊逻辑和人工神经网络技术等进行计算处理，对各项环境数据进行对比判断，从而准确地预报和探测火灾，避免误报和漏报现象。发生火灾时，能根据探测到的各种信息对火场的范围、火势的大小、烟的质量浓度及火的蔓延方向等给出详细的描述，甚至可配合电子地图进行形象提示，对出动力量和扑救方法等给出合理化建议，以实现各方面快速准确反应联动，最大限度地降低人员伤亡和财产损失，而且火灾中探测到的各种数据可作为准确判定起火原因、调查火灾事故责任的科学依据。此外，规模庞大的建筑使用全智能型火灾自动报警系统，即探测器和控制器均为智能型，分别承担不同的职能，可提高系统巡检速度、稳定性和可靠性。

(3)应用多样化。

我国目前应用的火灾探测器按其响应和工作原理基本可分为感烟、感温、火焰、可燃气体探测器及两种或几种探测器的组合等。其中，感烟探测器一枝独秀，光纤线性感温探测技术、火焰自动探测技术、气体探测技术、静电探测技术、燃烧声波探测技术、复合式探测技术代表了火灾探测技术发展和开发应用研究的方向。此外，利用纳米粒子化学活性强、化学反应选择性好的特性，将纳米材料制成气体探测器或离子感烟探测器，用来探测有毒气体、易燃易爆气体、蒸气及烟雾的质量浓度并进行预警,具有反应快、准确性高的特点,目前已列为我国消防科研工作者的重点研究开发课题。

（4）设计小型化。

火灾自动报警系统的小型化是指探测部分或者说网络中的"子系统"小型化。如果火灾自动报警系统实现网络化,则系统中的中心控制器等设备就会变得很小,甚至对较小的报警设备安装单位可以不再独立设置,而依靠网络中的设备、服务资源进行判断、控制、报警。这样,火灾自动报警系统安装、使用、管理就变得简洁、省钱、方便了。

（5）适用社区化。

随着我国经济的不断发展、人们安全意识的增强、火灾自动报警系统的进一步完善及智能化程度的提高,在社区家庭特别是高级住宅积极推广应用防盗、防火联动报警装置或独立式感烟探测器,对于预防居民家庭火灾是非常必要和行之有效的措施。

（6）高灵敏化。

以早期火灾智能预警系统为代表,该系统除采用先进的激光探测技术和独特的主动式空气采样技术外,还采用人工神经网络算法,具有很强的适应能力、学习能力、容错能力和并行处理能力,近乎于人类的神经思维。此外,该系统的子机与主机可以进行双向智能信息交流,使整个系统的响应速度及运行能力空前提高,误报率几乎为零,灵敏度比传统探测器高 1 000 倍以上,能探测到物质高热分解出的微粒子,并在火灾发生前的 20～30 min 预警,确保了系统的高灵敏性和高可靠性,实现早期报警。

针对当前火灾自动报警系统存在的通信协议不一致,系统误报、漏报频繁,智能化程度低,网络化程度低,特殊恶劣环境的火灾探测报警抗干扰等较为突出的现象,提出在符合国家消防规范的基础下采用统一、标准、开放的通信协议,通过对新技术、新工艺、新材料和新设备的应用研究,对系统方案、设备选型进行优化组合,改进火灾自动报警系统的工作性能,减少维护费用和维护要求,向着高可靠性、高灵敏性、低误报率、系统网络化、技术智能化方向发展,为更好地预防和遏制建筑火灾提供了强有力的保障,从而更好地保护国家和人民的生命、财产安全,这是火灾自动报警应用技术的研究发展趋势。

8.2.5　火灾自动报警性能测试及方法

火灾探测装置监测建筑物的火灾迹象。在检测到火灾指示器后,设备被激活,并从被激活的设备发送信号到火灾控制面板。通常,消防控制面板激活消防报警系统中消防报警装置的音频和可视报警,并向消防部门、中央接收站、地方监测站和/或其他建筑物报警发送信号,并通知系统。火灾探测和火灾报警装置会定期进行测试(如每月、每季度或每年根据当地消防法规的解释和执行情况进行测试),以验证火灾探测和火灾报警装置在物理上是健全的,没有改变,工作正常,并位于指定的位置。这种火灾探测和火灾报警装置的测试通常是通过演练测试来完成的。过去,演练测试是由至少两名技术人员组成的团队执行的:第一个技术人员走进大楼,手动启动每一个火灾探测和火灾警报装置;第二个技术人员留在控制面板,以验证控制面板收到了来自激活装置的信号。技术人员通常通过双向无线电或移动电话来协调每台设备的测试。在某些情况下,技术人员甚至可能会比较测试设备的手写记录。在一组火灾探测和火灾报警装置测试后,控制板上的技术人员重置控制面板,而另一技术人员移动到下一个火灾探测或火灾报警装置。最近,有人提出了单人步行系统。在这些系统中,技术人员将计算机连接到控制面板和第一个双向无线电。然后,技术人员使用第二个双向收音机与第一个双向收音机建立通信链路,并在两个双向收音机上选择相同的无线电频率。或者,技术人员可以与移动电话或寻呼发射机和寻呼机建立通信链路。在演练测试期间,技术人员将其中一个火灾探测或火灾报警装置置于报警状态。控制面板检测被激活设备的报警状态,并向计算机发送包含被激活设备的位置和/或地址的消息。接下来,计算机将从控制面板接收到的消息转换为音频流,并通过通信将音频流发送给技术人员链接。技术人员听到激活设备的位置和/或地址,并验证设备是否正确连接,使用下一个火灾探测或火灾报警装置重复测试过程,直到所有报警系统的火灾探测和火灾报警装置得到验证为止。

8.2.6　工业厂区火灾自动报警系统的设计原则

1. 消防报警系统选型的设计原则

自动报警系统与联动系统设备应当符合规范要求,按照所要保护对象的特征、火灾的危险等级、扑救的困难程度等因素分为不同的等级,包括特级、一级及二级保护对象。对于自动报警系统的选择而言,应当达到下列要求:中心控制报警系统符合特级和一级保护对象的要求;综合报警系统适用于一级和二级保护对象;区域报警系统适用于二级保护对象。

2. 消防联动控制的设计要求

消防联动控制的设计应当符合下列要求:能够启动和停止相应的消防设备,而且还能够实时显示这些设备的运行状况;除自动控制外,还能够实现控制中心的手动控制及现场的手动控制,以防止突发状况的发生;火灾报警地点及故障报警地点能够借助 CRT 地图及控制器显示屏得到展示;不仅可以对保护对象的具体方位加以展示,而且还可以精确展示出厂区内部的每个消防通道及设施的平面位置;系统可以展示出消防供电电源的运行状况;在掌握火灾情况后,能够对相关地点处的非消防电源加以控制,而且与报警设备、应急照明及疏散标志进行联动;在掌握火灾情况后,可以将所有电梯控制在第一层,而且可以实现信息的接收与反馈。

3. 消防广播的设计要求

(1)控制程序部分设计。

当二层以上的建筑物出现火灾时,广播与着火层及其上下层应当能够实现及时连通。在所要保护的区域一层发生火灾时,消防广播应当马上连接相关楼层。如果在地下室发生火灾,广播应当能够马上接通地下室和一层。对厂区的多层建筑所设置的不同防火分区而言,在火灾产生的时候应当设置邻接的防火分区。

(2)消防应急广播控制方法。

一旦发生火灾报警,广播要马上转换到紧急状态,并能展示广播设置的防火分区,每个区域的应急广播能够通过人工方式进行启动或停止。应急广播可借助原本设计的连接关系在有关的消防区域进行播报制,在火灾报警解除后,消防控制器复位,广播自动转换到普通状态。当紧急广播产生故障时,可以实时展现故障信息。

4.消防电话的设计要求

在厂区火灾自动报警系统设计中,消防电话应当属于专门的线路。在消防控制室里安置专用电话总机,在走廊、消防电梯间、空调机房等地点安放外线电话。一旦发生火灾,借助专门的电话就可以立即将火灾报警信息告知消防控制室。

8.2.7　系统保护对象级别划分及报警探测区域划分

1.系统保护对象级别的划分

火灾自动报警系统的保护对象是工业建筑和民用建筑的场所。不同保护对象的使用特性、火灾危险性和疏散扑救难度也有很多不同之处。应根据不同情况和火灾自动报警系统设计的特点与实际需要,有针对性地采取相应的防护措施。根据《火灾自动报警系统设计规范》中规定:火灾自动报警系统的保护对象分为特级、一级和二级,判断其等级时应根据建筑的使用性质、火灾危险性、疏散和扑救难度等采取相应的防护措施。

根据《火灾自动报警系统设计规范》中的规定:特级保护对象是建筑高度超过 100 m 的高层民用建筑;一级防护对象是一类高层建筑,工业甲、乙类生产厂房,甲、乙类物品库房,总建筑面积超过 1 000 m² 的丙类物品库房,总建筑面积超过 1 000 m² 的地下丙类丁类生产车间及物品库房;二级防护对象是二类建筑,工业丙类生产厂房,面积大于 50 m² 但不超过 100 m² 的丙类物品库房,总建筑面积超过 50 m² 但不超过 1 000 m² 的地下丙、丁类生产车间及地下物品库房。

2.报警区域探测区域划分

火灾自动报警系统的设计一般都要将系统的保护对象的整个范围划分为若干个分区,称为报警区域。报警区域是将火灾自动报警系统的警戒范围按照防火分区或楼层划分的单元。一个报警区域由一个或同层相邻几个防火分区组成。报警区域划分时可将一个防火分区划分为一个报警区域,也可以将同层相邻的几个防火分区化为一个报警区域。

(1)防火和防烟分区。

建筑物内应设置防火墙,划分防火分区,一类建筑每层每个防火分区的面积不超过 1 000 m²,二类建筑每层每个防火分区的面积不超过 1 500 m²,地下室每层每个防火分区不超过 500 m²。建筑物内设有上下层连通的走马廊、开敞楼梯、自动扶梯、传送带、跨层窗等开口部位时,应把上下连通层作为一个防火分区。

(2)报警区域的确定。

防火分区内的每条报警区域不能超过两层以上。每一个报警区域的建筑面积应在 500 m² 以下,并且其中一边的长度不超过 50 m。按楼层确定报警区域时,每一层的底面积在 500 m² 以下时设置一个报警区;当超过时,则按每 500 m² 设置一个报警区域。

(3)探测区域的确定。

将每个报警区域再划分成若干个单元,也就是探测区域。探测区域可以是一个探测器所保护的区域,也可以是几只探测器共同保护的区域。但一个探测区域在区域报警控制器上只能占有一个报警部位信号。

探测区域应按独立房间划分。一般不超过 500 m^2 的区域可划分为一个探测区域面积。另外,如果能从房间主要出入口看清内部,并且其面积不超过 1 000 m^2,也可以划分为一个探测区域。消防电梯前室、消防电梯与防烟楼梯合用的前室、敞开和封闭的楼梯间、防烟楼梯间前室、走道、坡道、管道井、电缆隧道、建筑物闷顶、夹层等部位都应该单独划分为探测区域。

8.2.8 火灾探测器和手动报警按钮位置及选择

1. 火灾监测器的技术性能

无论何种火灾监测器,为正确地选用和布置,都必须要了解它们的主要技术性能参数。

(1)工作电压和允差。

监测器的工作电压又称额定电压,是监测器长期正常工作时的电源电压,一般多为直流 24 V,也有 12 V 的产品。允差是指监测器长期正常工作允许的电压波动范围值,一般为额定电压±15%。显然,允差值越大,监测器适应电压变化的能力就越强。由于各个监测器总是处于整个消防系统的不同位置,因此考虑线路电压降落后,各监测器实际的受电电压总是不同的,要求监测器具有较大的允差。

(2)灵敏度。

监测器的灵敏度是指其响应火灾参数(如烟、温度、辐射光、可燃气体等)的敏感程度,是选择监测器的重要因素之一。感烟监测器的灵敏度是指其对烟雾质量浓度的敏感程度,用每米烟雾减光率(%)表示。感温监测器的灵敏度是指其对温度或温升的敏感程度,它以感温监测器接受温度升信号时起,到达到动作温度发出警报信号时止这一动作的时间,即响应时间(s)来表示。我国将定温、差定温监测器的灵敏度也标定为三级。无论何种监测器,其灵敏度的级别越小,灵敏度越高。动作时间越短,误报的可能性越会增加,所以不能单纯地追求高灵敏度。

(3)监视电流。

监视电流是指火灾监测器处于警戒状态时正常工作的电流,又称警戒电流,监测器工作电压为定值。监视电流越小则能耗越小。目前,产品的监视电流已由原来的毫安级降至微安级。

(4)报警电流和最大报警电流。

报警电流是指监测器动作报警所需的工作电流(mA),最大报警电流是指监测器处于报警状态时允许的最大工作电流。显然,允差与报警电流限制了监测器距报警控制器的安装距离及报警控制器每个回路允许并接的最大监测器数量。

(5)保护范围。

保护范围是指一个监测器警戒(监视)的有效范围,它是确定火灾自动报警系统中监测器数量的基本依据。点型监测器常用保护面积(m^2)来表示保护范围。感光监测器则是采用保护视角和最大探采测距离,综合确定其保护空间。显然,采用保护空间比保护面积能更有效地表征检测器地保护范围。

(6)工作环境。

工作环境是探测器能正常工作所需的环境,如温度、湿度、气流速度等的限制性指标,也是选择探测器的重要依据之一。

2. 火灾探测器的类型及选择

根据火灾探测器的结构造型分类,可分为点型和线型火灾探测器。民用建筑中基本都使用点型探测器,工业建筑设备中多用线型探测器。根据探测的火灾参数的不同,可分为感温火灾探测器、感烟火灾探测器、感光火灾探测器、可燃气体质量浓度火灾探测器和复合式火灾探测器五种基本类型。

(1)感温火灾探测器。

感温式火灾探测器是对警戒范围内某一点或某一线段周围的温度变化时发生响应的火灾探测器。定温火灾探测器用于环境温度达到或超过预定值时发生响应的场所,差温火灾探测器用于环境温度异常升高或升温速率超过预定值时发生响应的场所。

(2)感烟火灾探测器。

感烟火灾探测器是在燃烧或热介质产生的固体或液体微粒时发生响应的火灾探测器。早期火灾的重要特征之一是火灾烟雾。感烟火灾探测器能探测到一定空间烟雾粒子的质量浓度,可以实现早期的火灾探测报警功能。

(3)感光火灾探测器。

感光火灾探测器用于响应火焰辐射出的红外光、紫外光和可见光,又称火焰探测器。工程中主要采用红外感光和紫外感光两种。

(4)可燃气体质量浓度火灾探测器。

可燃气体质量浓度火灾探测器是对单一或多种可燃气体质量浓度变化产生响应的探测器。

(5)复合式火灾探测器。

复合式火灾探测器是能对两种或两种以上火灾参数产生响应的探测器,适用于混合型的复杂场所。

3. 探测器的选择

火灾初期的阴燃阶段会产生大量的烟或少量的热,火焰辐射很少或没有时,一般应该选用感烟探测器。

对于有强烈的火焰辐射、产生烟和热均少的场所,应选择火焰探测器。

对于存在粉尘、烟雾、水蒸气的场所及湿度较大的房间,应选择感温探测器。

对于无遮挡大空间或有特殊要求的场所,应选择光束感烟探测器。

对于电缆隧道、配电装置、地板下等场所,应选择安装管道吸气式感烟探测器或缆式感温探测器。

4. 火灾探测器的设置数量和布置

在设置火灾探测器的数量之前,需要充分地了解火灾探测器的保护半径和保护面积。

火灾探测器的保护面积(A)是指当发生火灾时,一只火灾探测器能够探测到火灾信息的地面面积,又称探测面积,单位为 m^2。

火灾探测器的保护半径(R)是指当发生火灾时,一只火灾探测器能够在某个单一方向上探测到的最大水平距离,单位为 m。

火灾探测器的保护面积(A)＝π×火灾探测器的保护半径(R)^2。

(1)火灾探测器的设置数量。

一个探测区域所需要设置探测器的数量(N)的计算公式为

$$N \geqslant S/(KA)$$

式中　N——一个探测区域内探测器需要设置的数量,N 取整数;

　　　S——一个探测区域的面积,m^2;

　　　K——修正系数,重点保护建筑取 0.7～0.9,非重点保护建筑取 1.0;

　　　A——探测器的保护面积,m^2。

一般情况下,每只离子式或光电式感烟探测器的最大保护面积为 80～100 m^2,每只感温探测器最大保护面积为 30～50 m^2。

(2)火灾探测器的布置。

根据建筑结构的特点,进行合理的布置火灾探测器,可以使火灾自动报警系统更加灵敏和准确,充分利用好火灾探测器的保护半径。火灾探测器的布置在设计规范中有明确的规定。火灾探测器的安装间距定义为两只相邻的火灾探测器中心连线的长度。当探测区域为矩形时,a 为横向安装间距,b 为纵向安装间距。探测器保护面积 A、保护半径 R 与安装间距 a 和 b 具有以下近似关系,即

$$(2R)^2 = a^2 + b^2 \quad A = a \times b$$

(3)手动火灾报警按钮的设置。

在火灾自动报警系统中,设置手动火灾报警按钮设备的安装位置非常重要,它在系统中起到人工确定火情的作用,像是一个"人机对话"的设备。设计规范中要求报警区域内每个防火分区至少设置一只手动火灾报警按钮。实际工程中,一般将它设置在每个防火分区的电梯前室、楼梯前室等处,有利于及时报警。从一个防火分区的任何位置到最邻近的一个手动火灾报警按钮的距离不应超过 30 m,安装高度为 1.3～1.5 m。在有条件的情况下,旁边最好设置紧急对讲电话分机或紧急电话插孔。

8.2.9　设计准备(国家规范及相关专业沟通)

火灾自动报警系统设计之前,首先要充分了解和熟悉其他各专业的设计方案、要求及内容。

(1)根据建筑物高度及其性质确定保护对象的等级及火灾自动报警系统设计。

(2)根据设定的防火分区确定报警区域。

(3)根据建筑物室内用途确定探测器的类型、级别、探测区域、探测器类型和数量。

(4)根据各种电气设备用房的性质对建筑专业设计提出耐火极限要求。

(5)根据室内装修确定探测器位置、类别和安装方法。

(6)根据房间和各种用房的高度确定探测器的型式。

(7)根据结构梁板布置确定探测器的位置和数量。

(8)根据室内构成燃烧的存放物确定初期火灾状态和探测器型式。

(9)确保消防电梯电源供电,参与消防联动控制。

(10)根据电缆桥架及电缆隧道确定感温电缆的数量及回路。

(11)根据电缆竖井确定感温电缆的数量及回路。

(12)根据电动防火门确定探测器型式及其联动控制方式。

(13)根据总平面图确定系统管线路由。

(14)注意避免变形缝处敷设电缆,若必须敷设,应采取防护措施。

(15)根据防排烟系统分布确定联动控制方式。

(16)根据空调通风系统及其防火阀确定联动控制方式。

(17)根据消火栓系统确定人工报警方式和消防泵联动控制方式。

(18)根据喷淋系统确定动作显示,启动喷洒水泵。

(19)根据固定灭火系统确定报警方式、安全启动方式和运行显示方式。

8.3　工业火灾自动报警系统设计

火灾自动报警系统是建筑电气系统的一部分,系统设计首先应当符合电气设计的一般要求。同时,火灾自动报警系统又是一种消防安全设备,必须符合消防安全方面的国家有关规定。

8.3.1　设计基本要求

1.火灾自动报警系统应设有自动和手动两种触发装置

自动触发装置即采用火灾探测器,是系统中最基本的火灾触发装置,它自动探测火灾,产生和发出火灾报警信号,并将火灾报警信号立即传输给火灾报警控制器。手动触发装置就是手动报警按钮,通过人工将信号传送给火灾报警控制器,是系统中不可缺少的组成部分。

2.火灾报警控制器的容量

连接在每一个总线回路上的火灾探测器或信号模块的地址编码总数(即安装在总线上的数量)都应该留有一定的余量。可以接收和显示的探测部位地址编码总数应大于系统保护对象实际需要的探测部位地址编码总数,留有一定数量的冗余。

3.火灾自动报警系统的设备采用

为保证火灾自动报警系统正常可靠运行,应采用经国家质量监督检测中心检验合格的消防设备。

8.3.2　系统形式选择和设计要求

1.系统形式选择

系统形式的选择原则上应根据保护对象的保护等级来确定。控制中心报警系统用于特级、一级保护对象;集中报警系统用于一级、二级保护对象;区域报警系统用于二级保护对象。在具体的工程中,对于某一特定保护对象,采用何种形式的系统要根据保护对象的具体情况,如工程建设的使用性质、规模、报警区域的划分,基于消防管理的组织体制等因素综合合理地确定。

2. 区域报警系统的设计要求

区域报警系统是一种形式简单的火灾报警系统,不过其使用范围比较广泛,可以用于工业企业的计算机机房和民用建筑的写字楼、公寓、塔楼等,其保护对象一般是规模较小、对联动控制功能要求较简单或没有联动控制功能的场所。

区域报警系统的设计应符合以下要求。

(1)一个报警区域最好设置一台区域火灾报警控制器,系统中区域火灾报警控制器不应超过两台。

(2)区域火灾报警控制器应设置在有人值班的房间或场所。当系统中设有两台区域火灾报警控制器且分设在两处时,应当以一处为主要值班室,并将另外一台区域火灾报警控制器的信号送到主要值班室。

(3)系统按用户要求可以设置简单的消防联动控制设备。

(4)当用一台区域火灾报警控制器警戒多个楼层时,应在每一个楼层的楼梯口或消防电梯前室等明显部位设置识别着火楼层的灯光显示装置,以便发生火灾时能够及时、正确地引导消防、保卫人员组织疏散等活动。

(5)区域火灾报警控制器安装在墙上,安装高度宜为 1.3~1.5 m,靠近门轴的侧面距墙不应小于 1.5 m,正面操作距离不应小于 1.2 m。

3. 集中报警系统的设计要求

集中报警控制器是一种比较复杂的报警系统,其保护对象一般规模较大,联动控制功能要求较为复杂。集中报警控制系统的设计应符合下列要求。

(1)系统中应设置一台集中火灾报警控制器和两台及以上区域火报警控制器,或设置一台火灾报警控制器和两台及以上区域显示器。

(2)系统中应设置消防联动控制设备。

(3)集中火灾报警控制器应能显示火灾报警部位信号和控制信号,也可以进行联动控制。

(4)集中火灾报警控制器安装在墙上时,安装高度宜为 1.3~1.5 m,其靠近门轴的侧面距墙不应小于 0.5 m,正面操作距离不应小于 1.2 m。

4. 控制中心报警系统的设计要求

控制中心报警系统是一种复杂的报警系统,其保护对象一般规模大,联动控制功能要求复杂。控制中心报警系统的设计应符合下列要求。

(1)系统中设置的集中火灾报警控制器和消防联动控制设备在消防控制室内的布置要求与集中火灾报警控制器消控室的要求相同。

(2)系统中应该至少设置一台集中火灾报警控制器、一台专用消防联动控制设备和两台及以上区域火灾报警控制器,或设置一台火灾报警控制器、一台消防联动控制设备和两台及以上区域显示器。

(3)系统应能集中显示火灾报警部位信号和联动控制状态信号。

8.3.3　确定系统形式

火灾自动报警系统分为区域报警系统、集中报警系统、控制中心报警系统三种形式。确定火灾自动报警系统的形式需要根据建筑物的规模和工业工艺流程,以及估算的报警、联动控制点的数量等。由区域火灾报警控制器、火灾探测器、手动火灾报警按钮和火灾警报装置等组成的功能简单的火灾自动报警系统称为区域报警系统,区域报警系统是功能较简单的系统,一般没有什么联动控制设备。由集中火灾报警控制器、区域火灾报警控制器、区域显示器、火灾探测器、手动火灾报警按钮和火灾报警装置等组成的功能较复杂的火灾自动报警系统称为集中报警系统。由消防控制室的消防联动控制设备、集中火灾报警控制器、区域火灾报警控制器、火灾探测器、手动火灾报警按钮和火灾报警装置等组成的功能复杂的火灾自动报警系统称为控制中心报警系统。

8.3.4　火灾探测器的设置

1. 火灾探测器的设计选配

根据探测区域的环境条件、火灾特点、房间高度等综合考虑,选择合适的火灾探测器,有利于及时发现火情。

(1)火灾初期在阴燃阶段,产生大量的烟和少量热,很少或没有火焰辐射,应采用感烟探测器。

(2)火灾发展迅速,有强烈的火焰辐射和少量的烟、热,应采用火焰探测器。

(3)火灾发展迅速,产生大量的烟、热和火焰辐射,应采用感温探测器、感烟探测器、火焰探测器或组合探测器。

2. 点型火灾探测器的设置要点

点型火灾探测器的设置一般按保护面积确定,同时要满足保护半径的要求,要综合考虑房间高度、屋顶坡度、探测器自身灵敏度三个主要因素的影响。特别需要注意的是,工业建筑和民用建筑的地下室内一般都不吊顶,因此必须考虑到梁对探测器保护面积的影响。梁突出顶棚高度或净距对探测器设置的影响见表 8.2。

表 8.2　梁突出顶棚高度或净距对探测器设置的影响

梁的高度或净距	影响程度
高度<200 mm 时	不考虑
高度 200～600 mm 时	按房间高度和梁隔断的梁间区域面积确定探测器的保护面积和一只探测器保护梁间区域个数
高度>600 mm 时	被梁隔断的每个梁间区域至少设置一只探测器
梁间净距<1 m	不考虑

8.3.5　火灾报警控制器的设计要点

火灾报警控制器容量的确定火灾报警控制器容量的取决于编址设备的数量。编址设备包括编址探测设备和编址联动设备。编址探测设备是指火灾探测器的数量、手动报警按钮、消火栓报警按钮、通过输入模块转换信号的水流指示器及水压力开关等的总和，编址联动设备即各类控制模块的总称。例如，某型号火灾报警控制器的容量为 4×128 个编址点，即控制器有 4 个回路，每个回路可控制 128 个编址点，如果某建筑中的编址设备总数为 400 个，则该火灾自动报警控制器正好满足要求。假设该建筑有 600 个编址点，则需要两台该型号控制器（或选用单台容量满足 600 个编址点要求或回路可以扩容的火灾自动报警控制器）。一般火灾报警控制器标示容量都是单台控制器的最大容量，为实现火灾自动报警系统高效可靠地工作，还要保证系统将来的扩容，实际设计中各回路编址点要考虑 15%～20% 的编址余量。

火灾报警控制器的功能火灾报警控制器应有下列功能：火灾报警；自检系统和故障报警、火灾报警自动记录；联动控制功能。

8.3.6 消防联动控制设备的功能及要求

消防联动设备是火灾自动报警系统的执行部件，消防控制室接收到火警信息后应该能够自动或手动启动相应的消防联动设备。消防联动设备是火灾自动报警系统的重要控制对象，联动控制的正确可靠与否直接影响着火灾扑救工作的成败。根据国家规范规定，消防联动控制设计应当符合下列要求。

(1)设置在消防控制室以外的消防联动控制设备的动作状态信号均应在消防控制室显示，以便实行系统的集中控制和管理。

(2)当消防联动设备的编码控制模块和火灾探测器底座的控制模块和火警信号在同一总线上传输时，传输总线应该按照消防控制线路要求敷设。当采用暗敷时，宜采用金属管或阻燃型硬塑料管保护，并应敷设在不燃烧体的结构内，且保护层的厚度不宜小于 30 mm；当采用明敷时，应采用金属管或金属线槽保护，并在金属管或金属线槽上采取防火保护措施。

(3)当消防水泵、防烟、排烟风机的控制设备采用总线编码控制模块时，还应在消防控制室设置手动直接控制装置。这些消防设备不应当单一采用火灾报警系统传输总线上的编码模块控制它的起动，而应该同时采用手动直接起动装置，即建立通过硬件电路直接起动的控制操作线路。

消防联动设备的功能消防联动控制设备（报警联动一体机为火灾自动报警控制器）应具有以下部分或全部功能。

(1)发出声光报警信号。

(2)控制集中通风空调系统，并接收其返回信号。

(3)控制通风系统的各种防火阀，并接收其返回信号。

(4)控制防火门，并接收其返回信号。

(5)控制防烟排烟设备。

(6)控制自动灭火系统（如水灭火系统，气体灭火系统等），并接收其返回信号。

(7)控制其他需要联动的控制设备。

(8)控制工艺需要联动的相关设备。

　　消防联动设备的联动控制要求火灾发生时,火灾报警控制器发出警报信息,消防联动控制器根据火灾信息联动关系输出联动控制信号,启动有关消防设备,实施防火灭火。消防联动必须在"自动"和"手动"状态下均能实现。在自动情况下,火灾自动报警系统按照预先编制的联动逻辑关系,在火灾报警后输出自动控制指令,启动相关设备动作;在手动情况下,能根据手工操作,实现对应的控制。

8.3.7　系统其他设计

1. 火灾应急广播

　　火灾应急广播是火灾自动报警系统中的一种重要的消防安全设备,一般情况下应急广播的扬声器分别在走道、楼梯间、电梯前室、大厅、地下车库等公共场所设置。

2. 火灾警报装置

　　根据国家规范规定,火灾警报装置的设置应符合以下要求。

　　(1)没有设置火灾应急广播的火灾自动报警系统,应设置火灾警报装置。

　　(2)每个防火分区至少应该设置一个火灾警报装置,其安装位置适宜设置在各楼层走道靠近楼梯出口处。警报装置可以采用手动或自动控制方式。

　　(3)在环境噪声大于 60 dB 的场所设置火灾警报装置时,其声音警报器的声压级应高于背景噪声 15 dB。

3. 消防专用电话

　　消防专用电话是消防通信工具之一,消防专用电话网络应该有独立的系统。在消防控制室、值班室应设置可直接报警的"119"电话,在消防水泵房、变配电室、防排烟机房、电梯机房、自备发电机房及有人值班的控制室和值班室应设置专用消防电话分机。

4. 系统布线和接地

　　火灾自动报警系统属于电子设备,接地良好与否对系统工作的影响很大,特别是对大多数采用微机控制的火灾自动报警系统,如果不能合理的解决好接地问题,将导致系统不能正常工作。工作接地就是为保证系统中"零"电位点稳定可靠而采取的接地。

　　(1)火灾自动报警系统传输线路的最小截面不小于 1.0 mm。

　　(2)火灾报警及联动控制线路应采用阻燃电线电缆,提高防火性能。

　　(3)明敷设在潮湿场所或埋地敷设的金属管线应采用钢管。

　　(4)为增强系统的抗干扰能力,火灾自动报警系统的传输线路适宜采用双绞线或屏蔽双绞线。

5. 系统供电

　　火灾报警系统的主电源采用消防电源,直流备用电源采用火灾报警控制器专用蓄电池,UPS 主要由智能电源盘和蓄电池组成,以 AC220 V 作为主电源,DC24 V 密封铅电池作为备用电源,在火灾自动报警及消防联动控制系统中为联动控制模块及被控设备供电。直流备用电源应能够在断开主电源后保证设备工作至少 8 h。选用的电源盘具有输出过流自动保护、主备电自动切换、备电自动充电及备电过放电保护功能。火灾报警控制器采用单独的供电回路,能保证在消防系统在最大负荷状态下不影响报警控制器的工作。系统的应急广播和消防通信设备宜由 UPS 供电。

总的来讲,采取不同的火灾信息判断处理方式和火灾模式识别方式,可得到不同应用形式的火灾自动报警系统。从石油化工生产安全监控要求来看,区域报警系统联动固定灭火装置的模式或集中报警系统形式应用较多,可广泛应用于大型化工仓库、输配电站、油库等场所。所用的火灾探测器,除典型感烟和感温探测器外,红外光分离式感烟探测器、紫外火焰探测器、可见光探测器及线缆式火灾探测器广泛应用于石化场所,用于及时探测各种有机物火灾、油品火灾等。

参 考 文 献

[1] 张兴容,李世嘉. 安全科学原理[M]. 北京:中国劳动社会保障出版社,2004.

[2] 美国安全工程师学会. 英汉安全专业术语词典[M]. 北京:中国标准出版社,1987.

[3] 赵军,陈金刚. 安全检测技术[M]. 北京:中国建筑工业出版社,2018.

[4] 孔德仁,王芳. 兵器实验学[M]. 北京:北京航空航天大学出版社,2016.

[5] 文仪. 世界上第一支温度计(伽利略轶事)[J]. 物理教师,1988(6):14.

[6] 陈锡光. 中国古代的测温技术和有关热学理论——世界上第一支温度计是伽利略发明的吗?[J].南京大学学报(自然科学版),1988(4):725-734.

[7] 邓锂强,方运良. 较大量程热敏电阻温度计的设计[J]. 物理与工程,2011,21(3):12-14.

[8] 阎守胜,陆果.低温物理实验的原理与方法[M]. 北京:科学出版社,1985.

[9] 贾廷珏. 实验室热电阻温度计标定方法研究[J]. 工业计量,2009,19(4):8-10.

[10] JONES D P. Biomedical Sensors[M]. New York:Momentum Press,2010.

[11] 薛宗柏. 国际单位制及其应用[J]. 武汉造船(武汉造船工程学会会刊),1984(4):37-48.

[12] 任俊英,刘洋. 热工仪表测量与调节[M]. 北京:北京理工大学出版社,2014.

[13] 朱小良,方可人. 热工测量及仪表[M]. 3版.北京:中国电力出版社,2011.

[14] 陈焕生. 温度测试技术及仪表[M]. 北京:水利电力出版社,1987.

[15] 本尼迪克特. 温度、压力、流量测量基础[M]. 周书烈,译. 北京:国防工业出版社,1985.

[16] 戚盛勇. 温度计量中的数据处理方法[M]. 北京:中国计量出版社,1992.

[17] 杜水友,孙筱云,竺惠敏. 压力测量技术及仪表[M]. 北京:机械工业出版社,2005.

[18] 中国计量测试学会压力专业委员会组. 压力测量不确定度评定[M]. 北京:中国计量出版社,2006.

[19] 张乃禄. 安全检测技术[M]. 3版.西安:西安电子科技大学出版社,2018.

[20] 中国录音师协会教育委员会,中国传媒大学信息工程学院,北京恩维特声像技术中心. 初级音响师速成实用教程[M]. 北京:人民邮电出版社,2010.

[21] 张飞碧,项珄. 现代音响技术设计手册[M]. 北京:机械工业出版社,2004.